HTML5 混合App 开发

黑马程序员 / 编著

清华大学出版社

北京

内 容 简 介

在竞争激烈的移动互联网环境下,HTML5 技术一直备受关注。HTML5 混合 App 开发与原生 App 开发模式之间也争议不断。相对于原生 App 来说,HTML5 混合 App 开发的成本更低、周期更短,而且随着移动设备的硬件支持越来越好,HTML5 混合 App 的性能也越来越好,很多企业都觉得使用 HTML5 混合 App 开发更合适。

本书围绕 HTML5 混合 App 开发进行详细讲解,全书共 12 章。第 1 章对混合 App 开发及涉及的技术作概括介绍,包括 AngularJS、Cordova 和 ionic 的简介,以及这几种技术在混合 App 开发中所发挥的作用。第 2~6 章介绍 AngularJS 的基础知识,为 ionic 框架的学习打下基础,主要包括 AngularJS 的模块、控制器、作用域、基本原理、表达式、指令、服务等。第 7~11 章对 ionic 框架的使用进行详细的介绍,主要包括 ionic 开发环境的安装与配置、应用打包、ionic CSS、ionic JavaScript 等。第 12 章是一个综合项目,目的是对前面所学的知识进行巩固。

本书附有配套资源,如源代码、教学视频、习题、教学课件等;而且为了帮助读者更好地学习还提供了在线答疑,希望得到更多读者的关注。

本书既可作为高等院校本、专科计算机相关专业程序设计课程的教材,也可作为广大计算机编程爱好者的参考用书。

图书在版编目(CIP)数据

HTML5 混合 App 开发/黑马程序员编著. —北京:清华大学出版社,2018(2024.2重印)
ISBN 978-7-302-49772-1

Ⅰ. ①H… Ⅱ. ①黑… Ⅲ. ①超文本标记语言-程序设计 Ⅳ. ①TP312.8

中国版本图书馆 CIP 数据核字(2018)第 037131 号

责任编辑:袁勤勇
封面设计:韩 冬
责任校对:白 蕾
责任印制:曹婉颖

出版发行:清华大学出版社
　　　　网　　　址:https://www.tup.com.cn, https://www.wqxuetang.com
　　　　地　　　址:北京清华大学学研大厦 A 座　　　　邮　　编:100084
　　　　社 总 机:010-83470000　　　　　　　　　　　　邮　　购:010-62786544
　　　　投稿与读者服务:010-62776969,c-service@tup.tsinghua.edu.cn
　　　　质量反馈:010-62772015,zhiliang@tup.tsinghua.edu.cn
　　　　课件下载:https://www.tup.com.cn,010-83470236
印 装 者:天津鑫丰华印务有限公司
经　　销:全国新华书店
开　　本:185mm×260mm　　　　印　　张:25.25　　　　字　　数:596 千字
版　　次:2018 年 6 月第 1 版　　　　印　　次:2024 年 2 月第 8 次印刷
定　　价:59.50 元

产品编号:077951-03

序 言

本书的创作公司——江苏传智播客教育科技股份有限公司(简称"传智教育")作为我国第一个实现 A 股 IPO 上市的教育企业,是一家培养高精尖数字化专业人才的公司,主要培养人工智能、大数据、智能制造、软件开发、区块链、数据分析、网络营销、新媒体等领域的人才。传智教育自成立以来贯彻国家科技发展战略,讲授的内容涵盖了各种前沿技术,已向我国高科技企业输送数十万名技术人员,为企业数字化转型、升级提供了强有力的人才支撑。

传智教育的教师团队由一批来自互联网企业或研究机构,且拥有 10 年以上开发经验的 IT 从业人员组成,他们负责研究、开发教学模式和课程内容。传智教育具有完善的课程研发体系,一直走在整个行业的前列,在行业内树立了良好的口碑。传智教育在教育领域有 2 个子品牌:黑马程序员和院校邦。

一、黑马程序员——高端 IT 教育品牌

黑马程序员的学员多为大学毕业后想从事 IT 行业,但各方面的条件还达不到岗位要求的年轻人。黑马程序员的学员筛选制度非常严格,包括严格的技术测试、自学能力测试、性格测试、压力测试、品德测试等。严格的筛选制度确保了学员质量,可在一定程度上降低企业的用人风险。

自黑马程序员成立以来,教学研发团队一直致力于打造精品课程资源,不断在产、学、研 3 个层面创新自己的执教理念与教学方针,并集中黑马程序员的优势力量,有针对性地出版了计算机系列教材百余种,制作教学视频数百套,发表各类技术文章数千篇。

二、院校邦——院校服务品牌

院校邦以"协万千院校育人、助天下英才圆梦"为核心理念,立足于中国职业教育改革,为高校提供健全的校企合作解决方案,通过原创教材、高校教辅平台、师资培训、院校公开课、实习实训、协同育人、专业共建、"传智杯"大赛等,形成了系统的高校合作模式。院校邦旨在帮助高校深化教学改革,实现高校人才培养与企业发展的合作共赢。

(一)为学生提供的配套服务

1. 请同学们登录"传智高校学习平台",免费获取海量学习资源。该平台可以帮助同学们解决各类学习问题。

2. 针对学习过程中存在的压力过大等问题,院校邦为同学们量身打造了 IT 学习小助手——邦小苑,可为同学们提供教材配套学习资源。同学们快来关注"邦小苑"微信公众号。

（二）为教师提供的配套服务

1. 院校邦为其所有教材精心设计了"教案＋授课资源＋考试系统＋题库＋教学辅助案例"的系列教学资源。教师可登录"传智高校教辅平台"免费使用。

2. 针对教学过程中存在的授课压力过大等问题，教师可添加"码大牛" QQ（2770814393），或者添加"码大牛"微信（18910502673），获取最新的教学辅助资源。

前　言

为什么要学习本书

HTML5 混合 App 开发是指使用基于 HTML5 的前端框架(如 ionic)来开发 App 的技术,已经成为继 Android、iOS 开发技术之后又一火爆的移动 App 开发技术。

HTML5 混合 App 开发的具体实现方式是,把 HTML5 应用程序嵌入一个原生容器中。此种方式实现的 App 集原生应用程序和 HTML5 应用程序的优点于一体,相比原生 App 界面更加美观,而且开发时间短,成本较低;这让掌握 HTML5 混合 App 开发技术的工程师的薪资水涨船高,在移动互联网行业抢尽风头。

本书讲解的混合 App 开发是使用 ionic 框架实现的,该框架基于 HTML5 和 AngularJS,所以在本书的前半部分讲解了 AngularJS 的内容作为学习 ionic 的基础。如果你对 HTML5 混合 App 开发感兴趣,那么本书正好是你需要的。

如何使用本书

本书适合有 HTML5、CSS3 和 JavaScript 基础,熟悉 HTML5 移动 Web 开发的读者使用。作为一门技术教程,最重要也最难的一件事情就是要将一些复杂的功能简单化,让读者能够轻松理解并快速掌握。

本书对每个知识点都进行了深入的分析,并针对每个知识点精心设计了相关案例,同时还提供了两个阶段项目和一个综合项目;让读者能够将这些知识点运用在实际工作中,真正做到了由浅入深、由易到难。

本书共 12 章,接下来分别对每章进行简单的介绍。

第 1 章　主要讲解混合 App 的基本概念、应用场景、相关技术、单页面应用、MVC 与 MVVM 设计模式。

第 2 章　主要讲解 AngularJS 中指令的概念、环境配置、模块、控制器、作用域、表达式和双向绑定。

第 3 章　主要讲解 AngularJS 中常用的内置指令和自定义指令的方法。

第 4 章　主要讲解 AngularJS 中的 MVVM 实现方式、启动流程、脏检测机制和依赖注入等。

第 5 章　主要讲解 AngularJS 中创建服务的 5 种方式以及 AngularJS 中常用的内置服务,如 $ route、$ http 等。

第 6 章　提供两个阶段项目,分别是邀请名单和电影列表,主要练习前文中讲解的

AngularJS 相关知识点。

第 7 章　主要讲解 ionic 框架的内容,包括 JDK 的下载和安装、Android SDK 的下载和安装、Node.js 的下载和安装、Git 的下载和安装、ionic 和 Cordova 的安装。

第 8 章　主要讲解创建 ionic 项目的方法、项目的目录和文件结构,以及如何定制项目图标和启动页。

第 9 章　主要讲解 ionic CSS 中提供的预定义类,包括基本布局类、颜色和图标类、界面组件类、栅格系统类。

第 10 章　首先对 ionic 提供的 JavaScript 组件作了简要介绍,然后讲解 ionic JavaScript 中的基本布局组件、导航组件、界面组件。

第 11 章　主要讲解 ionic JavaScript 中的动态组件和手势事件,然后扩展 HTML5 数据库 IndexedDB。

第 12 章　提供一个综合项目,该项目用于练习 ionic 框架的使用。

如果读者在理解知识点的过程中遇到困难,建议不要纠结于某个地方,可以先参考书中内容将案例编写出来。通常来讲,在熟悉代码过程后,前面看不懂的知识点一般就能理解了。如果读者在动手练习的过程中遇到问题,建议多思考,理清思路,认真分析问题发生的原因,并在问题解决后多总结。

致谢

本教材的编写和整理工作由传智播客教育科技股份有限公司完成,主要参与人员有吕春林、马丹、金鑫、王宏、刘晓强等,全体人员在近一年的编写过程中付出了很多辛勤的汗水,在此一并表示衷心的感谢。

意见反馈

尽管我们尽了最大的努力,但教材中难免会有不妥之处,欢迎各界专家和读者朋友来信来函提出宝贵意见,我们将不胜感激。在阅读本书时,如发现任何问题或有不认同之处,可以通过电子邮件与我们取得联系,邮箱: itcast_book@vip.sina.com。

黑马程序员

2018 年 2 月于北京

目 录

第1章

混合App开发简介

随着智能移动设备日益普及,移动互联网的竞争已趋向白热化,快速迭代、高效开发和低成本上线是每一个 App 开发团队追求的目标。同时,随着 HTML5 的不断升温和智能设备硬件性能的提高,"一次开发,多平台运行"的混合 App 开发模式应运而生。本章将针对混合 App 开发模式进行详细讲解。

【教学导航】

学习目标	1. 了解目前移动 App 开发的三种模式 2. 了解 MVC 和 MVVM 架构模式 3. 熟悉混合 App 开发的应用场景 4. 掌握混合 App 开发的概念 5. 掌握 AngularJS、ionic 和 Cordova 在混合 App 开发中的作用
教学方式	本章内容以理论讲解为主
重点知识	1. 混合 App 开发的概念 2. AngularJS、ionic 和 Cordova 在混合 App 开发中的作用
关键词	Native App、Web App、Hybird App、SPA、AngularJS、ionic、Cordova

1.1 什么是混合 App 开发

1.1.1 移动 App 开发的三种模式

移动 App 即移动设备上的应用软件。目前移动 App 开发主要分为三种模式：Native App、Web App 和 Hybrid App。

1. Native App

Native App 是指本地应用程序,后文称之为原生 App,如图 1-1 所示。

从图 1-1 中可以看到,原生 App 内部运行的是二进制数据(机器码)。也就是说,原生语言最后是直接转换为二进制数据执行的,并且可以直接调用底层的设备 API,如手机振动、摄像头、日历和地理位置等。

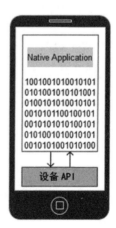

图 1-1　Native App

原生 App 是使用相应平台特有的开发工具和语言进行开发的(如 Android App),这使得应用程序外观和性能极佳,但是开发成本较高,因为每一种移动操作系统都需要独立的开发项目,对企业来说人员需求量较大。

2. Web App

Web App 是指网页应用程序,后文称之为移动 Web,如图 1-2 所示。

在图 1-2 中可以看到,移动 Web 需要依赖于 Mobile Browser(移动设备中的浏览器)运行,内部执行普通的网页代码,也可以理解为在移动设备浏览器中运行的 Web 应用。

移动 Web 主要使用 HTML5 移动 Web 技术进行开发,包括 HTML5、CSS3 和 JavaScript 等。由于只依赖移动设备浏览器,可实现"一次编写,多个设备上运行"。虽然开发人员只使用 HTML5 和 JavaScript 就能构建功能复杂的应用程序,但目前仍然存在一些局限性,例如没有访问原生设备 API 的功能。

3. Hybrid App

Hybrid App 是指混合模式移动应用,后文称之为混合 App,如图 1-3 所示。

图 1-2　Web App

图 1-3　Hybrid App

在图 1-3 中可以看到,混合 App 需要依赖 Native Container(原生容器)运行,Native Container 内部可以运行网页代码,还可以调用设备 API。

混合 App 主要通过 Web 前端技术来实现,是介于移动 Web 和原生 App 这两者之间的 App 开发方式。混合 App 开发的具体实现方式是:在一个原生 App 中内嵌一个轻量级的浏览器,然后使用 HTML5 开发一部分原生功能,这部分功能能够在不升级 App 的情况下动态更新。由于是嵌套在原生 App 中,这让混合 App 有了访问原生设备 API 的能力。"一次开发,多平台运行"的特点使得混合 App 开发方式在不影响用户体验的同时还可以节省开发的成本。

以上三种移动 App 开发模式从开发成本、维护更新和安装等角度进行了对比,如表 1-1 所示。

表 1-1　三种移动 App 开发模式的对比

对 比 点	Native App	Web App	Hybrid App
开发成本	高	低	中
维护更新	复杂	简单	简单
用户体验	优	差	中
Store 或 Market 认可	认可	不认可	认可
安装	需要	不需要	需要
跨平台	差	优	优

在表 1-1 中可以看出，原生 App 的开发成本最高，那么同样是跨平台的 App 技术，为什么混合 App 的成本要高于移动 Web？混合 App 兼具原生 App 和移动 Web 的优势，混合 App 开发要比普通移动 Web 开发的技术要求更高，因此在资源需求相同的情况下，混合 App 比移动 Web 开发成本也更高。

混合 App 是嵌套在"原生壳"里的，因此这些 App 在 App Store 或 Market（手机应用商店）中都是认可的。

1.1.2　混合 App 开发应用场景

前文对移动 App 开发的三种模式进行了介绍，我们在实际开发中需要根据用户场景选择最佳的开发模式。因为不同的移动 App 开发模式都有各自的优点和局限性，所以找到最适合企业需求的一种开发模式才是关键。那么，企业会在什么情况下选择混合 App 开发模式呢？下面列举了企业选择混合 App 开发模式的三种情况。

① 综合评估后，选择混合 App 开发模式更加经济高效。如果企业使用混合 App 开发，就能集原生 App 和移动 Web 两者之所长。一方面，原生 App 让开发人员可以充分利用现代移动设备所提供的全部特性和功能。另一方面，使用 Web 语言编写的代码可兼容不同的移动平台，使得开发和日常维护过程变得更集中、更简短、更经济高效。

② 内部 Web 开发人员可以开发，从而降低 App 开发成本。目前很多企业都储备了大量的 Web 开发人员，如果选择混合 App 开发，在合适的解决方案支持下，Web 开发人员仅仅运用 HTML、CSS 和 JavaScript 等 Web 技能，就能构建 App，同时提供原生 App 的用户体验。从该角度考虑，混合 App 开发很适合只拥有 Web 开发技能的小型公司。另外，如果企业具备原生开发技能，使用混合 App 开发方式可以封装大量的原生插件（如支付功能插件）供 JavaScript 调用，并且可以在今后的项目中尽可能地复用，从而大幅减少开发时间，降低开发成本。

③ 更加符合未来前端 App 开发趋势。到目前为止，对用户量较大的 App 来说，原生 App 流畅度高于混合 App。然而未来手机硬件性能越来越高，HTML5 的可用性和功能都在迅速改进，许多分析师预测，它可能会成为开发前端 App 的主流技术。如果用 HTML 来编写 App 的大部分代码，并且只有在需要时才使用原生代码，公司就能确保他们今天的投入在明天不会变得过时，因为 HTML5 功能更丰富，可以满足现代企业中一系列更广泛的移动需求。

目前,资讯类 App 和视频类 App 普遍采用在 Native 框架中嵌入 Web 内容的混合 App 开发模式,还有很多知名移动应用(如美团、爱奇艺、微信等),都是采用混合 App 开发模式。

1.2 混合 App 开发应用技术

说到混合 App 开发,不得不提目前一种非常流行的开发模式:AngularJS＋ionic＋Cordova。本书介绍的混合 App 开发主要围绕这种模式进行,接下来先为读者介绍与该模式相关的技术。

1.2.1 MVC 与 MVVM 架构模式

本书在讲解混合 App 开发时,将采用 MVVM 架构模式。MVVM 是一种基于 MVC 的设计。下面通过 MVC 和 MVVM 这两种模式的对比,帮助读者加深对 MVVM 架构模式的理解。

1. MVC

MVC(Model-View-Controller)模式是一种非常经典的软件架构模式。从设计模式的角度来看,MVC 模式是一种复合模式,它将多个设计模式结合在一种解决方案中,从而可以解决许多设计问题,在 UI 框架和 UI 设计思路中扮演着非常重要的角色。

MVC 模式把用户界面交互拆分到不同的三种角色中,使应用程序被分成三个核心部件:Model(模型)、View(视图)、Controller(控制器),具体如下。

① 模型:数据来源。模型是应用程序的主体部分。模型持有所有的业务数据和业务逻辑,并且独立于视图和控制器,当数据发生改变时,它要负责通知视图部分。一个模型能为多个视图提供数据。

② 视图:数据渲染(用户界面)。视图是用户看到并与之交互的界面。视图向用户显示相关的数据,并能接收用户的输入数据,但是它并不做任何实际的业务处理。视图可以向模型查询业务状态,但不能改变模型。对于相同的信息可以有多个不同的显示形式或显示在多个视图中。

③ 控制器:事件处理。控制器位于视图和模型之间,负责接收用户的输入,将输入进行解析并反馈给模型。通常一个视图对应一个控制器。例如,当 Web 用户单击 Web 页面中的提交按钮来发送 HTML 表单时,控制器接收请求并调用相应的模型组件去处理请求。

每个核心部件都会各自处理自己的任务,如图 1-4 所示。

从图 1-4 中可以看出,MVC 各部分之间的通信过程如下。

① 由用户在视图上做相关操作,发送请求。

② 视图接收用户请求并调用控制器。

③ 控制器操作模型做数据更新。

④ 数据更新后,模型通知视图数据发生改变。

⑤ 视图将数据变化呈现给用户。

MVC 模式实现了模型和视图的分离,这带来了几点好处。

• 一个模型提供多个视图表现形式,也能够为一个模型创建新的视图而无须重写模

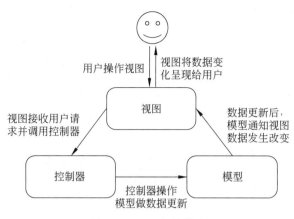

图 1-4　MVC 架构模式

　　型。一旦模型的数据发生变化,模型将通知相关的视图,每个视图相应地刷新自己。

- 因为模型是独立于视图的,所以可以把一个模型独立地移植到新的平台工作。
- 在开发界面显示部分时,开发人员仅仅需要考虑的是布局和样式;开发模型时,开发人员仅仅要考虑的是业务逻辑和数据维护,这样能使开发人员专注于某一方面的开发,提高开发效率。

2．MVVM

　　MVVM(Model-View-ViewModel)架构模式最早于 2005 年由微软的架构师 John Gossman 提出,并且应用在微软的软件开发中。

　　MVVM 架构模式目前在前端混合 App 开发中得到了广泛的应用,与 MVC 架构模式相比,可以理解为是将 Controller 替换为 ViewModel(模型视图),同时各部分之间的通信也与 MVC 有所区别,如图 1-5 所示。

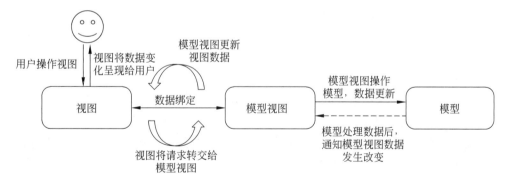

图 1-5　MVVM 架构模式

　　从图 1-5 中可以看出,MVVM 各部分之间的通信过程如下。

① 用户在视图上做相关操作,例如表单提交。

② 视图将请求转交给模型视图。

③ 模型视图操作模型,数据更新。

④ 模型处理数据后,通知模型视图数据发生改变。

⑤ 模型视图更新视图数据。

⑥ 视图将数据变化呈现给用户。

MVVM 与 MVC 的区别是,MVVM 采用双向绑定(data-binding):视图的变动自动反映在模型视图中,反之亦然。在 MVC 中,视图是可以直接访问模型的,从而视图会包含模型信息,不可避免地还要包括一些业务逻辑。MVC 模式关注的是模型的不变,所以在 MVC 模式中,模型不依赖于视图,但是视图是依赖于模型的。

MVVM 在概念上是真正将页面与数据逻辑分离的模式,它把数据绑定工作放到一个 JavaScript 文件中去实现,而这个 JavaScript 文件的主要功能是完成数据的绑定,即把模型视图绑定到视图上。后文要介绍的 AngularJS 框架就采用了接近 MVVM 模式的实现方式。

1.2.2　AngularJS 简介

AngularJS 是一款非常优秀的 JavaScript 结构化框架,可以用来构建单页面应用程序。2009 年,AngularJS 由 Misko Hevery 等人创建,后来被 Google 收购,该技术已经被用于 Google 旗下的多款产品开发当中。开发人员不仅可以使用和扩展 HTML 语言的特性,而且可以更清晰、简洁地编写应用程序的组件。这些程序可以在浏览器中运行,因此 AngularJS 成为任意服务器技术的理想合作伙伴。

AngularJS 有很多特性,包括模型视图、自动化双向数据绑定、模板、指令、服务、依赖注入、路由等,具体介绍如下。

- 模型视图:AngularJS 并没有在传统意义上实现 MVC,而是更接近于 MVVM(Model-View-ViewModel),其中 ViewModel 被称为模型视图。
- 自动化双向数据绑定:模型和视图组件之间的数据自动同步。
- 模板:在 AngularJS 中,模板相当于 HTML 文件被浏览器解析到 DOM 中,AngularJS 遍历这些 DOM;也就是说,AuguarJS 把模板当作 DOM 来操作,去生成一些指令来完成对视图的数据绑定。
- 指令:指令是关于 DOM 元素的标记(如元素名、属性、CSS 等),使元素拥有特定的行为。这些可以被用来创建作为自定义部件的自定义 HTML 标签。AngularJS 设有内置指令,如 ng-Bind、ng-Model 等。
- 服务:AngularJS 中服务的概念类似于后端开发的"服务",是对公共代码的抽象,例如多个控制器中出现了相似的代码,开发人员就可以把这些相似的代码提取出来封装成一个服务。AngularJS 不仅提供了自定义服务的方法,还配有多个内置服务,例如 $http 可以作为一个 XMLHttpRequest 请求。这些单例对象在应用程序中只实例化一次。
- 依赖注入:AngularJS 有一个内置的依赖注入子系统,使开发人员能够轻松对组件进行测试的关键所在。
- 路由:通过路由可以实现视图的切换。

在实际开发中,AngularJS 具有很多优点,具体如下。

- AngularJS 提供一个非常简洁的方式来创建单页应用。
- AngularJS 在 HTML 中提供数据绑定功能,从而给用户提供丰富的体验。

- AngularJS 代码可进行单元测试。
- 利用数据绑定和依赖注入,指令式编程非常适合来表示业务逻辑,让前端开发人员不用再写大量的 DOM 操作代码。
- 在 AngularJS 中,视图都是纯 HTML 页面,可以使用 JavaScript 编写控制器做业务处理。
- AngularJS 应用程序可以在所有主流的浏览器和智能移动设备(包括 Android 和 iOS 系统的手机或者平板电脑)上运行。

在 AngularJS＋ionic＋Cordova 的混合 App 开发模式中,主要应用的框架为 ionic,但是 ionic 使用了 AngularJS 的基本语法,所以 ionic 的学习需要以 AngularJS 作为基础,这是本书在讲解 ionic 之前讲解 AngularJS 的原因。

📖 多学一招:什么是单页面应用

单页面应用(Single-Page Application,SPA)简单来讲就是只在一个页面内完成整个网站的复杂页面交互而不刷新页面的应用。

例如市面上某音乐播放类软件,在音乐播放的同时,可以操作其他菜单,而不影响音乐的播放,这种功能运用的就是单页面的思想,如图 1-6 所示。

图 1-6　单页面应用

要实现单页面应用的效果,需要以下几个技术要点。

- 数据来源:通过 Ajax 技术不刷新页面获取新数据。
- 数据渲染:通过复杂的 JavaScript＋DOM 操作来更新页面,将新数据渲染在页面上。

• 事件处理:当用户操作页面时,如何捕获用户操作并做出相应的处理。

单页面应用的实现使用了著名的 MVC 架构模式。MVC 是"模型(Model)-视图(View)-控制器(Controller)"的缩写,分别对应上述技术点——"模型"对应数据来源,"视图"对应数据渲染,"控制器"对应事件处理。

关于单页面应用的优势和劣势,开发论坛争论不休,但是笔者认为,总体来说,单页面应用利大于弊。单页面应用的优点大致归纳为以下几点:

• 单页面应用具有桌面应用的即时性以及网站的可移植性和可访问性。

• 用户体验好,内容的改变不需要重新加载整个页面,响应速度更快。

• 不需要重新加载,因此单页面应用对服务器压力较小。

• 前后端分离,后端不再负责模板渲染、输出页面工作。Web 前端和各种移动终端地位对等,后端 API 通用化。

单页面应用带来上述优点的同时,也产生了许多问题,例如代码量大、需要更好的代码组织方式、DOM 操作多且复杂、模板引擎这种简单的实现方法性能较低、对开发人员要求颇高。因此,随着单页面应用开发过程中遇到的问题越来越多,使得开发人员对"单页面应用框架"产生需求,AngularJS、Ember.js、Meteor.js、Vue.js 等单页面框架应运而生。目前应用较为广泛的单页面应用框架就是 AngularJS。

1.2.3   Cordova 简介

Cordova 是一个免费开源移动框架,于 2012 年 10 月成为 Apache 的项目,它使用 Apache 2.0 许可证,当前最新版本为 6.5.0。Cordova 官网首页的效果如图 1-7 所示。

图 1-7   Cordova 官网首页

Cordova 的前身叫作 PhoneGap,是从 PhoneGap 中抽出的核心代码,也是驱动 PhoneGap 的核心引擎。Cordova 和 PhoneGap 的关系类似于 WebKit 和 Google Chrome 的关系。

Cordova 提供了一组设备相关的 API。通过这组 API,移动应用能够通过 JavaScript 技术访问原生的设备功能,如摄像头、麦克风等。

在使用 Cordova API 时,应用程序的构建可以无需原生代码(如 Java 或 C 等),而是使用 Web 技术。由于 JavaScript API 在多个设备平台上是一致的,而且是基于 Web 标准创建的,因此应用程序的移植很方便。使用 Cordova 的应用通过平台 SDK 打包成应用程序,可以从每种设备的应用程序商店下载安装。

在 AngularJS＋ionic＋Cordova 的混合 App 开发模式中，Cordova 的作用就是将完成编码的移动 Web 项目打包成原生 App，以便部署到特定的移动平台上。关于 Cordova，了解其用途即可。

1.2.4　ionic 简介

ionic 是目前最有潜力的一款混合式 HTML5 移动开发框架，通过 SASS 构建应用程序。其特点是使用标准的 HTML、CSS 和 JavaScript，开发跨平台的原生 App 应用，目前支持 Android 和 iOS，计划支持 Windows Phone 和 Firefox OS。

ionic 提供了大量 UI 组件来帮助开发人员开发强大的应用程序，其中包含一些基本的 JavaScript 模块，例如扩展 AngularJS 的指令、路由状态机管理、手势等。ionic 将移动端开发中常见的 UI 组件抽象成 AngularJS 的指令，便于开发人员在开发中快速构建应用界面。

ionic 的框架结构如图 1-8 所示。

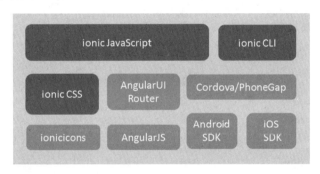

图 1-8　ionic 的框架结构图

在图 1-8 中，ionic CSS、ionic JavaScript 和 ionic CLI 三大部分为 ionic 框架的主要结构，具体介绍如下。

- ionic CSS：提供原生 App 质感的 CSS 样式模拟，ionic 这部分的实现使用了 ionicicons 图标样式库。
- ionic JavaScript：ionic 基于 AngularJS 基础框架开发，遵循 AngularJS 的框架约束；主要提供了适应移动端 UI 的 AngularJS 的扩展，包括指令和服务。此外，ionic 使用 AngularUI Router 来实现前端路由。
- ionic CLI(Command-Line Interface，命令行界面)：命令行工具集用来简化应用的开发、构造和仿真运行。ionic 命令行工具使用了 Cordova，依赖于平台 SDK (Android & iOS)实现将移动 Web 项目打包成原生 App。

ionic 最大的亮点是集成了 AngularJS 和 Cordova。在 AngularJS＋ionic＋Cordova 的混合 App 开发模式中，ionic 的作用是为混合 App 提供一个原生容器，开发人员只要将自己的网页内嵌到这个原生容器中即可。

ionic 使用了 HTML5 和 CSS3 的一些新规范，因此对移动设备操作系统的要求是 iOS 7＋和 Android 4.1＋。在低于这些版本的手机上使用由 ionic 开发的应用，有时会发生一些问题。

1.3　本章小结

本章首先对混合 App 开发的概念进行了介绍,引出了目前移动 App 开发的三种模式和混合 App 开发的场景,然后对混合 App 开发所应用的技术进行介绍,包括 AngularJS 简介、Cordova 简介和 ionic 简介。其中,AngularJS 是目前最热门的单页面框架,采用了MVVM 架构模式,所以在介绍 AngularJS 之前介绍了单页面应用、MVC 和 MVVM 架构模式;ionic 是 AngularJS 的扩展,所以在学习 ionic 之前需要打好 AngularJS 的基础,并且了解 Cordova 的作用。

学习本章后,要求读者熟悉单页面应用和 MVVM 架构模式,掌握混合 App 开发的概念,掌握 AngularJS+ionic+Cordova 混合 App 开发中各项技术的作用。

【思考题】

1. 简述什么是混合 App 开发。
2. 简述 AngularJS、ionic 和 Cordova 在混合 App 开发中的作用。

第 2 章

初识AngularJS

第 1 章简单介绍了 AngularJS 框架的特性。从本章开始,我们将带领读者快速体验 AngularJS 程序,并针对 AngularJS 框架中的一些基本概念进行详细讲解,包括模块与控制器、作用域、表达式、指令、自动化双向绑定等。

【教学导航】

学习目标	1. 了解 AngularJS 指令 2. 熟悉 AngularJS 的环境配置 3. 掌握 AngularJS 的模块和控制器 4. 熟悉 AngularJS 作用域 5. 掌握 AngularJS 表达式 6. 掌握 AngularJS 的双向绑定
教学方式	本章内容以理论讲解、案例演示为主
重点知识	1. AngularJS 表达式 2. AngularJS 的模块和控制器 3. AngularJS 的双向绑定
关键词	ng-app、ng-controller、binding、$ scope、$ rootScope、Expression、directive

2.1 快速体验 AngularJS

2.1.1 AngularJS1 与 AngularJS2 的区别

在 AngularJS 2.0 版本之后,语法和底层实现与 AngularJS1 相比是截然不同的,有些人将二者称作"两个框架"。

AngularJS1 是基于 ES5 实现的,ES5 即 ECMAScript,是一个国际化的标准,JavaScript 是其一种扩展方式。AngularJS2 是基于 ES6 的另一种扩展方式 TypeScript 实现的。 TypeScript 是微软发布的一种脚本语言,是 JavaScript 的"超集",但是与 JavaScript 语法有所区别。

学习 AngularJS1 只需要 JavaScript 作为基础,而学习 AngularJS2 需要 TypeScript 作为基础。另外,很多浏览器还不支持 ES6,所以 AngularJS2 引入了很多插件或库,这样导致开发人员在开发过程中需要引入很多第三方依赖。

AngularJS1 专注 Web 开发,本身没有涉及移动这方面的内容,所以在后面出现了 ionic 移动 App 开发框架,让 AngularJS1 很好地支持了移动开发。AngularJS2 的目标是原生移动,支持 iOS 和 Android。

目前涉及 TypeScript 开发的企业并不多,还在推广阶段,因此经过综合考虑,本书将介绍 1.6.3 稳定版本的 AngularJS。

2.1.2   AngularJS 的环境配置

AngularJS(1.6.3 版本)的环境配置很简单,主要分为两步:下载和引用工具库。

1. 下载 AngularJS 工具库

访问 AngularJS 官网 https://angularjs.org/,如图 2-1 所示。

图 2-1   AngularJS 官网下载链接

单击图 2-1 中的 DOWNLOAD ANGULARJS,会弹出一个窗口,如图 2-2 所示。

图 2-2 展示了下载 AngularJS 的多个选项,各个选项代表的含义如下。

- Branch:表示 AngularJS 两种不同的版本,旧版本低于 1.2.x,最新版本是 1.6.x。
- Build:表示可以使用缩小、非压缩或压缩版本。
- CDN:CDN 是 AngularJS 工具库在谷歌主机的数据中心。
- Bower:表示使用 Bower 安装 AngularJS 需要使用的命令(了解即可)。
- npm:表示使用 npm 管理工具安装 AngularJS 需要使用的命令(了解即可)。

在图 2-2 所示的窗口中将 Build 选项更改为 Zip,然后单击 Download 按钮就可以完成 AngularJS 工具库的下载。

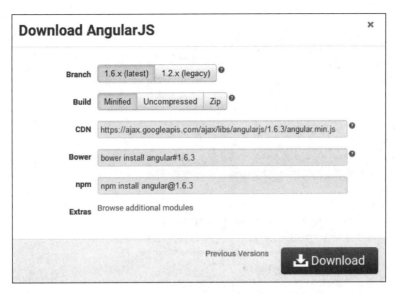

图 2-2　Download AngularJS 窗口

2．引用工具库

将下载好的 angular-1.6.3.zip 文件解压,在解压后的目录下找到 angular.js 或者压缩版的 angular.min.js 文件,如图 2-3 所示。

📁 docs	2017/3/8 12:28
📁 i18n	2017/3/8 12:29
📄 angular-csp.css	2017/3/8 12:27
📄 angular.js	2017/3/8 12:27
📄 angular.min.js	2017/3/8 12:28
📄 angular-animate.js	2017/3/8 12:27
📄 angular-animate.min.js	2017/3/8 12:28

图 2-3　下载页面

如果需要引用 AngularJS 这个工具库,只需将 angular.js 或者 angular.min.js 文件中的一个复制到项目中,并且在需要的网页中直接引入即可。

注意：由于 AngularJS1 版本更新较快,而书的出版需要一段时间,如果读者按照上述步骤下载的文件的版本大于 1.6.3 是正常现象。本书要求是 AngularJS1.x.x 版本的安装包即可,本书将在源码中提供 1.6.3 版本的工具包。

2.1.3　第一个 AngularJS 程序

配置好 AngularJS 开发需要的环境后,就可以实现第一个 AngularJS 程序了。这里,第一个 AngularJS 程序将实现计数器这个功能。

为了体现 AngularJS 的简洁性,首先使用 JavaScript 代码实现,具体代码如 demo2-1.html。

demo2-1. html

```
1   <!DOCTYPE html>
2   <html lang="en">
3   <head>
4       <meta charset="UTF-8">
5       <title>传统方式实现计数器</title>
6   </head>
7   <body>
8   <input id="txt_value" type="number">
9   <input id="btn_add" type="button" value="增加">
10  <script>
11      (function (window, document) {
12          var txt=document.querySelector('#txt_value');
13          var btn=document.querySelector('#btn_add');
14          btn.addEventListener('click', function (e) {
15              var now=txt.value-0;
16              now=now+1;
17              txt.value=now;
18          });
19      })(window, document);
20  </script>
21  </body>
22  </html>
```

在上述代码中,第 8、9 行添加了 HTML 代码,包括 input 控件和按钮。第 11～19 行使用 JavaScript 代码完成了计数操作,并将事件绑定在按钮上,每次单击按钮,input 控件里面的数字自增 1。使用 Chrome 浏览器访问 demo2-1. html,页面效果如图 2-4 所示。

图 2-4　demo2-1. html 初始效果

在图 2-4 中,单击"增加"按钮,input 控件中出现数字 1,单击几次后的页面效果分别如图 2-5 和图 2-6 所示。

图 2-5　demo2-1. html 操作效果 1

至此,使用传统方式实现了计数器的功能。

图 2-6 demo2-1. html 操作效果 2

接下来,使用 AngularJS 实现计数器,具体步骤如下。

① 添加 AngularJS 工具库。在 chapter02 目录下创建 lib 目录,用于存放 AngularJS 工具库文件 angular. js,如图 2-7 所示。

图 2-7 angular. js 项目目录

② 在 chapter02 目录下创建文件 demo2-2. html,该文件实现了计数器功能,具体代码如下。

demo2-2. html

```
1   <!DOCTYPE html>
2   <html lang="en">
3   <head>
4       <meta charset="UTF-8">
5       <title>使用 AngularJS 实现计数器</title>
6   </head>
7   <!--ng-app 指定 AngularJS 有效范围-->
8   <body ng-app>
9   <!--ng-model 将值绑定到 HTML 输入控件-->
10  <input type="number" ng-model="value"/>
11  <!--ng-click 绑定事件-->
12  <input type="button" ng-click="value=value+1" value="增加"/>
13  <!--引入 angular.js 文件-->
14  <script src="lib/angular.js"></script>
15  </body>
16  </html>
```

上述代码使用 AngularJS 实现了计数器自增功能,其中第 14 行引入了 AngularJS 工具库文件 angular. js;第 8 行使用 ng-app 指令将 AngularJS 程序应用到<body>标签;第 10 行使用 ng-model 指令将 value 值的数据绑定到 type 为 number 的<input>标签。第 12 行使用 ng-click 指令实现 value 值的自增操作,这里的 ng-click 类似于 JavaScript 中 onclick 事件的功能。

注意:

- **ng-app**:该指令用于定义和链接 AngularJS 应用程序到 HTML。
- **ng-model**:该指令用于绑定 AngularJS 应用数据的值到 HTML 输入控件。
- **ng-click**:该指令用于事件绑定,功能类似于 JavaScript onclick 事件的功能。

使用 Chrome 浏览器访问 demo2-2.html,页面效果如图 2-8 所示。

图 2-8   demo2-2.html 页面效果

在图 2-8 中可以看到,页面效果与传统实现方式没有区别,测试与传统方式相同。相比之下,AngularJS 的代码更简洁清晰,实现起来更容易。

2.2   AngularJS 的基本概念

从第一个 AngularJS 程序可以看出,AngularJS 与普通 HTML 是有区别的,它有一些属于自己的"特殊语法"。在新技术的学习过程中,有了稳固的基础才能学习深入的内容。本节将介绍 AngularJS 中的一些基本概念,为后面原理性知识的学习打好基础。

2.2.1   AngularJS 的模块与控制器

AngularJS 是通过模块来组织、实例化和启动应用程序的,同时通过模块来声明应用中的依赖关系。定义模块后,便可以在该模块的控制器中编写实现具体功能的 AngularJS 代码。下面将针对 AngularJS 中的模块和控制器进行讲解。

1. 模块与 ng-app 指令

AngularJS 中模块(module)的作用是存储一组 AngularJS 功能组件(如类、函数、变量等),并可以与其他模块产生互相依赖的关系。这样做的目的是隐藏每个模块实现的细节,只通过公开的接口与其他模块合作。使用者只需要关注公开的接口,不用了解实现的细节,从而降低了开发难度。

在 AngularJS 中,模块的声明方式如下。

```
var app=angular.module('demo.main',[]);
```

在上述代码中,module()函数的第 1 个参数 demo.main 用来定义模块的名称;第 2 个参数"[ ]"代表一个数组,用来存放该模块所依赖的其他模块的名称,如果数组为空,表示模块没有依赖。

定义模块后,可以在 HTML 标签上用 ng-app 指令做绑定操作,例如为某个＜div＞标签启动该模块,示例代码如下。

```
<div ng-app='demo.main'></div>
```

这个操作有两个作用:
- 让 AngularJS 框架在指定的标签上启动,并载入这个模块。
- 载入该模块后,在标签内部就可以使用该模块上的各种 AngularJS 功能组件,如控制器。

2. 控制器与 ng-controller 指令

AngularJS 控制器是常规的 JavaScript 对象。控制器的最大作用就是把作用域和模板上的 HTML 标签绑定到一起,然后 HTML 标签中的 AngularJS 表达式就可以依附于该作用域执行。控制器通常属于一个模块,一个模块可以有多个控制器。接下来将为读者介绍如何在模块中创建控制器。

在 AngularJS 中,创建控制器的语法如下。

```
var app=angular.module('demo.main',[]);
app.controller('MainController',function($scope){
    //TODO:为$scope准备各种数据
});
```

在上述代码中,controller()函数的第 1 个参数 MainController 表示控制器名称;第 2 个参数为控制器的回调函数,回调函数的参数 $scope 表示模块的作用域。$scope 是应用在视图和控制器之间的纽带,在回调函数中,可以为该模块的 $scope 准备各种数据。

控制器添加完毕,可以在 HTML 标签上使用 ng-controller 指令做绑定操作,例如为＜div＞标签绑定控制器 MainController,示例代码如下。

```
<div ng-controller='MainController'></div>
```

完成了上述操作后,便可以在该＜div＞标签中使用控制器 MainController 所指定的所有数据。

为了让读者有更好的理解,接下来通过一个案例来演示 AngularJS 中模块和控制器的具体用法,代码见 demo2-3.html。

demo2-3. html

```
1    <!DOCTYPE html>
2    <html lang="en">
3    <head>
4        <meta charset="UTF-8">
5        <title>模块和控制器</title>
6    </head>
7    <!--指定 AngularJS 框架在哪个区域内执行 -->
8    <body ng-app="app">
9    <div ng-controller="mainController">
```

```
10        <span>{{name}}</span>
11    </div>
12 <script src="lib\angular.js"></script>
13 <script>
14     //创建 AngularJS 的模块:
15     //第 1 个参数: AngularJS 模块的模块名称
16     //第 2 个参数: 该模块所依赖的其他模块
17     var app=angular.module('app',[]);
18     //创建 AngularJS 控制器
19     //第 1 个参数: 控制器的名称
20     //第 2 个参数: 控制器的回调函数
21     app.controller('mainController',function($scope){
22         //$scope 对象是我们创建出来的 AngularJS 数据仓库
23         $scope.name="我是属性 name 的值";
24     });
25 </script>
26 </body>
27 </html>
```

在上述代码中,第 17 行创建名称为 App 的模块。

第 21 行创建控制器,名称为 mainController。function($scope)为控制器的回调函数,也叫作工厂函数,回调函数的参数 $scope 对象可以看作 AngularJS 的"数据仓库"。

第 23 行在 $scope 对象中定义属性 name 并为其赋值,"数据仓库"中便有了一个 name 属性,可以通过表达式的方式在 HTML 页面中获取出来。

第 8~10 行分别绑定了模块和控制器,并且在控制器中通过插值语法"{{}}"将表达式 name 的值输出。

打开 Chrome 浏览器,访问 demo2-3.html,页面效果如图 2-9 所示。

图 2-9　demo2-3.html 页面效果

在图 2-9 中可以看到,控制器中定义的 name 属性值显示到了页面上,这个效果很好地证实了 AngularJS 内部的"数据仓库"的存在,"数据仓库"就是由控制器这个"工厂"提供的。

3. 模块间的相互依赖

AngularJS 的各种功能组件都是在模块中的,模块之间互相的依赖可以实现功能组件和数据的共享。在创建模块的语法中提供了模块依赖的方式。为了让读者有更好的理解,接下来通过一个案例来演示模块间如何实现相互依赖,代码见 demo2-4.html。

demo2-4. html

```
1   <!DOCTYPE html>
2   <html lang="en">
3   <head>
4       <meta charset="UTF-8">
5       <title>模块间的相互依赖</title>
6   </head>
7   <body>
8   <!--绑定 demo 模块-->
9   <div ng-app="demo">
10      <!--绑定 ctrls 模块的 MainController-->
11      <div ng-controller="MainController">
12          <span>{{name}}</span>
13      </div>
14  </div>
15  <script src="lib/angular.js"></script>
16  <script>
17      //创建 ctrls 模块
18      var ctrls=angular.module('ctrls',[]);
19      //在 ctrls 模块下创建了一个控制器
20      ctrls.controller('MainController', function ($scope) {
21          $scope.name="张三";
22      });
23      //创建 demo 模块,并依赖 ctrls 模块
24      var demo=angular.module('demo', ['ctrls']);
25  </script>
26  </body>
27  </html>
```

在上述代码中,第 18 ～ 22 行创建了 ctrls 模块,在该模块中创建了控制器 MainController,在该控制器中定义属性 name 的值为"张三";第 24 行创建 demo 模块,该模块依赖 ctrls 模块;第 9 行将 demo 模块绑定到<div>标签上,并且第 12 行使用插值语法输出 name 属性值。

打开 Chrome 浏览器,访问 demo2-4. html,页面效果如图 2-10 所示。

图 2-10　demo2-4. html 页面效果

从图 2-10 可以看出,name 属性的值"张三"显示在页面上,说明 demo 模块通过依赖 ctrls 模块的方式,成功调用到了 ctrls 中的功能组件和数据。

2.2.2　AngularJS 作用域

通常来说,一段程序代码中所用到的名称(如属性名、函数名)并不总是有效的,而限定该名称可用性的代码范围就是该名称的作用域。作用域的使用可提高程序逻辑的局部性,增强程序的可靠性,减少命名冲突。

AngularJS 的作用域就是一个"数据仓库",由基本的 JavaScript 对象组成。作用域中有可用的属性和函数,这些属性和函数可以在视图和控制器中使用。作用域有层次结构,这个层次结构与相关联的 DOM 结构相对应。

在 AngularJS 中,作用域($scope)是控制器回调函数的参数,当一个控制器被定义时,就产生了一个作用域。

1. 在作用域中定义属性和函数

接下来通过一个案例来演示如何在 AngularJS 作用域中定义属性和函数,代码见 demo2-5.html。

demo-2-5.html

```
1   <!DOCTYPE html>
2   <html>
3   <head>
4       <meta charset="utf-8">
5       <title>AngularJS 作用域</title>
6   </head>
7   <body>
8   <!--绑定模块和控制器-->
9   <div ng-app="myApp" ng-controller="MainController">
10      <input ng-model="name">
11      <h1>{{welcome}}</h1>
12      <button ng-click='say()'>登录</button>
13      <p>单击按钮调用作用域中定义的 say()函数</p></div>
14  <script src="lib/angular.js"></script>
15  <script>
16      //定义模块
17      var app=angular.module('myApp', []);
18      //定义控制器
19      app.controller('MainController', function($scope) {
20          //定义属性 name
21          $scope.name="lucy";
22          //定义函数 say()
23          $scope.say=function() {
24              $scope.welcome='welcome:'+$scope.name+'!';
25          };
26      });
27  </script>
28  </body>
29  </html>
```

在上述代码中,第 21 行定义了 name 属性;第 23 行定义了 say()函数,当 say()函数被调用时，会在作用域中定义 welcome 属性，welcome 属性值为拼接字符串；第10～12行分别在 HTML 中绑定了 name 属性、welcome 属性和 say()函数。单击第12行定义的"登录"按钮时，say()函数将被调用，第11行插值语法中的 welcome 属性值将显示在页面上。

打开 Chrome 浏览器，访问 demo2-5. html，页面效果如图 2-11 所示。

在图 2-11 中，单击"登录"按钮将会调用作用域中定义的 say()函数，页面效果如图 2-12 所示。

图 2-11　demo2-5. html 页面效果

图 2-12　demo2-5. html 单击"登录"按钮效果

在图 2-12 中可以看到，页面显示了"welcome：lucy!"，这说明作用域中定义的 say()函数被调用了。

2. 根作用域（$rootScope）

AngularJS 中所有的应用都有一个根作用域$rootScope，它可以作用在 ng-app 指令绑定的 HTML 元素及其子元素中。$rootScope 是各个控制器中作用域的桥梁，用$rootScope 定义的值可以在各个控制器中使用。与 DOM 一样，作用域也可以使用树的形式展现，如图 2-13 所示。

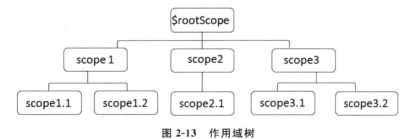

图 2-13　作用域树

在图 2-13 中，所有作用域都是$rootScope 的子元素。可以通过控制器的回调函数来获取根作用域，示例代码如下。

```
var app=angular.module('demo.main',[]);
    app.controller('MainController',function($rootScope){
        //TODO:为$rootScope准备各种数据
    });
```

在上述代码中，根作用域 $rootScope 作为 MainController 的参数被获取出来，可以在该函数中为 $rootScope 准备各种数据。

接下来通过一个案例来演示 AngularJS 中如何获取和使用根作用域，代码见 demo2-6. html。

demo2-6. html

```
1    <!DOCTYPE html>
2    <html lang="en">
3    <head>
4        <meta charset="UTF-8">
5        <title>AngularJS 根作用域</title>
6    </head>
7    <body>
8    <div ng-app="demo">
9        <!--$rootScope 有效,但是 MainController 作用域无效-->
10       <p> * ng-app="demo"作用域显示结果: </p>
11       <span>{{rData}}</span>
12       <span>{{data}}</span>
13       <div ng-controller="MainController">
14       <!--$rootScope 有效,但是 MainController 作用域也有效-->
15       <p> * ng-controller="MainController"作用域显示结果: </p>
16           <span>{{rData}}</span>
17           <span>{{data}}</span>
18       </div>
19   </div>
20   <script src="lib/angular.js"></script>
21   <script>
22       var demo=angular.module('demo', []);
23        //获取根作用域
24       demo.controller('MainController', function ($scope, $rootScope) {
25           //使用根作用域定义属性 rData
26           $rootScope.rData='hello rootScope';
27           //使用 MainController 作用域定义属性 data
28           $scope.data='hello scope';
29       });
30   </script>
31   </body>
32   </html>
```

在上述代码中，第 24 行将根作用域 $rootScope 作为 MainController 的参数获取出来；第 26 行为 $rootScope 定义属性 rData；第 28 行为 MainController 的 $scope 定义属性 data；第 10～17 行分别在 ng-app 和 ng-controller 作用域内获取 rData 和 data 属性。

打开 Chrome 浏览器，访问 demo2-6. html，页面效果如图 2-14 所示。

在图 2-14 中可以看出，在 ng-app＝"demo"作用域内，只显示了 hello rootScope，在 ng-controller＝"MainController"作用域内，显示了 hello rootScope hello scope。这说明 $rootScope 中定义的属性在两个作用域内都有效，而 $scope 中定义的属性只在当前作用域内有效。

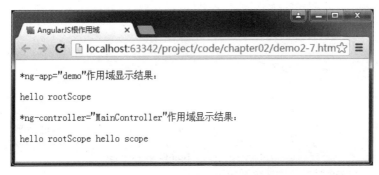

图 2-14　demo2-6.html 页面效果

3. 作用域的嵌套

如果只有一个作用域,则处理起来比较简单,但在大型项目中,会涉及很多个作用域。这时读者需要知道当前使用的 $scope 对象对应哪一个作用域,另外 AngularJS 作用域是否可以嵌套。

AngularJS 巧妙地使用了 JavaScript 原型链,实现了作用域的嵌套关系。当在某个作用域获取数据时,首先会在自己的作用域内部搜索,如果自己的作用域内不存在该值,则会在上级作用域搜索;但是上级作用域无法找到下级作用域的内容,如图 2-15 所示。

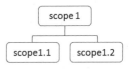

图 2-15　作用域的嵌套

在图 2-15 中,scope1 为 scope1.1 和 scope1.2 的上级作用域。scope1 无法获取 scope1.1 和 scope1.2 中的内容,但是 scope1.1 和 scope1.2 可以获取 scope1 中的内容。

为了更好地理解作用域的嵌套,接下来通过一个案例来求证这个问题,代码见 demo2-7.html。

demo2-7.html

```
1   <!DOCTYPE html>
2   <html lang="en">
3   <head>
4       <meta charset="UTF-8">
5       <title>作用域的嵌套</title>
6   </head>
7   <body>
8   <div ng-app="demo">
9       <div ng-controller="MainController">
10          <p> * ng-controller="MainController"作用域显示结果: </p>
11          <!--MainController 有效,但是 DataController 作用域无效-->
12          <span>{{mData}}</span>
13          <span>{{dData}}</span>
14          <div ng-controller="DataController">
15              <p> * ng-controller="DataController"作用域显示结果: </p>
16              <!--MainController 有效,DataController 有效-->
```

```
17              <span>{{mData}}</span>
18              <span>{{dData}}</span>
19          </div>
20      </div>
21  </div>
22  <script src="lib/angular.js"></script>
23  <script>
24      var demo=angular.module('demo', []);
25      //定义 MainController 控制器
26      demo.controller('MainController', function ($scope) {
27          $scope.mData="hello MainController";
28      });
29      //定义 DataController 控制器
30      demo.controller('DataController', function ($scope) {
31          $scope.dData="hello DataController";
32      });
33  </script>
34  </body>
35  </html>
```

在上述代码中，第 27 行 为 MainController 作用域定义属性 mData；第 31 行为 DataController 作用域定义属性 dData；第 9 ~ 19 行分别在 MainController 和 DataController 作用域内获取 mData 和 dData 属性。

打开 Chrome 浏览器，访问 demo2-7.html，页面效果如图 2-16 所示。

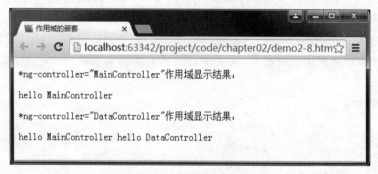

图 2-16　demo2-7.html 页面效果

从图 2-16 中可以看出，在 MainController 作用域内，只显示了 mData 的值 hello MainController，说明 DataController 作用域内的数据在 MainController 作用域内无效；在 DataController 作用域内，mData 和 dData 的值都正常显示，说明 DataController 可以显示 MainController 作用域内的数据。原因是 DataController 作用域是在解析指令时创建的，这样 MainController 可以看作 DataController 的上一级作用域，下级作用域可以访问上级作用域中的内容。需要注意的是，作用域是在浏览器解析指令时被创建的，所以作用域的嵌套关系是在 HTML 模板中体现的，而不是在 AngularJS 代码中。

2.2.3　AngularJS 表达式

AngularJS 表达式与 JavaScript 的代码片段非常类似，可以包含数字、字符串、运算符、函数调用等,但 AngularJS 中不会使用 eval()函数去执行表达式,而是将表达式写在插值语法中或者在指令中输入,示例代码如下。

```
//插值语法
{{AngularJS Expression}}
```

AngularJS 表达式可以直接添加到 HTML 模板中。表达式执行运算操作,并且在运算后得到一个值,通过这种方式 AngularJS 可以动态地把结果添加到网页视图。同时表达式是被绑定到 $scope 作用域的,当作用域内的数据发生改变时,表达式的值也会发生改变并显示到网页视图。表达式的主要作用就是实现数据绑定。

为了让读者有更好的理解,接下来通过一个案例来演示 AngularJS 表达式的具体使用方法,代码见 demo2-8. html。

demo2-8. html

```
1   <!DOCTYPE html>
2   <html lang="en">
3   <head>
4       <meta charset="UTF-8">
5       <title>AngularJS 表达式</title>
6   </head>
7   <body>
8   <div ng-app="demo">
9       <div ng-controller="MainController">
10          <!--hello-->
11          {{ msg }}
12          <br>
13          <!--hello world-->
14          {{ msg+' world' }}
15          <br>
16          <!--2-->
17          {{ num+1 }}
18          <br>
19          <!--1-->
20          {{ fn() }}
21          <br>
22          <!--1+5-->
23          {{ fn()+5 }}
24          <br>
25          <!--三目运算-->
26          {{ boolean ? 1 : 5 }}
27          <br>
28          <!--数组-->
29          {{ arr[2] }}
30      </div>
31   </div>
32   <script src="lib/angular.js"></script>
33   <script>
34      var demo=angular.module('demo', []);
35      //在 MainController 作用域中定义不同类型的属性和方法
```

```
36        demo.controller('MainController', function ($scope) {
37            $scope.msg='hello';
38            $scope.num=1;
39            $scope.fn=function () {
40                return 1;
41            };
42            $scope.boolean=true;
43            $scope.arr=[1,2,3,4,5];
44        });
45    </script>
46    </body>
47    </html>
```

在上述代码中,第 36~44 行定义了 MainController 作用域,并且在该作用域中定义了不同类型的属性和函数;第 10~29 行将表达式添加到插值语法中,获取相应的值。

打开 Chrome 浏览器,访问 demo2-8.html,页面效果如图 2-17 所示。

从图 2-17 中的输出结果可以看出,AngularJS 表达式对字符串、数字、函数、运算、数组都可以正确求值。

AngularJS 表达式具有如下特点。

图 2-17   demo2-8.html 页面效果

1. AngularJS 属性表达式

AngularJS 属性表达式是对应于当前作用域的,JavaScript 属性表达式是对应全局 window 对象的。AngularJS 中的 $window 指向全局 window 对象。例如,JavaScript 中定义的 alert()方法在 AngularJS 表达式中必须写成 $window.alert()。$符号只是一个标记 AngularJS 专有属性的符号,是用来表示区别于开发人员自定义属性的符号。AngularJS 的设计是在已有的对象上添加行为。如果使用$作前缀,就能使得开发人员的代码和 AngularJS 的代码和谐共处。

2. 允许未定义值

表达式在执行时,AngularJS 是允许其为 undefined 或者 null 的。大多数时候,表达式是用来做数据绑定的,例如:

```
{{a.b}}
```

那么,表达式返回一个空值会比触发异常更有意义。因为通常在等待服务器响应的同时,变量马上就会被定义和赋值。如果表达式不能容忍未定义的值,那么我们绑定的代码就不得不写成如下形式:

```
{{(a||{}).b}}
```

AngularJS 在执行未定义的函数 a.b()时,也会返回 undefined,不会触发异常。

3．没有流程控制结构

不能在 AngularJS 表达式中使用"条件判断""循环""抛出异常"等控制结构语句，在 AngularJS 中，逻辑代码都应该写在控制器里。

4．通过过滤器链来传递表达式的结果

将数据呈现给用户时，需要将其转换为阅读友好的格式。例如，在显示之前将一个日期对象转换为用户本地的时间格式或者将英文字母转换成大写，这时便可以用链式过滤器来传递表达式，如下所示。

```
name | uppercase
```

这个表达式会将 name 的值传递给 uppercase 过滤器。除上述形式外，AngularJS 还支持链式过滤器，使用方法如下。

```
value | filter1 | filter2
```

读者可以通过冒号来给过滤器传递参数，例如将 123 显示成带有两位小数的形式，示例代码如下。

```
123 | number:2
```

使用上面的语法后，表达式的输出结果为 123.00。

2.2.4 AngularJS 的指令

指令（directive）是 AngularJS 中的一个重要概念，可以看作自定义的 HTML 元素，是 AngularJS 操作 HTML 元素的一种途径。在 AngularJS 官方文档中称指令为 HTML 语言的 DSL 扩展，DSL 是指特定领域语言。

在前文的案例中，应用到的 ng-app 和 ng-controller 等都是 AngularJS 的指令。AngularJS 会把数据放在名为作用域（$scope）的对象中，并把对象绑定到一个 HTML 模板上。于是，在这个 HTML 模板中，就可以使用 AngularJS 提供的指令来打标记。然后 AngularJS 框架根据标记将页面渲染给用户，把数据填充到对应的位置上，同时把事件处理程序绑定到相应的事件上。

在上述过程中可以看出，AngularJS 是结合模板和指令来向用户呈现 HTML 视图的，模板就是基本的 HTML。

在 AngularJS 中，指令用于输出或绑定表达式，示例代码如下。

```
ng-Model=" AngularJS Expression ";
ng-bind=" AngularJS Expression ";
```

在 AnagularJS 中内置了大量带有"ng-"前缀的指令，用于处理 DOM 操作功能，并且提供了自定义指令的功能。指令的实质是绑定在 DOM 元素上的函数，在该函数内部可以操作 DOM、调用方法、定义行为、绑定控制器和对象等。指令会在浏览器解析 DOM 元素时和

元素的其他属性一样被解析,它使 AngularJS 应用具有动态性和响应能力。本书的第 3 章将会对 AngularJS 常用内置指令和如何自定义指令的内容进行详细的介绍。

2.2.5　自动化双向绑定

双向绑定是 AngularJS 所有特征中最重要的概念,在学习双向绑定之前,首先来了解一下什么是单向绑定。

单向绑定即任何对数据模型或者相关内容的改变都不会自动反映到视图中去,而且用户对视图的任何改变也不会自动同步到数据模型中来,这意味着开发人员需要编写代码来保持视图与数据模型的同步。

AngularJS 基于 MVVM 架构模式支持数据的双向绑定,也就是说,当视图数据发生改变时,数据模型会被同步更新;反之,当数据模型发生改变时,视图也会被自动更新。通过这种方式,可以自动保持视图和数据模型的同步,把开发人员从复杂的 DOM 操作中解脱出来,使编程过程中大部分的精力都集中到数据的变化中去。

为了让读者更好地理解 AngularJS 的双向绑定,接下来通过一个简单的双向绑定案例来演示具体效果,代码见 demo2-9.html。

demo2-9.html

```
1    <!DOCTYPE html>
2    <html>
3    <head lang="en">
4        <meta charset="UTF-8">
5        <title>AngularJS 双向绑定</title>
6    </head>
7    <body ng-app>
8    请输入内容:<input type="text" ng-model="demo"/><br/>
9    您输入的内容:{{demo}}
10   <!--引入 angular.js 文件-->
11   <script src="lib/angular.js"></script>
12   </body>
13   </html>
```

在上述代码中,第 8 行使用 ng-model 将 demo 属性与文本框绑定;第 9 行使用了 AngularJS 的插值语法"{{}}",将 demo 属性写在插值语法中,表示将 demo 属性与插值语法绑定,在页面上会显示 demo 属性的值。本案例要演示的效果是,当文本框有输入值时,文本框所绑定的属性 demo 的值会随之改变。

使用 Chrome 浏览器访问 demo2-9.html,页面效果如图 2-18 所示。

在图 2-18 的文本框中输入"小明",页面效果如图 2-19 所示。

图 2-18　demo2-9.html 初始效果

图 2-19　demo2-9.html 输入效果

从图 2-19 中可以看到,在文本框中输入"小明"后,demo 属性的值也变为"小明"。同样当 demo 数据有更改时,这个更改也会体现在绑定的标签上。

demo2-9. html 的双向绑定关系图如图 2-20 所示。

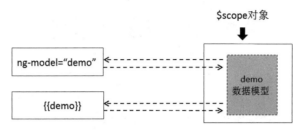

图 2-20　双向绑定关系图

从图 2-20 中可以看出,数据模型存放在 $scope 作用域对象中。无论是使用 ng-model 指令,还是使用插值语法"{{}}",目的都是将数据模型中的数据与 HTML 绑定在一起。需要注意的是,一个数据模型可以对应多个视图,数据模型的改变也会体现在所有视图上,某一个视图的改变都会改变数据模型,这就是 AngularJS 的双向绑定。

2.3　本章小结

本章讲解了 AngularJS 中一些重要的基础知识。首先介绍了 AngularJS 的简单使用,通过传统方式和 AngularJS 代码分别实现计数器案例,体现了 AngularJS 代码简洁的优势。然后讲解了 AngularJS 的基本概念,包括 AngularJS 的模块与控制器、作用域、表达式、指令、自动化双向绑定等。

学习本章后,读者应该体验到 AngularJS 语法与传统 JavaScript 语法的不同之处。我们要求掌握 AngularJS 的语法结构,以便为后面章节的学习打好基础。

【思考题】

1. 简述 AngularJS 中模块的作用。
2. 简述什么是 AngularJS 的双向绑定。

第 3 章

AngularJS的指令

在第 2 章的案例演示中,提到过指令的概念,也应用了 ng-app、ng-model 和 ng-click 等指令,相信读者对指令并不陌生。在 AngularJS 中提供了很多内置指令供开发人员使用,同时也提供了自定义指令的方法,本章将针对 AngularJS 的常用内置指令以及如何自定义指令进行详细讲解。

【教学导航】

学习目标	1. 熟悉常用的 AngularJS 内置指令 2. 熟悉如何自定义指令 3. 掌握 ng-repeat 指令的使用方法 4. 了解自定义指令的约束 5. 了解指令的作用域
教学方式	本章内容以理论讲解、案例演示为主
重点知识	1. 常用的 AngularJS 内置指令 2. 如何自定义指令 3. ng-repeat 指令的使用方法
关键词	ng-bind、ng-style、ng-class、ng-click、ng-change、ng-repeat、ng-cloak、directive

3.1　指令的分类

在 AngularJS 中,根据使用场景和作用可以将指令分为两类:装饰器型指令(Decorator)和组件型指令(Component)。

装饰器型指令的作用是为 DOM 添加行为,使其具有某种能力,例如 ng-click(单击事件)、ng-hide/ng-show(控制 DOM 元素的显示和隐藏)等。在 AngularJS 中,大多数内置指令属于装饰器型指令。装饰器型指令负责搜集页面数据的变化,然后利用 AngularJS 的"脏检查机制"来保持数据视图与作用域数据的同步,这对于双向绑定具有重要的意义。关于脏检查机制在本书的第 4 章中会详细讲解。

组件型指令是一个小型的整体,其中包含业务所需要显示的视图和交互逻辑,例如弹出框、上拉菜单等。组件型指令具有高内聚和低耦合的特点,高内聚是指组件内部实现了它所应该包含的功能,低耦合是指它和外部组件之间尽量少地相互依赖。

　　组件型指令不应该直接引用当前页面的 DOM 和数据,而是要有独立的作用范围。例如某个项目中需要实现登录、轮播图等功能,如果直接把代码添加到视图和控制器中,便不利于分工协作和长期维护。这时,更好的解决方案是定义两个组件型指令(loginPannel 和 sliderPannel)——loginPannel 指令用于登录功能,sliderPannel 指令用于轮播图功能。然后使用<login-panel></login-panel>和<silder-panel></silder-panel>的方式来使用组件型指令,将两个功能嵌入页面,这样做可以分离视图,达到代码的语义化和组件化的目的。开发人员可以通过 AngularJS 提供的自定义指令的方法来开发组件型指令。

　　装饰器型指令和组件型指令在写法、作用、适用范围等方面都是有区别的,了解二者之间的区别有利于更好地运用 AngularJS 的指令。

3.2　AngularJS 常用的内置指令

　　AngularJS 中所有的内置指令的前缀都为“ng-”,从类型上可以大致分为:程序控制类指令、数据绑定类指令、状态设置类指令、事件绑定类指令、访问流程类指令和加载处理类指令等。本节将为读者详细介绍 AngularJS 常用的内置指令。

3.2.1　程序控制和数据绑定类指令

　　AngularJS 中常用的程序控制类指令如表 3-1 所示。

表 3-1　程序控制类指令

指　　令	描　　述
ng-app	用于初始化一个 AngularJS 应用程序,将绑定 ng-app 的元素声明为 $rootScope 的起点
ng-controller	用于为应用添加控制器,在控制器中可以编写代码,创建函数和属性,并使用 $scope 对象来访问它们
ng-init	用于在 HTML 模板中定义初始化值,例如初始化一个字符串<div ng-app ng-init="text='Hello">

　　AngularJS 中常用的数据绑定类指令如表 3-2 所示。

表 3-2　数据绑定类指令

指　　令	描　　述
ng-model	用于将作用域范围内的数据绑定到表单控件
ng-bind	使用给定的变量或表达式的值来替换 HTML 元素的内容,所有 HTML 元素都支持 ng-bind 指令

　　ng-app、ng-controller 和 ng-model 指令在本书第 2 章中已经演示过用法,这里不做单独演示。

　　ng-bind 指令用于内容绑定,语法如下。

```
<element ng-bind="expression"></element>
```

在上述语法中，element 是指 HTML 元素的名称，expression 是指要执行的变量或表达式。

ng-bing 指令的用法与插值语法"{{}}"有些相似，接下来通过一个案例来演示 ng-bind 指令的具体用法，代码见 demo3-1. html。

demo3-1. html

```
1   <!DOCTYPE html>
2   <html lang="en">
3   <head>
4   <meta charset="UTF-8">
5   <title>ng-bind</title>
6   </head>
7   <body>
8   <div ng-app="app">
9   <div ng-controller="MainController">
10  <p> * 使用插值语法取出 data 的效果</p>
11  <span>{{data}}</span>
12  <br/>
13  <p> * 使用 ng-bind 取出 data 的效果</p>
14  <span ng-bind="data"></span>
15  </div>
16  </div>
17  <script src="lib/angular.js"></script>
18  <script>
19  //创建一个 AngularJS 模块
20  var app=angular.module('app', []);
21  app.controller('MainController', function ($scope) {
22  //$scope 是 AngularJS 的控制器附带的"数据仓库"
23  $scope.data='this is data';
24  });
25  </script>
26  </body>
27  </html>
```

在上述代码中，第 23 行定义了属性 data，值为 this is data；第 11 行和第 14 行分别使用插值语法和 ng-bind 指令获取 data 值。

打开 Chrome 浏览器，访问 demo3-1. html，页面效果如图 3-1 所示。

图 3-1   demo3-1. html 页面效果

在图 3-1 中可以看到,使用两种方法取值显示的效果是一样的。

3.2.2　状态设置类指令

AngularJS 中的状态设置类指令用于改变 HTML 元素的显示状态,包括为元素绑定样式、设置元素只读和禁用、设置显示和隐藏等。常用的状态设置类指令如表 3-3 所示。

表 3-3　状态设置类指令

指　　令	描　　述
ng-style	用于为 HTML 元素添加 style 属性
ng-class	用于给 HTML 元素动态绑定一个或多个 CSS 类
ng-readonly	用于设置表单域(input 或 textarea)的 readonly(只读)属性
ng-disabled	用于设置表单输入字段(input、select 或 textarea)的 disabled 属性
ng-hide	用于设置隐藏 HTML 元素
ng-show	用于设置显示 HTML 元素

1. ng-style

ng-style 指令用于样式的绑定,语法如下。

```
<element ng-style="expression"></element>
```

在上述语法中,expression 表达式返回由 CSS 属性和值组成的对象,即 key-value 形式的对象。为了让读者有更好的理解,接下来通过一个案例来演示 ng-style 指令的具体用法,代码见 demo3-2.html。

demo3-2. html

```
1   <!DOCTYPE html>
2   <html lang="en">
3   <head>
4       <meta charset="UTF-8">
5       <title>ng-style</title>
6   </head>
7   <body>
8   <div ng-app="app">
9       <div ng-controller="mainController">
10          <div style="height: 100px;" ng-style="myStyle">
11              每天都开心
12          </div>
13      </div>
14  </div>
15  <script src="lib/angular.js"></script>
16  <script>
17      //创建一个 AngularJS 模块
18      var app=angular.module('app', []);
19      app.controller('mainController', function ($scope) {
```

```
20        //在作用域内定义样式属性 myStyle
21        $scope.myStyle={
22            "background-color": "yellow",
23            "width":"100px",
24            "font-size" : "20px",
25            "padding":"50px"
26        }
27    });
28 </script>
29 </body>
30 </html>
```

在上述代码中,第 21～26 行在作用域中定义了样式对象 myStyle。在 myStyle 对象中可以使用 key-value 形式来定义 CSS 样式,每个 key-value 的 key 可以去掉双引号,但是去掉双引号后 key 中包含的"-"符号会报语法错误。因此,可以将 key 改写成驼峰式,例如将 background-color 改写成 backgroundColor。

第 10 行使用 ng-style 指令绑定 myStyle 对象,并且使用 div 元素的 style 属性设置了 div 元素的高度。需要注意的是,ng-style 属性与 HTML 元素的 style 属性可以同时使用。

打开 Chrome 浏览器,访问 demo3-2.html,页面效果如图 3-2 所示。

图 3-2   demo3-2.html 页面效果

2. ng-class

ng-class 指令用于绑定动态 CSS 类,语法如下。

```
<element ng-class="expression"></element>
```

在上述语法中,ng-class 指令的值可以是字符串、对象或数组。如果是字符串,多个类名使用空格分隔;如果是对象,需要使用 key-value 形式,key 为要添加的类名,value 是一个布尔类型的值(只有在 value 值为 true 时,该类才会被添加);如果是数组,数组的元素可以是字符串或对象。

接下来通过一个案例来演示 ng-class 指令的具体用法,代码见 demo3-3.html。

demo3-3.html

```
1  <!DOCTYPE html>
2  <html lang="en">
3  <head>
4      <meta charset="UTF-8">
5      <title>ng-class</title>
6      <style>
7         /*定义样式*/
```

```
8              .myColor {
9                  background-color:pink;
10             }
11             .myDiv {
12                 width: 100px;
13                 font-size: 30px;
14                 padding: 30px;
15             }
16             .myBorder {
17                 border: 5px solid darkgrey;
18             }
19         </style>
20     </head>
21     <body>
22     <div ng-app="app">
23         <div ng-controller="mainController">
24             <!--绑定样式-->
25             <div style="height: 100px" ng-class="classOptions">
26                 要努力向上
27             </div>
28         </div>
29     </div>
30     <script src="lib/angular.js"></script>
31     <script>
32         //创建一个 AngularJS 模块
33         var app=angular.module('app', []);
34         app.controller('mainController', function ($scope) {
35             //创建 classOptions 对象,对已经有的 CSS 样式设置是否开启
36             $scope.classOptions={
37                 "myColor":true,
38                 "myDiv":true,
39                 "myBorder":true
40             }
41         });
42     </script>
43     </body>
44     </html>
```

　　在上述代码中,第 8～18 行定义了三组样式(.myColor、.myDiv 和.myBorder);第 36～40 行定义了 classOptions 对象,在该对象上设置是否启用样式(true 为启用,flase 为禁用);第 25 行使用 ng-class 指令绑定 classOptions 对象,与 ng-style 类似,这里的 key 值也可以去掉引号,但是去掉引号后不能包括"-",否则会出现语法错误。

　　打开 Chrome 浏览器,访问 demo3-3.html,页面效果如图 3-3 所示。

　　修改 demo3-3.html 中的第 39 行,将 myBorder 设置为 false,那么 div 元素将会被去掉边框,此时的页面效果如图 3-4 所示。

图 3-3　demo3-3.html 页面效果

图 3-4　去掉边框的页面效果

3. ng-show 和 ng-hide

在 JavaScript 中，通过设置 HTML 元素的 display 值来控制元素的显示和隐藏；AngularJS 的指令 ng-hide 和 ng-show 也可以实现这样的功能，使用两个指令的语法如下。

```
<element ng-show="expression"></element>
<element ng-hide="expression"></element>
```

在上述语法中，expression 表达式返回的值是布尔类型。ng-show 指令绑定值为 true 时显示 HTML 元素。为 false 时隐藏 HTML 元素。ng-hide 指令绑定值为 true 时隐藏 HTML 元素，为 false 时显示 HTML 元素。所有的 HTML 元素都支持 ng-show 和 ng-hide 指令。

接下来通过一个案例来演示 ng-show 和 ng-hide 指令的具体用法，代码见 demo3-4.html。

demo3-4.html

```
1    <!DOCTYPE html>
2    <html lang="en">
3    <head>
4       <meta charset="UTF-8">
5       <title>ng-show 和 ng-hide</title>
6    </head>
7    <body>
8    <div ng-app="app">
9       <div ng-controller="MainController">
10         <div style="width: 200px;height: 100px;background: red"
11             ng-show="myTrue">
12            <p> * ng-show="myTrue"</p>
13         </div>
14         <div style="width: 200px;height: 100px;background: yellow"
15             ng-show="myFalse">
16            <p> * ng-show="myFalse"</p>
17         </div>
```

```
18          <div style="width: 200px;height: 100px;background:blue"
19             ng-hide="myTrue">
20             <p> * ng-hide="myTrue"</p>
21          </div>
22          <div style="width: 200px;height: 100px;background: green"
23             ng-hide="myFalse">
24             <p> * ng-hide="myFalse"</p>
25          </div>
26      </div>
27   </div>
28   <script src="lib/angular.js"></script>
29   <script>
30      var app=angular.module('app',[]);
31      app.controller('MainController',function($scope){
32      //定义两个 boolean 类型的属性
33         $scope.myTrue=true;
34         $scope.myFalse=false;
35      });
36   </script>
37   </body>
38   </html>
```

在上述语法中,第 10~25 行定义了 4 个 div,并且在 div 上分别用 ng-show 和 ng-hide 指令绑定了 myTrue 和 myFalse。

打开 Chrome 浏览器,访问 demo3-4.html,页面效果如图 3-5 所示。

在图 3-5 中可以看出,绑定 ng-show = "myTrue"和 ng-hide = "myFalse"的两个 div 显示出来了。

4. ng-readonly 和 ng-disabled

在 AngularJS 中,ng-readonly 和 ng-disabled 指令用于设置元素的只读和无效状态,与 JavaScript 相同,只读和无效状态是针对输入框的。只读状态下,输入框的数据不能编辑,但是会被表单提交;而无效状态下,输入框的数据不能编辑,也不会被提交。

图 3-5　demo3-4.html 页面效果

使用 ng-readonly 和 ng-disabled 指令的语法如下。

```
<input ng-readonly="expression"></input>
<input ng-disabled="expression"></input>
```

在上述语法中,expression 表达式返回的值是布尔类型。ng-readonly 指令返回值为 true 时用于设置输入框的只读状态,ng-disabled 指令返回值为 true 时用于设置输入框的无效状态。

接下来通过一个案例来演示 ng-readonly 和 ng-disabled 指令的具体用法,代码见 demo3-5.html。

demo3-5. html

```
1    <!DOCTYPE html>
2    <html lang="en">
3    <head>
4        <meta charset="UTF-8">
5        <title>ng-readonly 和 on-disabled</title>
6    </head>
7    <body>
8    <div ng-app="app">
9        <div ng-controller="MainController">
10           <form action="">
11   <input name="id1" type="text" ng-model="text"   ng-readonly="boolean">
12           <br/>
13   <input name="id2" type="text" ng-model="text"   ng-disabled="boolean">
14           <br/>
15           <br/>
16           <input type="submit" value="提交">
17       </form>
18     </div>
19   </div>
20   <script src="lib/angular.js"></script>
21   <script>
22       //创建一个 AngularJS 模块
23       var app=angular.module('app', []);
24       app.controller('MainController', function ($scope) {
25           //定义属性 text 用于绑定 ng-model
26           $scope.text='some text';
27           //定义属性 boolean 用于绑定 ng-readonly 和 on-disabled
28           $scope.boolean=true;
29       });
30   </script>
31   </body>
32   </html>
```

在上述代码中,第 26 行定义了属性 text 用于绑定 ng-model;第 28 行定义了属性
boolean 用于绑定到 ng-readonly 和 ng-disabled;第 11 行
使用 ng-model 指令将 text 属性绑定到 input 输入框,并
使用 ng-readonly 指令设置输入框为只读状态;第 13 行使
用 ng-model 指令将 text 属性绑定到 input 输入框,并使
用 ng-disabled 指令设置输入框为无效状态。

打开 Chrome 浏览器,访问 demo3-5. html,页面效果
如图 3-6 所示。

在图 3-6 中,第一个输入框的状态是只读,第二个输

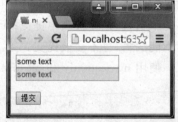

图 3-6   demo3-5. html 页面效果

入框的状态是无效,两个输入框的 some text 内容都不能编辑。单击"提交"按钮提交表单,
观察地址栏,如图 3-7 所示。

从图 3-7 中可以看出,只有 id1 的数据被提交了,说明只读输入框中的数据被提交了,
而无效状态输入框中的数据没有被提交。

图 3-7 表单提交效果

3.2.3 事件绑定类指令

AngularJS 中用于事件绑定功能指令的名称与 JavaScript 的事件名称非常类似，AngularJS 中常用的事件绑定类指令如表 3-4 所示。

表 3-4 事件绑定类指令

指　令	描　　述
ng-click	用于指定鼠标单击 HTML 元素时需要执行的操作，所有 HTML 元素都支持该指令
ng-dblclick	用于指定鼠标双击 HTML 元素时需要执行的操作，所有 HTML 元素都支持该指令
ng-focus	用于指定 HTML 元素获取焦点时需要执行的操作，支持＜a＞、＜input＞、＜select＞、＜textarea＞和 window 对象
ng-blur	用于指定 HTML 元素失去焦点时需要执行的操作，支持＜a＞、＜input＞、＜select＞、＜textarea＞和 window 对象
ng-change	用于指定 HTML 元素值改变时需要执行的操作，支持＜input＞、＜select＞和＜textarea＞标签

需要注意的是，上述指令都不会覆盖 JavaScript 的事件，例如鼠标单击 HTML 元素时，ng-click 指令与 JavaScript 的 onclick 事件都会执行。

1. ng-click

接下来通过一个案例来演示 ng-click 指令的使用效果，代码见 demo3-6. html。

demo3-6. html

```
1   <!DOCTYPE html>
2   <html lang="en">
3   <head>
4       <meta charset="UTF-8">
5       <title>ng-click</title>
6   </head>
7   <body>
8   <div ng-app="app">
9       <div ng-controller="mainController">
10          <span ng-bind="message"></span>
```

```
11          <br/>
12 <button ng-click="clickHandler()" onclick="onclickHandler()">按钮</button>
13     </div>
14 </div>
15 <script src="lib/angular.js"></script>
16 <script>
17     //创建一个 AngularJS 模块
18     var app=angular.module('app', []);
19     app.controller('mainController', function ($scope) {
20         //定义属性 message,用于绑定在 span 标签上
21         $scope.message="等待操作";
22         //定义 ng-click 需要绑定的事件处理函数
23         $scope.clickHandler=function () {
24             $scope.message='ng-click 事件被触发'
25         }
26     });
27     //定义 onclick 事件触发调用的函数
28     function onclickHandler() {
29         console.log("onclick 事件被触发");
30     }
31 </script>
32 </body>
33 </html>
```

在上述代码中,第 21 行定义了 message 属性,用于在第 10 行绑定 ng-bind 指令;第 23~25 行定义了 clickHandler()函数用于绑定 ng-click 指令,在函数内修改 message 属性;第 28~30 行定义了 onclickHandler()函数用于绑定 onclick 事件;第 12 行代码用于在 button 上同时绑定 ng-click 和 onclick 事件。

打开 Chrome 浏览器,访问 demo3-6.html,页面效果如图 3-8 所示。

在图 3-8 中,message 属性的值显示为"等待操作"。按 F12 键打开开发人员工具,单击 Console 菜单,页面效果如图 3-9 所示。

图 3-8 demo3-6.html 页面效果   图 3-9 控制台

在图 3-9 中,单击"按钮",页面效果如图 3-10 所示。

图 3-10　事件触发

在图 3-10 中可以看出,message 属性值从"等待操作"变为"ng-click 事件被触发";控制台也输出了"onclick 事件被触发",说明 AngularJS 中的事件与 JavaScript 事件可以同时被触发。

2．ng-change

AngularJS 中用于事件绑定的指令的用法都很相似,但是 ng-change 与其他指令有所不同,它需要与 ng-model 指令搭配使用。

接下来通过一个案例来演示 ng-change 指令的具体用法,代码见 demo3-7.html。

demo3-7.html

```
1   <!DOCTYPE html>
2   <html>
3   <head>
4       <meta charset="utf-8">
5       <title>ng-change</title>
6   </head>
7   <body ng-app="myApp">
8   <div ng-controller="mainController">
9       <p>在输入框中输入一些信息:</p>
10      <input type="text" ng-change="myFunc()" ng-model="myValue" />
11      <p>{{message}}</p>
12  </div>
13  <script src="lib/angular.js"></script>
14  <script>
15      angular.module('myApp', [])
16          .controller('mainController', function($scope) {
17              //定义属性 message,用于插值语法
```

```
18                $scope.message="等待操作";
19                //定义函数用于绑定 ng-change 指令
20                $scope.myFunc=function() {
21                    $scope.message="输入框被修改了";
22                };
23            });
24 </script>
25 </body>
26 </html>
```

在上述代码中,第 18 行定义了属性 message;第 11 行使用插值语法获取 message 属性的值;第 20~22 行定义了 myFunc() 函数用于绑定 ng-change 指令;第 10 行为 input 控件绑定 ng-change 事件并指定了 ng-model。当 input 控件被修改时,会触发 ng-change 事件,并调用 myFunc() 函数,将 message 属性值修改为"输入框被修改了"。

打开 Chrome 浏览器,访问 demo3-7. html,页面效果如图 3-11 所示。

在图 3-11 中,message 属性的值显示为"等待操作"。在输入框中输入 hello,"等待操作"变为"输入框被修改了",说明 ng-change 绑定的 myFunc() 函数被成功调用了,如图 3-12 所示。

图 3-11　demo3-7. html 页面效果

图 3-12　输入框被修改

3.2.4　访问流程类指令

AngularJS 中和访问流程相关的常用指令如表 3-5 所示。

表 3-5　访问流程类指令

指　令	描　述
ng-if	用于 if 条件判断。如果 if 条件的判断结果为 true,则在页面中添加 HTML 元素;反之,则不在页面中添加该 HTML 元素
ng-switch	用于分支判断,该指令根据表达式显示或隐藏对应的部分
ng-repeat	用于循环集合,输出指定次数的 HTML 元素,这里的集合必须是数组或对象

1. ng-if

ng-if 指令能够通过条件判断动态地添加或移除元素。不同于 ng-show 和 ng-hide 的显示/隐藏元素,ng-if 是从 DOM 中移除元素或者向 DOM 中添加元素。

使用 ng-if 指令的语法如下。

```
<element ng-if="expression"></element>
```

在上述语法中,element 代表任意 HTML 元素。如果 expression 表达式返回 true,则会在页面上添加该 HTML 元素;如果为 false,则不会在页面上添加该 HTML 元素。

接下来通过一个案例来演示 ng-if 指令的具体用法,代码见 demo3-8. html。

demo3-8. html

```
1   <!DOCTYPE html>
2   <html>
3   <head>
4       <meta charset="utf-8">
5       <title>ng-if</title>
6   </head>
7   <body ng-app>
8     添加 HTML:
9     <!--使用 ng-init 初始化属性 myVar,值为 false-->
10    <input type="checkbox" ng-model="myVar" ng-init="myVar=false">
11    <div ng-if="myVar">
12      <h1>我来了</h1>
13    </div>
14  <script src="lib/angular.js"></script>
15  </body>
16  </html>
```

在上述代码中,第 10 行定义了一个 checkbox,使用 ng-init 初始化变量 myVar 的值为 false 并使用 ng-model 将 myVar 与 checkbox 绑定,当 checkbox 被勾选时,myVar 值变为 true;第 11 行使用 ng-if 绑定 myVar,当 myVar 值为 true 时,显示 div 元素下的内容。

打开 Chrome 浏览器,访问 demo3-8. html,页面效果如图 3-13 所示。

在图 3-13 中,勾选复选框后显示"我来了",页面效果如图 3-14 所示。

图 3-13　demo3-8. html 页面效果

图 3-14　添加 HTML 成功

2. ng-switch

ng-switch 指令的使用需要搭配子元素的 ng-switch-when 指令,语法如下。

```
<element ng-switch="expression">
    <element ng-switch-when="value"></element>
    <element ng-switch-when="value"></element>
    <element ng-switch-when="value"></element>
    <element ng-switch-default></element>
</element>
```

在上述语法中，如果表达式 expression 的返回值与某个 ng-switch-when 的 value 值匹配，则会在 HTML 页面上添加绑定的 HTML 元素。

为了让读者有更好的理解，接下来通过一个案例来演示 ng-switch 的具体用法，代码见 demo3-9.html。

demo3-9.html

```
1    <!DOCTYPE html>
2    <html lang="en">
3    <head>
4        <meta charset="UTF-8">
5        <title>ng-switch</title>
6    </head>
7    <body>
8    <div ng-app="app">
9        <div ng-controller="mainController">
10           <div ng-switch="name">
11               <div ng-switch-when="张三">
12                   this is 张三
13               </div>
14               <div ng-switch-when="李四">
15                   this is 李四
16               </div>
17               <div ng-switch-default>
18                   找不到此人
19               </div>
20           </div>
21       </div>
22   </div>
23   <script src="lib/angular.js"></script>
24   <script>
25       var app=angular.module('app', []);
26       app.controller('mainController', function ($scope) {
27           $scope.name="李四"
28       });
29   </script>
30   </body>
31   </html>
```

在上述代码中，第 10～20 行是一个完整的 ng-switch 流程；第 27 行定义了 name 属性；第 10 行使用 ng-switch 指令绑定 name 属性，因为 name 属性的初始值为李四，所以第 14～16 行的 div 元素将被显示到页面上。

打开 Chrome 浏览器，访问 demo3-9.html，页面效果如图 3-15 所示。

将 demo3-9.html 中第 27 行的 name 值修改为 ng-switch-when 条件中不包含的值,例如将 27 行修改为 $scope.name ＝"王五"。由于 ng-switch-when 条件中不包含值"王五",所以这时页面将显示绑定到 ng-switch-default 指令的内容"找不到此人",如图 3-16 所示。

图 3-15　demo3-9.html 页面效果

图 3-16　执行 ng-switch-default 指令

3. ng-repeat 指令

ng-repeat 指令属于访问流程类指令,可以用来遍历集合,要求集合必须是数组或者对象,语法如下。

```
<element ng-repeat="expression"></element>
```

在上述语法中,expression 表达式用于定义循环集合的方式。

```
//遍历数组
item in collection
//遍历对象
(key, value) in collection
```

在上述方式中,collection(集合)中可能有多条记录,ng-repeat 指令可以每次从集合 collection 中取出一条记录 item。如果 item 中的数据是以 key-value 形式存储,便可以通过 item.key 形式取出 value 值并添加到 HTML 模板。每个 item 实例都有自己的作用域,在该作用域内可以使用一些特殊的属性,如表 3-6 所示。

表 3-6　模板实例属性

属　性	取值类型	描　　述
$index	Number	循环元素的索引,值为 0～集合的 length－1
$first	Boolean	循环元素在迭代器的第一个,该值为 true
$middle	Boolean	循环元素在迭代器的中间,该值为 true
$last	Boolean	循环元素在迭代器的最后一个,该值为 true
$even	Boolean	如果迭代器的 $index 是偶数,该值为 true
$odd	Boolean	如果迭代器的 $index 是奇数,该值为 true

ng-repeat 遍历数组和遍历对象时的语法有所区别,接下来分别为读者介绍。

① 遍历数组。通过一个案例演示 ng-repeat 遍历数组的具体用法,代码见 demo3-10.html。

demo3-10. html

```
1   <!DOCTYPE html>
2   <html lang="en">
3   <head>
4      <meta charset="UTF-8">
5      <title>ng-repeat</title>
6   </head>
7   <body>
8   <div ng-app="demo">
9      <div ng-controller="MainController">
10         <table style="border: solid 1px">
11            <tr>
12               <th>姓名</th>
13               <th>性别</th>
14               <th>年龄</th>
15               <th>相关信息</th>
16            </tr>
17            <!--ng-repeat 会为每一个 item 都绑定一个作用域。
18            作用域中除了指定的每一项的数据对象外,还有$index、$first、$last 等数据,
19            这些都是 AngularJS 自动生成的-->
20            <tr ng-repeat="item in users">
21               <td>{{item.name}}</td>
22               <td>{{item.sex}}</td>
23               <td>{{item.age}}</td>
24               <td>index:{{$index}}, first:{{$first}}, last:{{$last}},
25                  middle:{{$middle}}, even:{{$even}}, odd:{{$odd}}</td>
26            </tr>
27         </table>
28      </div>
29   </div>
30   <script src="lib/angular.js"></script>
31   <script>
32      var demo=angular.module('demo', []);
33      demo.controller('MainController', function ($scope) {
34         //  定义数组 users
35         $scope.users=[
36            {name: "张三", sex: "男", age: 24},
37            {name: "李四", sex: "女", age: 13},
38            {name: "王五", sex: "男", age: 38},
39            {name: "赵六", sex: "女", age: 55}
40         ];
41      });
42   </script>
43   </body>
44   </html>
```

在上述代码中,第 35~40 行定义数组 users,数组中包含 4 条个人信息记录,数据由 key-value 形式组成;第 20~26 行使用 ng-repeat 指令对数组进行遍历,每取出一条记录, table 会增加一个 tr,并且在每个 td 中显示相应的信息。

打开 Chrome 浏览器，访问 demo3-10. html，页面效果如图 3-17 所示。

图 3-17　　demo3-10. html 页面效果

从图 3-17 中可以看出，数组中的数据被成功遍历了，在相关信息中可以找到每一项模板实例相关属性的值。

② 数组值重复的解决方法（track by）。ng-repeat 指令遍历数组时要求每个元素值必须是唯一的，否则将会在浏览器控制台中提示有关数组中有重复值的错误消息。为了解决该问题，ng-repeat 指令中提供了 track by 功能，这是 ng-repeat 指令的默认跟踪行为，读者可以通过 $index 属性来跟踪集合中的每一项。使用 track by 功能后，数组中重复的值便可以成功输出，语法如下。

```
item in collection track by $index (item);
```

为了更好地理解，接下来通过一个案例来演示 track by 的具体使用方法，代码见demo3-11. html。

demo3-11. html

```
1   <!DOCTYPE html>
2   <html lang="en">
3   <head>
4       <meta charset="UTF-8">
5       <title>track by</title>
6   </head>
7   <body>
8   <div ng-app="demo">
9       <div ng-controller="MainController">
10          <table>
11              <!--遍历数组-->
12              <tr ng-repeat="item in numbers track by $index">
13                  <td>{{item}}</td>
14                  <td>$index:{{$index}}</td>
15              </tr>
16          </table>
17      </div>
18  </div>
19  <script src="lib/angular.js"></script>
20  <script>
```

```
21        var demo=angular.module('demo', []);
22        demo.controller('MainController', function ($scope) {
23            //定义数组
24            $scope.numbers=[1,1,4,2,5];
25        });
26   </script>
27   </body>
28   </html>
```

在上述代码中,第 24 行定义了一个数组;第 12～15 行使用 track by 功能对该数组进行遍历,其中第 14 行输出了每条数据的索引值。

打开 Chrome 浏览器,访问 demo3-11. html,页面效果如图 3-18 所示。

从图 3-18 可以看出,数组中的重复值(两个 1)都被输出到页面上,说明 track by 可以解决 ng-repeat 指令遍历数组时遇到重复值报错的问题。

③ 遍历对象。除遍历数组外,ng-repeat 还可以遍历对象。接下来通过一个案例来演示 ng-repeat 遍历对象的方法,代码见 demo3-12. html。

图 3-18　demo3-11. html 页面效果

demo3-12. html

```
1    <!DOCTYPE html>
2    <html lang="en">
3    <head>
4        <meta charset="UTF-8">
5        <title>ng-repeat</title>
6    </head>
7    <body>
8    <div ng-app="demo">
9        <div ng-controller="MainController">
10           <table style="border: solid 1px">
11               <tr>
12                   <th>姓名</th>
13                   <th>性别</th>
14                   <th>年龄</th>
15               </tr>
16               <tr ng-repeat="(key,value) in users">
17                   <td>{{key}}</td>
18                   <td>{{value.sex}}</td>
19                   <td>{{value.age}}</td>
20               </tr>
21           </table>
22       </div>
23   </div>
24   <script src="lib/angular.js"></script>
25   <script>
26       var demo=angular.module('demo', []);
```

```
27    demo.controller('MainController', function ($scope) {
28        $scope.users={
29            "张三": {age: 24, sex: "男"},
30            "李四": {age: 13, sex: "女"},
31            "王五": {age: 38, sex: "男"},
32            "赵六": {age: 55, sex: "女"}
33        }
34    });
35    </script>
36    </body>
37    </html>
```

在上述代码中，第 28～33 行定义了对象 users；第 16～20行遍历 users 对象，这里的 key 为对象中的姓名。value 中包含年龄和性别，所以使用 value.age 获取年龄，value.sex 获取性别。该案例使用 ng-repeat 遍历了 users 对象。

打开 Chrome 浏览器，访问 demo3-12.html，页面效果如图 3-19 所示。

图 3-19　demo3-12.html 页面效果

3.2.5　加载处理类指令

AngularJS 中的加载处理类指令用于解决 AngularJS 应用在加载时代码未加载完的问题，常用指令如表 3-7 所示。

表 3-7　加载处理类指令

指　令	描　述
ng-cloak	用于防止 AngularJS 应用加载时，因代码未加载完成而出现闪烁的问题
ng-src	用于覆盖 img 元素的 src 属性。例如在开发中，如果某个 src 的值中有 AngularJS 代码，则会使用 ng-src 而不是 src。ng-src 指令确保 AngularJS 代码执行前不显示图片
ng-href	用于覆盖原生的 a 元素的 href 属性。例如在开发中，如果 href 的值中有 AngularJS 代码，则会使用 ng-href 而不是 href。即使在 AngularJS 执行代码前单击链接，ng-href 指令也可以确保链接是正常的

AngularJS 应用在加载时，需要等待 DOM 加载完成之后才回去解析 HTML。HTML 页面中可能会由于 AngularJS 代码未加载完，而显示类似{{expression}}的 AngularJS 代码，进而在浏览器中出现闪烁的问题。表 3-7 中介绍的 ng-cloak 指令可以用来解决此问题。

在学习 ng-cloak 的用法之前，首先来演示一下 AngularJS 代码未加载完成时出现的闪烁效果，代码见 demo3-13.html。

demo3-13.html

```
1    <!DOCTYPE html>
2    <html lang="en">
3    <head>
4        <meta charset="UTF-8">
```

```
5        <title>ng-cloak</title>
6    </head>
7    <body>
8    <div ng-app="app">
9        <div ng-controller="mainController">
10           <span>{{name}}</span>
11       </div>
12   </div>
13   <script src="lib/angular.js"></script>
14   <script>
15       var app=angular.module('app', []);
16       app.controller('mainController', function ($scope) {
17           $scope.name='张三';
18       })
19   </script>
20   </body>
21   </html>
```

在上述代码中,第 10 行使用插值语法获取作用域中 name 属性的值,当 name 属性被加载时,有可能出现闪烁问题。

打开 Chrome 浏览器,访问 demo3-13. html,页面效果如图 3-20 所示。

需要注意的是,这时按下 F5 键刷新页面,可以看到 AngularJS 代码加载的闪烁问题,如图 3-21 所示。

图 3-20   demo3-13. html 页面效果

图 3-21   闪烁效果

要解决代码闪烁的问题,可以在 demo3-13. html 的第 10 行中添加 ng-cloak 指令,添加后的代码如下。

```
<span ng-bind="name" ng-cloak>{{name}}</span>
```

同时引入 angular-csp. css 文件,示例代码如下。

```
<link rel="stylesheet" href="lib/angular-csp.css">
```

这里需要说明的是,angular-csp. css 的作用是在 AngularJS 代码没有加载完毕时,隐藏被设置 ng-cloak 指令的元素,等到 AngularJS 解析到带有 ng-cloak 指令的元素时显示该元素。按照上述操作完成后重新刷新页面,闪烁问题将被解决。

3.3   AngularJS 的自定义指令

学完 AngularJS 的内置指令后,本节将为读者介绍自定义指令相关的内容,包括 directive()函数、自定义指令的约束和指令的作用域等。

3.3.1 directive()函数

AngularJS 中使用模块的 directive()函数来自定义指令。AngularJS 内置指令都是以"ng"前缀开头,因此建议读者自定义一个前缀代表自己的命名空间。这里笔者使用 my 作为前缀,语法如下。

```
var app=angular.module('app', []);
app.directive('myDirectiveName', function() {
    return {
        template: '<p>这是一段文字</p>',
        replace: Boolean or String
        …
    };
})
```

在上述代码中,directive()函数的第 1 个参数 myDirectiveName 是自定义的指令名称,在 HTML 模板中使用该指令时,指令名称将会转换为 my-directive-name。第 2 个参数是指令的工厂函数,它的返回值是一个对象,该对象中的参数用于描述这个指令。"…"代表被省略的参数列表。自定义指令的常用参数和说明如表 3-8 所示。

表 3-8 自定义指令的参数说明

参 数	取值类型	描 述
template	String	取值为 String 类型时,template 可以是一段 HTML
	Function	取值为 Function 类型时,template 的值是一个函数。该函数返回一段字符串作为模板,它可以接收两个参数,分别为: • tElement:是指使用此指令的元素 • tAttrs:由使用该指令的元素上所有的属性组成的集合(对象)
replace	Boolean	replace 的默认值为 false,表示模板会作为子元素插入调用该指令的元素内部;为 true 时会直接替换调用该指令的元素
templateUrl	String	取值为 String 类型时,templateUrl 是一个 URL,用于通过 URL 请求模板
	Function	取值为 Function 类型时,templateUrl 是一个函数。该函数返回一段字符串作为模板 URL,它可以接收两个参数: • tElement:是指使用此指令的元素 • tAttrs:由使用该指令的元素上所有的属性组成的集合(对象)
transclude	Boolean	transclude 翻译为"嵌入",用于设置是否保留该指令元素下面原有的元素内容,默认值为 false,为 true 时保留元素

首先通过一个案例来演示如何实现一个简单的自定义指令,代码见 demo3-14.html。
demo3-14.html

```
1   <!DOCTYPE html>
2   <html lang="en">
3   <head>
4       <meta charset="UTF-8">
```

```
5        <title>自定义指令</title>
6    </head>
7    <body>
8    <div ng-app="app">
9        <!--属性的名字由驼峰命名法的指令名 mySayHello 转换而来-->
10       <div my-say-hello></div>
11   </div>
12   <script src="lib/angular.js"></script>
13   <script>
14       var app=angular.module('app', []);
15       /*
16       用 directive 创建指令,
17       第 1 个参数是指令的名字,指令的名字必须用驼峰法命名,是 AngularJS 的强制要求
18       第 2 个参数是指令的工厂函数,它的返回值是一个对象,该对象用于描述这个指令
19       */
20       app.directive('mySayHello', function () {
21           //返回的对象用于描述这个指令
22           return {
23               //定义指令的模板
24               template: "<p>hello world</p>",
25               replace:false
26           }
27       });
28   </script>
29   </body>
30   </html>
```

在上述代码中,第 20~27 行使用 directive()函数定义了自定义指令 mySayHello;第 24 行定义了指令的模板;第 25 行指定 replace 值为 false,表示模板会作为子元素插入调用该指令的 div 内部;第 10 行的 div 元素上添加 my-say-hello 标记,my-say-hello 是由指令名 mySayHello 转换而来的。

打开 Chrome 浏览器,访问 demo3-14. html,页面效果如图 3-22 所示。

在图 3-22 所示的页面上,在 Chrome 的开发者工具中查看使用自定义指令的 div 元素,如图 3-23 所示。

图 3-22   demo3-14. html 页面效果

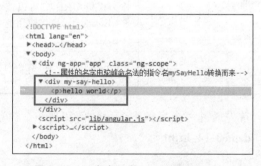

图 3-23   开发者工具——Elements 之一

从图 3-23 中可以看出,指令模拟的内容<p>hello world</p>嵌套在 div 元素中,这是由于 replace 值为 false,所以 div 元素没有被替换。接下来将 replace 的值修改为 true,重

新查看元素,可以看到外层的 div 元素已经消失(被 p 元素替换),页面效果如图 3-24 所示。

```
<!DOCTYPE html>
<html lang="en">
▶<head>…</head>
▼<body>
  ▼<div ng-app="app" class="ng-scope">
      <!--属性的名字由驼峰命名法的指令名mySayHello转换而来-->
      <p my-say-hello>hello world</p>
    </div>
    <script src="lib/angular.js"></script>
  ▶<script>…</script>
  </body>
</html>
```

图 3-24　开发者工具——Elements 之二

在 demo3-14. html 中定义的指令还可以用 HTML 元素的形式调用,将其中第 10 行引用指令的代码替换为如下代码。

```
<div><my-say-hello></ my-say-hello></div>
```

这时,没有在 div 元素上使用该指令,因此 replace 的定义不会影响到 div。不过指令本身的输出结果还是有区别的,replace 为 true 时,输出结果如图 3-25 所示;replace 为 false 时,输出结果如图 3-26 所示。

```
<!DOCTYPE html>
<html lang="en">
▶<head>…</head>
▼<body>
  ▼<div ng-app="app" class="ng-scope">
      <!--属性的名字由驼峰命名法的指令名mySayHello转换而来-->
      <!--<div my-say-hello></div>-->
    ▼<div>
        <p>hello world</p>
      </div>
    </div>
    <script src="lib/angular.
  ▶<script>…</script>
  </body>
</html>
```

图 3-25　开发者工具——Elements 之三

```
<!DOCTYPE html>
<html lang="en">
▶<head>…</head>
▼<body>
  ▼<div ng-app="app" class="ng-scope">
      <!--属性的名字由驼峰命名法的指令名mySayHello转换而来-->
      <!--<div my-say-hello></div>-->
    ▼<div>
      ▼<my-say-hello>
          <p>hello world</p>
        </my-say-hello>
      </div>
    </div>
    <script src="lib/angular.js"></script>
  ▶<script>…</script>
  </body>
</html>
```

图 3-26　开发者工具——Elements 之四

3.3.2　自定义指令的约束

通过前文的学习,读者了解了自定义指令可以通过属性或者元素的形式为 HTML 页面添加功能,除此之外还可以通用类或注释的形式来添加功能。AngularJS 自定义指令的约束就是用来设置自定义指令的使用形式的。

自定义指令的约束可以通过在 return 返回的对象中添加参数 restrict 来实现,语法如下。

```
return {
        //定义指令的模板
        template: "<p>hello world</p>",
        restrict: "ECMA"
    }
```

在上述语法中,restrict 参数的取值说明如表 3-9 所示。

表 3-9   restrict 参数的取值说明

取值	描 述	
E	表示指令以 HTML 元素形式做标记	
C	表示指令以 CSS 类名形式做标记	4 种取值方式可以共同存在,如 ECMA,默认值为 EA
M	表示指令以注释的方式做标记	
A	表示指令以 HTML 元素属性的方式做标记	

对应表 3-9 中的 restrict 取值,示例代码如下。

- E(元素)

```
<my-directive></my-directive>
```

- A(属性,默认值)

```
<div my-directive="expression"></div>
```

- C(类名)

```
<div class="my-directive:expression;"></div>
```

- M(注释)

```
<--directive:my-directive expression-->
```

上述 4 种取值方式可以共同存在,如 ECMA,AngularJS 提供的内部指令支持上述 4 种形式,但多数取值为 A。在自定义指令中,如果不设置 restrict 的值,则 restrict 的默认值为 EA,这也是 demo3-14. html 中自定义指令能够以 HTML 元素和属性两种方式应用的原因。如果设置 restrict:"E",那么该指令将不支持以 HTML 元素属性的形式做标记。

在实际开发中,restrict 取值为 C 和 M 的形式不是很常用,特别是 M。如果以注释的方式做标记,将不利于多人协作,例如团队中某个人把注释方式的指令当成普通注释修改了,会导致功能无法使用。

3.3.3   指令的作用域

在 AngularJS 中,指令都有自己的作用域。自定义指令可以通过在 return 返回的对象中添加参数 scope 来实现作用域的设置,语法如下。

```
return {
        scope: Boolean or Object
    }
```

scope 参数的取值可以是 Boolean 类型或者 Object 类型,具体说明如表 3-10 所示。

表 3-10　scope 参数的取值说明

取值	描　　述
false	默认值为 false,代表指令不需要新的作用域,会优先访问原有作用域上的属性和方法。如果同一节点上有新作用域或者独立作用域,则直接使用,否则使用父级的作用域。在没有其他可用作用域的情况下才会创建新的作用域
true	scope:true 代表指令在有其他作用域的情况下也会创建一个新的作用域,并且可以从父作用域进行原型继承。指令还可以和本节点上的其他新作用域共享作用域
Object	指令创建一个独立的 Isolate 作用域,没有原型继承,这样它就不会从父节点上继承任何属性和方法,造成不必要的耦合。这是创建组件型指令的最佳选择,因为它不会直接访问或者修改父作用域的属性

指令的作用域包括共享作用域和独立作用域,接下来一一进行介绍。

1. 共享作用域

在表 3-10 中,scope 为 false 和 true 的形式都是原型继承的,叫作共享作用域,区别是 scope 为 true 时会优先创建新作用域。接下来通过一个案例来演示 scope 为 false 时的使用效果,代码见 demo3-15. html。

demo3-15. html

```
1   <!DOCTYPE html>
2   <html lang="en">
3   <head>
4       <meta charset="UTF-8">
5       <title>指令的作用域</title>
6   </head>
7   <body>
8   <div ng-app="app">
9       <div ng-init="myProperty='by-parent'">
10          {{ myProperty }}
11          <div my-directive ng-init="myProperty='by my-child'">
12              {{ myProperty }}
13          </div>
14      </div>
15  </div>
16  <script src="lib/angular.js"></script>
17  <script>
18      var app=angular.module('app', []);
19      app.directive('myDirective', function() {
20          return {
21              scope:false
22          };
23      });
24  </script>
25  </body>
26  </html>
```

在上述代码中,第 19～23 行自定义了一个指令 myDiretive,在第 11 行的 div 元素上引用该指令,并初始化变量 myProperty 的值为 by my-child;在该 div 元素的父元素上初始化 myProperty 的值为 by-parent,测试 my-directive 指令是否创建了新的作用域。

打开 Chrome 浏览器,访问 demo3-15.html,页面效果如图 3-27 所示。

在图 3-27 中,父元素和子元素中取值的结果相同,说明在使用 my-directive 指令时没有创建新的作用域,所以在 demo3-15.html 的第 11 行为 myProperty 赋值相当于修改值的效果。接下来将 scope 的值改为 true,页面效果如图 3-28 所示。

图 3-27　demo3-15.html 页面效果

图 3-28　scope：true

在图 3-28 中,输出的两个值有差别,父元素使用的是自己的 myProperty 值。这说明使用指令 myDirective 时创建了新的作用域,在子元素上为 myProperty 赋值相当于创建了一个新的变量。

2. 独立作用域

在前文中,不止一次地强调了封装组件型指令的独立性,这就需要独立作用域来支持。共享作用域与独立作用域的区别如图 3-29 和图 3-30 所示。

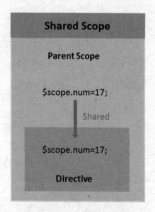

图 3-29　共享作用域

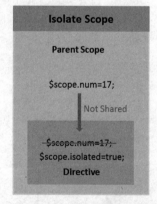

图 3-30　独立作用域

所谓独立作用域,就是作用域内的业务功能不需要依赖父作用域内的属性和方法。例如在图 3-30 中,父作用域的 num 属性对于内部作用域不是共享的。

接下来介绍 AngularJS 中的独立作用域。独立作用域可以通过设置 return 返回的对象的 scope 参数值为 Object 对象来实现,这意味着指令有了一个属于自己的 scope 对象,这个对象只能在指令的方法中或指令的模板字符串中使用。

scope 对象中含有若干个 key-value 对,其中 key 为指令模板(template)中要使用的一个名称,value 为绑定策略,使用符号前缀来说明如何为指令传值。指令的 Object 绑定策略的取值规则如表 3-11 所示。

表 3-11　Object 的取值规则说明

取　　值	描　　述
@	传递一个字符串作为属性的值：str:'@string'
=	使用父作用域中的一个绑定数据到指定的属性中：name:'=username'
&	使用父作用域中的一个函数，可以在指令中调用：getName:'&getUserName'

接下来通过一个案例来演示指令在独立作用域中的取值规则，代码见 demo3-16.html。

demo3-16.html

```
1   <!DOCTYPE html>
2   <html lang="en">
3   <head>
4       <meta charset="UTF-8">
5       <title>独立作用域</title>
6   </head>
7   <body>
8   <div ng-app="app">
9       <div ng-controller='insulate'>
10      <user-info user-name="小明" age='num' speak='sayHello(name)'> </user-info>
11      </div>
12  </div>
13  <script src="lib/angular.js"></script>
14  <script>
15      var app=angular.module('app', []);
16      //定义父作用域
17      app.controller('insulate',function($scope){
18          //定义父作用域的属性
19          $scope.num='17';
20          //定义父作用域的函数
21          $scope.sayHello=function(name){
22              alert("Hello "+name);
23          }
24      });
25       //添加自定义指令
26      app.directive('userInfo',function(){
27          return{
28              restrict:'EA',
29              template:'姓名：<input type="text" ng-model="userName" /><br/>'+
30              '年龄：{{age}} <br/>'+
31              '<button class="btn btn-default"
32              ng-click="speak({name:userName})">speaking</button><br/>',
33              scope:{
34                  userName:'@ ',            //绑定字面变量
35                  age:'=',                  //绑定父作用域属性
36                  speak:'&'                 //绑定父作用域函数
37              }
38          }
```

```
39       });
40    </script>
41    </body>
42    </html>
```

在上述代码中,第17~24行定义了父作用域以及父作用域的属性和函数;第26~39行添加自定义指令;第29~32行定义了指令的模板;第33~37行定义了指令作用域与父作用域的绑定方式。第10行应用了自定义指令,其 user-name ="小明"对应第34行的 userName:'@',@符号表示 userName 属性用于绑定字面变量;age='num'对应第35行的 age:'=',=符号表示 age 属性用于绑定父作用域的属性;speak='sayHello(name)对应第36行的 speak:'&',& 符号表示 speak 属性绑定父作用域的函数。

打开 Chrome 浏览器,访问 demo3-16. html,页面效果如图3-31所示。

在图3-31中,单击 speaking 按钮,页面效果如图3-32所示。

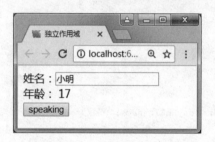

图 3-31   demo3-16. html 页面效果

图 3-32   单击 speaking 按钮后的页面效果

在图3-32中,弹出框输出了"Hello 小明",说明独立作用域与父作用域的绑定已经成功实现了。

3.4   本章小结

本章首先介绍了 AngularJS 指令的分类,然后介绍了 AngularJS 的内置指令,并针对常用的内置指令进行了案例演示。最后介绍了自定义指令的用法,包括自定义指令的约束和指令的作用域。

学完本章后,要求读者熟悉 AngularJS 的常用内置指令,掌握 ng-repeat 指令的使用方法,学会定义简单的自定义指令的方法。

【思考题】

1. 列举 AngularJS 中常用的程序控制类指令并简要描述其作用。

2. 简述 ng-repeat 指令的使用方法。

第 4 章

AngularJS 相关原理

在前面的章节中,讲解了 AngularJS 的模块、控制器、作用域、双向绑定、指令等,这些都属于概念性的内容。为了更好地使用 AngularJS,读者还需要学习 AngularJS 中重要的原理,例如 AngularJS 如何实现 MVVM、AngularJS 的启动流程、脏检查机制(dirty-checking)、依赖注入等。本章将针对这些 AngularJS 背后的原理进行详细讲解。

【教学导航】

学习目标	1. 了解 AngularJS 中的 MVVM 实现方式 2. 熟悉 AngularJS 的启动流程 3. 掌握 AngularJS 的脏检查机制的实现原理 4. 掌握 $watch() 函数和 $apply() 函数的作用 5. 熟悉依赖注入和控制反转 6. 掌握 AngularJS 的三种依赖注入方式
教学方式	本章内容以理论讲解、案例演示为主
重点知识	1. AngularJS 的脏检查机制的实现原理 2. $watch() 函数和 $apply() 函数的作用 3. AngularJS 的三种依赖注入方式
关键词	MVVM、View、ViewModel、Model、$dirty-checking、Event Loop、$watch()、$digest()、$apply()

4.1 AngularJS 与 MVVM

本书第 1 章提到过,与 MVC 相比,AngularJS 的架构模式更接近于 MVVM。接下来将为读者介绍 MVVM 模式在 AngularJS 中的运用,如图 4-1 所示。

在图 4-1 中可以看到,AngularJS 中的 MVVM 模式主要分为 4 部分,具体如下。

- View(视图):专注于界面的显示和渲染,在 AngularJS 中是包含声明式指令和 HTML 标签的视图模板。
- ViewModel(模型视图):在 AngularJS 中,$scope 对象充当了 ViewModel 的角色,它是 View 和 Model 的黏合体,负责 View 和 Model 的交互和协作。它还负责给 View 提供显示的数据以及在 View 中利用用户界面的交互(如 ng-Click、ng-Change 等)事件来操作 Model 的途径。

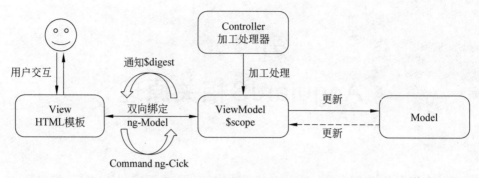

图 4-1　AngularJS 的 MVVM 模式

- Model(模型)：在 Web 中，Model 是与应用程序的业务逻辑相关的数据的封装载体，大部分 Model 都是来自 Ajax 的服务端返回数据或者是全局的配置对象。在 AngularJS 中，利用服务来封装和处理这些与 Model 相关的业务逻辑，这类服务可以被多个 Controller 复用。
- Controller(控制器)：Controller 并不是 MVVM 模式的核心元素，但它负责 ViewModel 对象的初始化。它将组合一个或者多个服务来获取业务领域 Model 的数据，并将数据放在 ViewModel 上，使得应用界面在启动加载时达到一种可用的状态。

在 AngularJS 中，View 不能直接与 Model 交互，而是通过将 $scope 作为 ViewModel 来实现与 Model 的交互。各部分之间的交互过程可以从两个角度说明。

- 对于界面表单交互，通过 ng-Model 指令来实现 View 和 ViewModel 的同步，可见 ng-model 指令是不可缺少的一部分，是双向绑定中重要的一环。
- 对于用户界面的交互事件，则会转发到 ViewModel 对象上，通过 ViewModel 来实现对于 Model 的改变。然而对于 Model 的任何改变，也会反映在 ViewModel 之上，并且会通过 $scope 的"脏检查机制"($digest)来更新到 View，从而使 View 和 Model 分离，实现 MVVM 的分层架构。

由于 AngularJS 采用了 MVVM 模式，因此使用 AngularJS 开发时，要放弃以 DOM 驱动的设计思路。首先考虑数据结构，然后设计数据交互和逻辑，最后实现视图。

4.2　AngularJS 的启动流程

AngularJS 的一个显著特点是支持在 HTML 模板上使用指令，让静态的 HTML 文档拥有动态的行为。在 AngularJS 启动时，带有指令的 HTML 模板会被编译器解析，渲染成视图。

接下来结合一段示例代码来分析 AngularJS 的启动流程。

```html
<!DOCTYPE html>
<html ng-app>
  <head>
    <script src="angular.js"></script>
  </head>
  <body ng-app>
```

```
        <p ng-init="name='World'">Hello {{name}}!</p>
    </body>
</html>
```

在上述代码中,首先初始化一个变量 name,然后使用插值语法获取 name 的值。当用户使用浏览器去访问上述代码的时候,会触发 AngularJS 的启动流程,如图 4-2 所示。

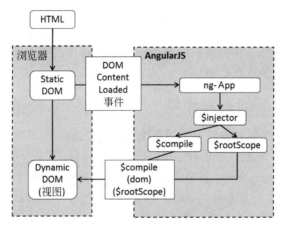

图 4-2　AngularJS 的启动流程

图 4-2 中所示的 AngularJS 的启动流程具体说明如下。

① 加载 HTML。浏览器加载 HTML,然后解析 HTML 并构建为 Static DOM 树。

② 加载 angular.js 文件。浏览器加载 angular.js 文件,AngularJS 使用 jQuery 代码把一个回调函数挂载到 document 对象的 DOMContentLoaded 事件上。如果在 angular.js 文件前引用了 jQuery 的库文件,那么程序将使用引用的 jQuery 库文件;否则,程序会使用内置在 AngularJS 中的 jqLite(它内部实现的一个 jQuery 子集)。

③ 启动 AngularJS 代码。AngularJS 等待浏览器触发 document 对象的 DOMContentLoaded 事件,事件触发后回调函数会调用 AngularJS 的启动代码。

④ 确定 AngularJS 程序边界。AngularJS 寻找 ng-App 指令,根据该指令确定应用程序的边界,使用 ng-App 中指定的模块配置,并且把它关联到所在的节点上。一般一个页面只推荐使用一个 ng-App,因为多个 ng-App 的情况下,AngularJS 只会自动加载第一个。对于多个 ng-App 的启动方式,只能调用 angular.bootstrap(element,moduleName)函数来实现。

⑤ 配置$injector。AngularJS 创建一个$injector(注入器),AngularJS 对象都需要依赖$injector 才能被其他代码使用。在这个阶段,程序会访问 Provider 类对服务进行配置,创建$compile 服务和$rootScope,路由服务的 Provider 也会在这个阶段初始化(关于服务的内容会在本书第 5 章做详细介绍)。在这个阶段,AngularJS 会加载和启动子模块,各种 AngularJS 对象都可以使用并准备渲染一个页面。

⑥ 渲染页面。路由模块首先会创建一个$scope 对象并且加载 DOM 模板,加载完毕将内容传递给$compile 对象。AngularJS 使用$compile 服务编译 DOM 并把它链接到$rootScope 上。ng-init 指令就是在这个阶段对$scope 对象中的属性 name 进行赋值,然后表达式{{name}}被解析为 World,页面显示为“Hello World!”。

4.3　脏检查机制

脏检查的作用是检查 AngularJS 程序中的"脏值",例如当视图中某条数据发生改变时,可以理解为这条数据"脏了"。通过 $scope 的脏检查机制,可以使 View 和 ViewModel 的数据保持一致,实现数据的双向绑定。

双向绑定中数据的更改是由 UI 事件、Ajax 请求或者 setTimeout 等回调操作实现的,而数据到界面的呈现则是由脏检查机制来实现的。脏检查机制是实现双向绑定的基础,本节将介绍 AngularJS 的脏检查机制。

4.3.1　脏检查机制的实现原理

在讲解 AngularJS 的脏检查机制实现原理之前,首先介绍一下在不使用 AngularJS 的情况下,JavaScript 是怎样在浏览器中工作的。

在浏览器中,很多 JavaScript 任务都是异步的,包括键盘、鼠标、I/O 输入输出事件、窗口大小的 resize 事件、定时器(setTimeout、setInterval)事件、Ajax 请求网络 I/O 回调等。浏览器首先等待事件被触发,一旦有事件触发,就会进入 JavaScript Context(上下文环境)中。一般通过回调函数来修改 DOM,浏览器的事件循环流程如图 4-3 所示。

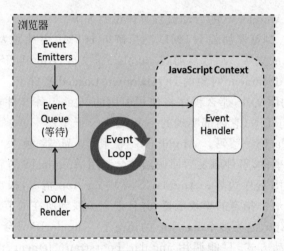

图 4-3　浏览器的事件循环流程

在图 4-3 中,异步任务通过 Event Emitters(事件触发器)被触发,然后被放入 Event Queue(浏览器的事件任务队列)中去,按照队列先进先出的原则被一一执行。浏览器的内部存在一个消息循环池,也叫 Event Loop(事件循环)。JavaScript 引擎在运行时会单线程地处理事件任务,例如用户在网页中单击了按钮触发 onclick 事件,事件会被放入该事件循环池中,等到 JavaScript 运行执行线程空闲的时候才会被执行。然后通过 Event Handler(事件处理器)来处理,返回新的 DOM 并在 DOM Render(DOM 渲染)中进行渲染。

AngularJS 扩展了浏览器中的 JavaScript 工作流,提供了它自己的事件处理机制,如图 4-4 所示。

在图 4-4 中,把 JavaScript Context 分隔成两部分:一部分是原生的 JavaScript

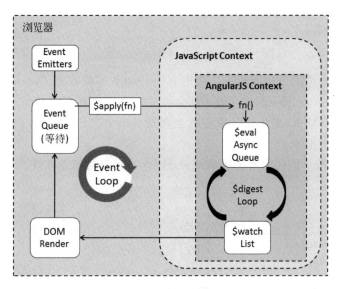

图 4-4　脏检查机制

Context；另一部分是 AngularJS Context。只有处在 AngularJS Context 中的操作才能使用 AngularJS 的 data-binding（数据绑定）、property watching（属性监控）等服务；自定义的事件回调、第三方的库等通过使用 AngularJS 提供的 $apply(fn) 函数进入 AngularJS Context 中。

AngularJS 的事件循环过程如下。

① 指令自身会注册事件监听器，浏览器会一直处于监听状态。一旦有事件被触发，事件的回调函数就会被添加到一个 Event Queue 中。

② Event Queue 中的事件被触发后，事件的回调函数会通过 $scope.$apply(fn) 函数进入 AngularJS Context 中，参数 fn 代表要在 AngularJS Context 中执行的事件回调函数或者表达式。

③ fn() 函数被执行后，将调用 $digest() 函数进入 $digest Loop 中。

④ AngularJS 的 $digest Loop 由两个循环组成。一个循环是 $evalAsync Queue（异步运算队列），在该队列中会处理一些需要在渲染视图之前处理的操作。通常通过 setTimeout(0) 实现，速度比较慢，可能会出现视图抖动的问题。另一个循环是 $watch List（监听列表），在该列表中有多个 $watch() 函数。$digest Loop 会遍历当前 $scope 及所有子 $scope 上注册的 $watch() 函数，比较这些函数的返回值和上一次的值是否有变化，遍历过程如下。

```
$digest：嘿，$watch1，你的值是什么？
$watch1：是 9。
$digest：好的，它改变过吗？
$watch1：没有。
     （$watch1 的值没变过，那么询问下一个）
$digest：嘿，$watch2，你的值是什么？
$watch2：报告，是 Amy。
$digest：刚才改变过没？
$watch2：改变过，刚才是 Tom。
```

```
（很好，我们有 DOM 需要更新了）
继续询问后面的 $watch3
...
```

上述过程就是所谓的脏检查机制。当所有的 $watch 都检查完了，$digest 会询问是否有 $watch 更新。只要一个更新过，这个循环就会再次触发，直到所有的 $watch 都没有变化。

⑤ $digest 循环结束，事件循环流程就会离开 AngularJS Context 回到浏览器中，浏览器中的 DOM 将会被渲染。

接下来结合一段示例代码来分析 AngularJS 事件循环过程的实现。

```html
<!DOCTYPE html>
<html ng-app>
  <head>
    <script src="angular.js"></script>
  </head>
  <body>
    <input ng-model="name">
    <p>Hello {{name}}!</p>
  </body>
</html>
```

在上述代码中，通过 ng-model 指令将 name 属性的值绑定到 input 输入框，然后通过插值语法取出 name 的值。在 input 输入框中输入数据时，会触发 keydown 事件，并且会为 name 属性建立一个 $watch 来监听 name 值的改变。

上述程序的交互过程如下：

（1）当用户按下键盘上的某一个键的时候（例如 H），触发 input 上的 keydown 事件。

（2）input 输入框上的指令监听到 input 中值的变化，调用 $apply("name='H'")更新处于 AngularJS 的 Context 中的数据，将 H 赋值给 name。

（3）$digest 循环开始执行，查询每个 $watch 是否变化。

（4）监听 $scope.name 的 $watch 报告其值发生了变化，因此会强制再执行一次 $digest 循环。

（5）新的 $digest 循环没有检测到变化，浏览器拿回控制权，更新 $scope.name 新值相应部分的 DOM。

在上述交互过程中，一次 $digest 循环会遍历所有的 $watch()函数，这样的操作称作一轮脏检查。如果在循环结束前有新的数据变化，就会重新启动一轮检查。在 AngularJS 的设计中，如果在一次 $digest 循环中超过了 10 轮脏检查后还有数据变化，就会抛出一个异常，从而防止 $digest Loop 无限循环下去。可能有的读者会担心，$digest 循环 10 次对于数据变化较多的应用会不会太少，其实，在实际开发中，10 轮以上脏检查的情况几乎不会出现，所以这个担心是没有必要的。

📖 多学一招：$watch List 细节

当把数据绑定到 HTML 模板上的某个元素时，就会在 $watch List 中插入一个 $watch，示例代码如下。

```
用户名:<input type="text" ng-model="user" />
密　码:<input type="password" ng-model="pass" />
```

在上述代码中,$scope. user 被绑定在第 1 个输入框上,$scope. pass 被绑定在第 2 个
输入框上。当执行这段代码时,AngularJS 在$watch List 中加入两个$watch 函数,一个用
于监听$scope. user 的数据变化,另一个用于监听$scope. pass 的数据变化。

除此之外,还有一种情况就是作用域中添加了多个属性,但是只有一个绑定在 HTML
模板上,示例代码如下。

demo. js

```
app.controller('MainCtrl', function($scope) {
  $scope.foo="Foo";
  $scope.world="World";
});
```

demo. html

```
Hello, {{ World }}
```

在上述代码中,虽然在作用域上添加了两个属性,但是 html 页面绑定的只有$scope
. world 这个属性,所以$watch List 中只会加入一个$watch 函数用于监听$scope. world。

上面两个示例都是在 HTML 模板上使用了一个指令绑定元素,这会产生一个$watch。
这是否说明$watch 的个数与 HTML 模板中指令的个数是相同的? 接下来通过一个案例
来验证上述说法是否正确。

demo. js

```
app.controller('MainCtrl', function($scope) {
$scope.people=[
        {name: '张三', sex: '男'},
        {name: '李四', sex: '女'},
        {name: '王五', sex: "男"},
     ]});
```

demo. html

```
<ul>
  <li ng-repeat="person in people">
   {{person.name}}-{{person.sex}}
  </li>
</ul>
```

在上述代码中,HTML 模板应用 ng-repeat 指令绑定了 people 数组。如果按照上述两
个案例进行推导,使用 ng-repeat 指令遍历该数组时将产生一个$watch,但是实际情况并不
是这样的。people 数组中有 3 条记录,每个 person 会在作用域中创建两个属性(name 和
sex),ng-repeat 也会产生一个$watch,因此 3 个 person 在遍历时会在$watch List 中产生
(2 * 3)+1 个$watch,也就是 7 个。所以,结论是每一个绑定到 HTML 模板上的数据都会

生成一个 $watch,而不是根据 HTML 模板上使用的指令个数来决定。

4.3.2 ＄watch 函数

脏检查机制的核心之一就是利用作用域上的$watch()函数注册监听器,监听器不仅可以监听作用域上的数据,还可以自定义数据变化后要执行的操作。$watch()函数可以接收如下三个参数。

```
$scope.$watch(watchFn, function (newValue, oldValue){
    //TODO 数据变化时执行的操作
}
,valueEq);
```

在上述代码中,第 1 个参数 watchFn 代表当前的$watch()监听的表达式;第 2 个参数是一个函数,表示当数据发生改变时需要执行的操作;第 3 个参数 valueEq 的值为 Boolean,代表是否开启监听,默认为 true。

AngularJS Context 中的每一个事件都会执行一次$digest Loop,对于 ng-model 指令绑定的表单控件来说,每改变一个字符就会调用一次$watch()函数,以便及时更新视图。接下来通过一个案例来演示$watch()函数被调用的效果,代码见 demo4-1. html。

demo4-1. html

```
1   <!DOCTYPE html>
2   <html lang="en">
3   <head>
4       <meta charset="UTF-8">
5       <title>作用域上的数据监听</title>
6   </head>
7   <body>
8   <div ng-app="demo">
9       <div ng-controller="MainController"/>
10      <input type="text" ng-model="data"/>
11      <p>{{data}}</p>
12  </div>
13  </div>
14  <script src="lib/angular.js"></script>
15  <script>
16      var demo=angular.module('demo', []);
17      demo.controller('MainController', function ($scope) {
18          $scope.data="hello world";
19          //当某条数据发生变化时,执行一些自定义操作
20          //当前这行代码表示：data 属性发生变化时,执行回调函数
21          $scope.$watch('data', function (newValue, oldValue) {
22              console.log('data has changed', ',', newValue, ',', oldValue);
23          });
24      });
25  </script>
26  </body>
27  </html>
```

在上述代码中,第 18 行定义了 data 属性值为 hello world;第 10 行将 data 属性值绑定

在文本框上；第 21～23 行调用$scope.$watch()监听 data 属性值的变化，当属性值发生变化时调用回调函数，并在浏览器控制台输出 oldValue（原始数据）和 newValue（改变后的数据）。

打开 Chrome 浏览器，访问 demo4-1.html，页面效果如图 4-5 所示。

在图 4-5 中，删掉 world，观察控制台的输出情况，如图 4-6 所示。

图 4-5　demo4-1.html 页面效果　　　　　　　图 4-6　控制台输出结果

在图 4-6 中可以看到，每删掉一个字母，$scope.$watch()就会被调用一次，说明作用域上数据的监听已经实现。

4.3.3　$apply 函数

$apply()函数可以看作脏检查机制的公开接口，在实际开发中，该函数被誉为 AngularJS 集成外部库的最标准的方式。通过前文的学习，读者了解到事件变更、Ajax 或者 setTimeout(0)都会调用$apply()函数，进入 AngularJS Context，启动 AngularJS 的脏检查机制，把数据的改变实时更新到视图。

脏检查机制的启动实际上是调用了$digest()函数，启动$digest 循环。$digest()函数是一个内部函数，在一般的应用代码中不会直接调用它，所以通过调用$apply()函数来间接地调用$digest()函数。简单地说，每次脏检查都会调用一次$apply()或者$digest()函数，从而将数据中最新的值呈现在界面上。

例如使用普通 JavaScript 代码对作用域的数据进行操作后，如果想把结果实时更新到视图，需要手动调用$apply()函数来实现。接下来通过一个案例来演示，代码见 demo4-2.html。

demo4-2.html

```
1   <!DOCTYPE html>
2   <html lang="en">
3   <head>
4       <meta charset="UTF-8">
5       <title>$apply()函数</title>
6   </head>
7   <body>
8   <div ng-app="demo">
9       <div ng-controller="MainController">
10          <input type="number" ng-model="data">
11          <button onclick="plusOne()">加 1</button>
```

```
12        </div>
13    </div>
14    <script src="lib/angular.js"></script>
15    <script>
16        var demo=angular.module('demo', []);
17        demo.controller('MainController', function ($rootScope, $scope) {
18            $scope.data=1;
19            //将$scope赋值给window对象的scope
20            window.scope=$scope;
21        });
22        //自定义函数修改作用域中的data
23        function plusOne() {
24            window.scope.data+=1;
25        }
26    </script>
27    </body>
28    </html>
```

在上述代码中,第 18 行在作用域中定义数据 data,并且在第 20 行将 $scope 赋值给 window 对象的 scope 属性,这样通过 window 对象的 scope 属性便可以操作 MainController 作用域中 data 属性的值;第 23～25 行定义函数 plusOne(),在第 11 行为 button 元素绑定 onclick 事件,在第 10 行将 data 值绑定在 input 元素上,每次触发 onclick 事件调用 plusOne()函数,data 的值增加 1。

打开 Chrome 浏览器,访问 demo4-2. html,页面效果如图 4-7 所示。

在图 4-7 中,单击"加 1"按钮,会看到 input 输入框中的数值没有变化。这时在 demo4-2. html 的第 24 行和第 25 行之间添加调用 $apply()函数的代码。

```
window.scope.$apply();          //添加这一行,数据的改变将会实时更新到视图
```

重新访问 demo4-2. html,单击"加 1"按钮,可以看到 input 输入框中的数值随单击按钮次数发生变化,如图 4-8 所示。

图 4-7   demo4-2. html 页面效果

图 4-8   单击"加 1"按钮后的页面效果

4.4   AngularJS 与依赖注入

AngularJS 的一大经典之处就是应用了依赖注入。依赖注入不是一个新概念,在后台开发语言中早已被广泛应用,例如 PHP、Java 等语言。著名的 Spring 框架就是典型的依赖注入框架,但是对于前端人员来说,依赖注入还是一个较新颖的概念。本节将为读者介绍前

端 JavaScript 如何实现依赖注入以及依赖注入在 AngularJS 中的应用。

4.4.1　什么是依赖注入

　　计算机编程是把一些实际问题组织并抽象起来的过程,编写程序时,开发人员经常使用团队其他成员编写的代码或者一些第三方工具(如著名的开源库或者框架)。随着项目的扩大,项目中需要依赖的模块会越来越多,这时如何有效地组织这些模块是非常重要的。依赖注入能够有效解决模块间依赖的问题。

　　依赖注入的英文是 Dependency Injection,在软件开发中缩写为 DI。依赖注入应用了控制反转的设计思想,因此很多人也称依赖注入为控制反转。控制反转(Inversion of Control,IoC)是一个重要的面向对象编程的法则,用来减少计算机程序的耦合问题,它一般分为两种类型——依赖注入和依赖查找(Dependency Lookup)。简单地说,控制反转是一种设计思想,而依赖注入是控制反转思想的一种实现方式。

　　在程序开发中,组件获取依赖通常有 3 种方式。

　　① 使用 new 运算符直接创建出依赖。该方式是在自己的应用程序中创建依赖对象。它有一个弊端,就是当程序的多个模块都需要应用一个对象时,会造成模块之间的高耦合;如果一个对象参数过多,有可能还需要该对象创建其他参数对象,所以这种方式无法适合复杂的应用。

　　②直接引用依赖,如引用全局变量。该方式需要一定的条件,例如依赖对象对于用户对象是直接开放的,这里不做讨论。

　　③ 在需要的地方传入依赖。该方式便是依赖注入,它的重要特点是在系统运行中可以把创建依赖对象的控制权交给 IoC 容器,由 IoC 容器动态地通过注入的方式,向某个对象提供它所需要的其他对象。这样对象与对象之间松散耦合,方便测试,利于功能复用,更重要的是使得程序的整个体系结构变得非常灵活。

　　依赖注入对编程带来的最大改变不是从代码上(而是从思想上)发生了"主从换位"的变化。把应用程序向依赖对象主动出击变为应用程序被动的等待,由 IoC 容器来创建并注入它所需要的资源。例如将 IoC 容器看作一个"保姆","我"看作用户对象,"蛋糕"看作依赖对象;当"我"想吃"蛋糕"时不是自己来做,而是告诉"保姆","保姆"做好之后交给"我",整个过程如图 4-9 所示。

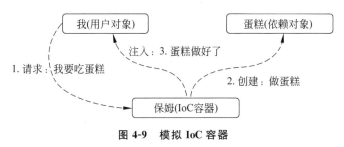

图 4-9　模拟 IoC 容器

　　在实际开发中,IoC 容器通常会是一个应用框架,如 Spring、AngularJS 等;用户对象表示开发人员编写的程序;依赖对象可以是任何用户对象所需要依赖的资源,包括对象、第三方资源、常量等。

理解依赖注入需要注意几个关键问题,具体如下。

- 谁依赖于谁:用户对象依赖于 IoC 容器。
- 为什么需要依赖:用户对象需要 IoC 容器来提供自己需要的外部资源。
- 谁注入谁:IoC 容器向用户对象注入用户对象所依赖的对象。
- 注入了什么内容:注入用户对象所需要的外部资源。

在依赖注入中,被注入的对象都是单例对象,创建一个对象后便可以在程序中一直使用它。

4.4.2　JavaScript 如何实现依赖注入

了解了依赖注入的概念后,本节将带领读者利用依赖注入思想完成一个 JavaScript 小程序,重点在于体验依赖注入的思想在 JavaScript 中的应用,不考虑实际开发中的诸多问题。

在 JavaScript 中实现依赖注入的关键在于对依赖对象参数的解析,具体步骤如下。

① 在一个注册表中,定义两个可以被注入的依赖对象。

```
var registry={
    food:{cake:'蛋糕'},
    fruit:{apple:'苹果'}
};
```

② 定义函数 getFuncParams(func),在该函数对参数 func 执行 toString() 函数后,可以得到 func 函数的源码,我们可以用该方法解析需要依赖的 JavaScript 对象。

③ 得到源码后用正则表达式解析出各个参数的名称。

④ 定义函数 setFuncParams(params),用于接收得到的参数列表,将列表赋值给一个对象。

⑤ 定义一个 eat(food) 函数作为用户对象,声明一个与依赖对象同名的参数并且注入进来,输出依赖对象的属性作为测试依据。

⑥ 定义一个注入器函数 inject(func) 模拟 IoC 容器,将获取的依赖对象的参数列表传递给用户对象。

⑦ 调用 inject(eat) 函数测试注入结果,如果依赖注入成功,在 eat() 函数中便可以使用 food 对象的值。

接下来通过代码来演示 JavaScript 实现依赖注入的过程,代码见 demo4-3. html。

demo4-3. html

```
1    <!DOCTYPE html>
2    <html lang="en">
3    <head>
4       <meta charset="UTF-8">
5       <title>JavaScript 依赖注入</title>
6    </head>
7    <body>
8    <script>
```

```
9        //一个注册表里有两个可注入的依赖对象
10       var registry={
11           food:{cake:'蛋糕'},
12           fruit:{apple:'苹果'}
13       };
14       //获取 func 的参数列表(依赖列表)
15       var getFuncParams=function (func) {
16           //使用正则表达式解析源码
17           var matches=
18               func.toString().match(/^function\s*[^\(]*\(\s*([^\)]*)\)/m);
19                   if (matches && matches.length>1)
20                       return matches[1].replace(/\s+/, '').split(',');
21                   return [];
22               };
23       //根据参数列表(依赖列表)填充参数(依赖项)
24           var  setFuncParams=function (params) {
25               for (var i in params) {
26                   params[i]=registry[params[i]];
27               }
28               return params;
29           };
30       //注入函数,此处用来模拟注入器的行为
31       function inject(func) {
32           var obj={};
33           //  通过 apply()函数调用 func 并且把参数列表传递 func
34           func.apply(func, setFuncParams(getFuncParams(func)));
35           return obj;
36       }
37       //定义一个函数,声明参数 food,容器会根据这个名称在注册表中找到同名的对象,
38       //并且注入 eat
39       var eat=function(food) {
40           //经过注入后,此处的 food 值为{cake:'蛋糕'}
41           console.log('吃到'+food.cake+'了');
42       }
43       //调用注入方法
44       inject(eat);
45  </script>
46  </body>
47  </html>
```

在上述代码中,第 10～13 行定义了一个注册表,注册表中包含两个对象 food 和 fruit;第 39 行定义了 eat()函数,在 eat()函数中注入对象 food,注入成功后便可以在 eat()函数中使用 food.cake 的方式来获取 cake 的属性值;第 15～22 行定义了 getFuncParams()函数用于获取注册表的参数;第 24～29 行定义了 setFuncParams()函数,用于将获取的参数列表,并将该列表存放在 params 对象中;第 31～36 行定义了注入器 inject()函数,在该函数中,使用 apply()函数将获取的参数列表传递给注入器的参数。最后调用注入器,将用户对象 eat()函数作为参数,在程序运行时,eat()函数的参数 food 的值为{cake:'蛋糕'}。

打开 Chrome 浏览器,访问 demo4-3.html,查看浏览器控制台,可以看到输出内容,如

图 4-10 所示。

在图 4-10 中,"蛋糕"二字是通过 food.cake 方式获取的,说明依赖注入过程已经实现。

4.4.3　AngularJS 中的依赖注入

在 AngularJS 中,主要的编程元素都需要通过某种方式注册才能使用,例如声明一个控制器的方式如下。

图 4-10　控制台输出结果

```
var myController=angular.controller('MyController', function($scope));
```

上述代码实际上是把一个包含两个参数的函数注入一个容器,并且将这个容器命名为 MyController。

通过学习 AngularJS 启动流程,了解 AngularJS 在应用的启动阶段会创建一个 $injector。$injector 就是 AngularJS 的注入器,AngularJS 使用 $injector 来提供依赖注入服务,管理依赖关系的查询和实例化。

当 AngularJS 组件启动时,$injector 会负责实例化并将其需要的所有依赖传递进去。$injector 可以实例化 AngularJS 中所有的组件,包括应用的模块、指令和控制器等。每个 AngularJS 应用都有一个 $injector。

在使用 JavaScript 实现依赖注入时,提到过一个注册表,用于存放一些将被依赖注入的对象,内容是"名称和对象"的列表。在 AngularJS 中,注册表就是模块,那么通过模块注册进来的函数就可以使用依赖注入,因为模块负责管理这些函数。通过模块注册的函数如表 4-1 所示。

表 4-1　通过模块注册的函数

函 数 名	描　　述
value()	调用该函数表示模块将注册一个变量(隐式创建了一个服务提供者)
directive()	调用该函数表示将在 $compileProvider 中注册一个指令
config()	调用该函数表示为模块追加一个配置方法
constant()	调用该函数表示模块将给默认的 $provider 注册一个常量
factory()	调用该函数表示模块中将生成一个服务工厂(隐式创建了一个服务提供者)
provider()	调用该函数表示模块将添加一个服务提供者
service()	调用该函数表示模块将注册一个服务(隐式创建了一个服务提供者)
filter()	调用该函数表示模块将在 $filterProvider 中注册一个过滤器
animation()	调用该函数表示模块将在 $animateProvider 中注册一个动画服务
run(block)	调用该函数表示模块将执行某个功能块,block 可以是方法,也可以是数组

AngularJS 中提供了三种依赖注入方式,分别是行内式注入声明、显式注入声明和推断式注入声明。关于这几种方式的相关说明如下。

1. 行内式注入声明

行内式注入声明是最常用且推荐的方式。在定义一个 AngularJS 对象时,行内声明的方式允许直接传入一个数组参数而不是一个函数。数组的元素是字符串,它们代表的是可以被注入对象中的依赖的名称,示例代码如下。

```
var app=angular.module('myApp', []);
//创建 value 对象 "temp" 并传递数据
app.value("temp", "Hello");
app.controller('MyController',['$scope','temp',function($scope,temp) {
    $scope.sayHello=function() {
        alert(temp);
    }
}]);
```

在上述代码中,controller 的最后一个参数是依赖注入的目标函数对象本身的构造方法,该构造方法的参数列表与前面几个数组元素一一对应。声明数组的“[]”符号可以替换为括号,例如上述代码可以改为使用括号的方式传递参数,示例代码如下。

```
var app=angular.module('myApp', []);
    //创建 value 对象"temp"并传递数据
    app.value("temp", "Hello");
    app.controller('MyController',('$scope','temp',function($scope,temp) {
        $scope.sayHello=function() {
            alert(temp);
        }
    }));
```

2. 显式注入声明

AngularJS 提供了显式的方法来明确定义一个函数在被调用时需要的依赖关系。显式注入声明的功能可以通过函数对象的 $inject 属性来实现。$inject 属性是一个数组,数组元素的类型是字符串,数组元素的值就是需要被注入的服务的名称。

```
var myController=function($scope, temp) {
        $scope.sayHello=function() {
            alert(temp);
        }
    }
    myController.$inject=['$scope', 'temp'];
    app.controller('MyController', myController);
```

对于该声明方式来讲,参数顺序是非常重要的,因为 $inject 数组元素的顺序必须和注入参数的顺序一一对应。例如上述代码如果写成“myController.$inject=['temp','$scope'];”的形式,对象便不能在控制器内正常使用,因为声明的相关信息已经和函数本身绑定在一起了。通过这种方法声明依赖,即使在源代码被压缩、参数名称发生改变的情况下依然能够正常工作。

3．推断式注入声明

编写控制器时，如果没有使用行内式或者显式的声明，$injector 就会尝试通过参数名推断依赖关系。AngularJS 会假定 function()函数的参数名称就是依赖的名称。因此，它会在内部调用 function()函数对象的 toString()方法，分析并提取出 function()函数的参数列表，然后通过$injector 将这些参数注入控制器对象实例，示例代码如下。

```
var app=angular.module('myApp', []);
    //创建 value 对象 "temp" 并传递数据
    app.value("temp", "Hello");
    app.controller('MyController',function($scope,temp) {
    $scope.sayHello=function() {
        alert(temp);
    }
});
```

需要注意的是，这个过程只适用于未经过压缩和混淆的代码，因为 AngularJS 需要原始的未经压缩的参数列表来进行解析。有了这个根据参数名称推断的过程，参数顺序就没有什么重要的意义了，因为 AngularJS 会自动把属性以正确的顺序注入进去。

4.5　本章小结

本章主要讲解了 AngularJS 中的一些原理性内容。首先讲解了 AngularJS 中如何实现 MVVM，然后讲解了 AngularJS 的启动流程和脏检查机制，最后讲解了依赖注入在 AngularJS 中的应用。

学完本章后，要求读者了解 AngularJS 中的 MVVM 思想，熟悉 AngularJS 的启动流程，掌握脏检查机制以及$watch()和$apply()函数的作用，掌握 AngularJS 中的几种依赖注入形式。

【思考题】

1．列举 AngularJS 中提供的三种依赖注入方式。

2．简述 AngularJS 中$apply()函数的作用。

第 5 章

AngularJS的服务

在实际的项目开发中,由于不同的功能需求,常常需要定义多个模块,而在多个模块中有时会出现相同的功能。为了方便抽取相同的功能,降低代码的耦合度,AngularJS 提供了创建服务的功能。除此之外,AngularJS 还提供了许多内置的服务,如 $window、$location、$route、$http 等,本章将针对 AngularJS 的服务进行详细讲解。

【教学导航】

学习目标	1. 掌握 AngularJS 创建服务的 5 种方式 2. 熟悉 provider、factory 和 service 方式的应用场景 3. 熟悉 $window 和 $localtion 的使用方法 4. 掌握 AngularJS 路由的使用方法 5. 掌握 $http 服务的使用方法
教学方式	本章内容以理论讲解、案例演示为主
重点知识	1. AngularJS 创建服务的 5 种方式 2. AngularJS 路由的使用方法 3. $http 服务的使用方法
关键词	$http、provider、$get、factory、service、$route、$routeProvider、$window、$location

5.1 AngularJS 创建服务

在 AngularJS 中,服务是一个可以在 AngularJS 应用中使用的函数或对象,是对公共功能代码的抽取。例如,多个控制器中出现了相同的代码,那么便可以把它提取出来,封装成一个服务。

因为服务能够达到代码复用的目的,所以建议将控制器、指令中的业务逻辑都封装到服务中去。服务的概念通常与依赖注入紧密相关,通过依赖注入的方式可以把服务注入模块、控制器和其他服务中。依赖注入要求对象是单例的,所以服务通常都是单例的,并且在需要的时候才会被 $injector 实例化。

AngularJS 提供了如下几种创建服务的方式。

- 使用 provider()函数创建服务(提供者):使用一个具有 $get()的构造函数定义服务,然后使用模块的 provider()函数进行登记,返回服务实例。

- 使用 factory() 函数创建服务（工厂）：使用一个对象工厂函数定义服务，在模块的 factory() 函数中调用该工厂函数返回服务实例。
- 使用 service() 函数创建服务（服务）：使用一个类构造函数定义服务，通过 new 关键字创建服务实例。
- 使用 value() 函数创建服务（变量）：使用一个值定义服务，这个值就是服务实例。
- 使用 constant() 函数创建服务（常量）：使用一个常量定义服务，这个常量就是服务实例。

在上述类型中，除 constant() 外，另外三种类型的服务都是对 provider() 函数的封装，分别适用于不同的应用场景，写法也比 provider() 函数简洁直观许多；但是 provider() 函数是唯一支持配置信息的方式，在使用过程中读者可以根据实际需求判断使用哪种方式。

5.1.1　使用 provider() 函数创建服务

在实际开发中，如果在服务被启用之前配置一些信息，便需要应用 provider() 函数来创建服务。provider() 函数是唯一支持配置信息的服务组件。

AngularJS 创建服务时首先需要注册，provider() 函数负责在 $providerCache 中注册服务。服务注册之后，AngularJS 就可以在编译时引用该服务，在需要的时候实例化该服务，在运行的时候把该服务作为依赖注入用户对象中。

使用 provider() 函数创建服务的语法如下。

```
provider(name,object|function(参数 1,参数 2)|[]);
```

在上述语法中，provider() 函数可以接收两个参数，这两个参数的相关描述如表 5-1 所示。

表 5-1　povider() 函数的参数

参数	取值类型	描　　述
参数 1	字符串	该参数通常是一个字符串，代表需要注册的服务名称，"服务名称＋Provider"就是服务提供者的名称
参数 2	对象	该参数是一个依赖，如果是对象，它必须带有 $get 函数；如果是数组，它的最后一个元素必须是函数，而且这个函数必须是带有 $get 函数的对象
	函数	
	数组	

使用 provider() 函数创建服务的具体步骤如下。

① 定义一个包含 $get 函数的函数，示例代码如下。

```
//定义函数
var myFunction=function(){
    return {
        $get: function(){ return {...}; }
    };
};
```

在上述代码中,myFunction 为函数名,return 返回的是可以作为服务组件使用的对象。

② 使用 provider()函数创建服务,示例代码如下。

```
var app=angular.module('myModule',[]);
//在模块中登记
app.provider('myService',myFunction);
```

在上述代码中,使用 app 模块的 provider()函数注册了服务的名称 myService,并且调用 myFunction。我们建议服务实例的命名使用驼峰式命名方式。需要注意的是,AngularJS 的内置服务命名以$开头,因此自定义服务应该尽量避免使用$前缀。

③ AngularJS 使用模块的 config()函数为服务添加配置信息,示例代码如下。

```
app.config(function(myServiceProvider){
    //一些配置
});
```

在上述代码中,AngularJS 规定服务提供者 provider 对象在注入器中的登记名称是"服务名称＋Provider",该名称必须以 Provider 结尾,否则 AngularJS 将无法识别。

为了读者有更好的理解,接下来通过一个案例来演示如何使用 provider()函数创建服务,代码见 demo5-1. html。

demo5-1. html

```
1    <!DOCTYPE html>
2    <html lang="en">
3    <head>
4        <meta charset="UTF-8">
5        <title>使用 Provider 创建服务</title>
6    </head>
7    <body>
8    <div ng-app="app">
9        <div ng-controller="MainController">
10           {{data}}
11       </div>
12   </div>
13   <script src="lib/angular.js"></script>
14   <script>
15       var app=angular.module('app', []);
16       //定义包含$get 函数的函数 myFunction
17       var myFunction=function () {
18           var name='world';
19           return {
20               $get: function () {
21                   //服务对象
22                   return {
23                       msg: 'hello '+ name
24                   }
25               },
26               changeName: function (newName) {
```

```
27              name=newName;
28          }
29      }
30  }
31  //使用 provider()函数创建服务
32  app.provider('myService', myFunction);
33  //使用 config()函数配置服务
34  app.config(function (myServiceProvider) {
35      myServiceProvider.changeName('张三');
36  });
37  //在控制器中注入服务 myService
38  app.controller('MainController', function ($scope, myService) {
39      $scope.data=myService.msg;
40  });
41  </script>
42  </body>
43  </html>
```

在上述代码中,第 17~30 行首先定义了一个包含 $get 的函数,在 $get 中返回服务对象,changeName()函数用于动态地配置 name 变量的值;第 32 行使用 provider()函数创建服务 myService;第 34~36 行使用 config()函数对服务进行配置,将函数 myFunction()中 name 的值 world 变更为"张三";第 38~40 行通过依赖注入的方式将 myService 注入控制器中,在控制器中调用返回的服务对象 msg,返回值为"hello 张三"并赋值给 data;第 10 行使用插值语法输出 data 的值。

打开 Chrome 浏览器,访问 demo5-1.html,页面结果如图 5-1 所示。

图 5-1   demo5-1.html 页面效果

在实际开发中,通常直接将 myFunction 函数写在 provider()函数的第 2 个参数中,示例代码如下。

```
app.provider('myService', function() {
    var name='world';
    return {
        $get: function(){
            return {
                msg: 'hello' +name
            }
        },
        changeName: function (newName) {
            name=newName;
        }
    };
});
```

本节案例为了清晰演示 myFunction 函数的结构,所以没有简写。

5.1.2　使用 factory()函数创建服务

在某些场景下,使用 provider()函数定义服务组件显得有些笨重。为此,AngularJS 提供了一些简化的定义服务的方法。例如,当我们在服务中仅仅需要的是一个函数和数据的集合,而不需要处理复杂的业务逻辑时,使用 factory()函数创建服务是一个非常不错的选择。

使用 factory()函数创建服务的语法如下。

```
factory(name, object|function(参数 1,参数 2)|[]);
```

在上述语法中,factory()函数可以接收两个参数,这两个参数的相关描述如表 5-2 所示。

表 5-2　factory()函数的参数

参数	取值类型	描　　述
参数 1	字符串	该参数通常是一个字符串,代表需要注册的服务名称
参数 2	对象 函数 数组	该参数表示一个依赖,如果取值为函数,那么该函数会在 AngularJS 创建服务的实例时被调用,返回对象;如果取值为数组,那么该数组的最后一个元素必须是函数,而且该函数必须返回一个对象。函数中不需要包含$get

使用 factory()函数创建一个服务的步骤如下。

① 定义一个函数,在函数中返回对象,示例代码如下。

```
var myFunction=function(){
    return {}
};
```

② 使用 factory()函数创建服务,示例代码如下。

```
var app=angular.module('myModule',[]);
app.factory('myService',myFunction)
```

在上述代码中,使用 app 模块的 factory()函数注册了服务的名称 myService,并且调用 myFunction。AngularJS 会将 factory()函数封装为 provider()函数,上面的示例代码等同于:

```
var app=angular.module('myModule',[]);
    app.provider("myService",function(){
    this.$get=myFunction;
});
```

那么问题来了,是否一直可以使用 factory()函数来代替 provider()函数呢? 这取决于是否需要对服务进行配置。

为了让读者有更好的理解,接下来通过一个案例来演示使用 factory()函数创建服务的方法,代码见 demo5-2. html。

demo5-2. html

```
1    <!DOCTYPE html>
2    <html lang="en">
3    <head>
4        <meta charset="UTF-8">
5        <title>使用 Factory 创建服务</title>
6    </head>
7    <body>
8    <div ng-app="app">
9        <div ng-controller="MainController">
10          {{data}}
11       </div>
12   </div>
13   <script src="angular.js"></script>
14   <script>
15       var app=angular.module('app', []);
16       //定义函数,返回一个对象
17       var myFunction=function(){
18          return {
19              msg: "this is data"
20          }
21       }
22       //在 app 模块下创建一个服务,实例化服务对象
23       app.factory('myService', myFunction);
24       //在 app 模块下创建一个控制器,并在控制器的工厂函数中注入服务
25       app.controller('MainController', function ($scope, myService) {
26          $scope.data=myService.msg;
27       });
28   </script>
29   </body>
30   </html>
```

在上述代码中,第 17~21 行首先定义了 myFunction()
函数并返回对象,然后第 23 行将 myFunction()函数传入
factory()函数中创建 myService 服务;第 25 行在控制器
中注入 myService 服务。

打开 Chrome 浏览器,访问 demo5-2. html,页面结果
如图 5-2 所示。

图 5-2　demo5-2. html 页面效果

5.1.3　使用 service()函数创建服务

使用 service()函数可以为服务对象注册一个构造函数,AngularJS 使用这个构造函数
创建服务实例,语法如下。

```
service(name, object|function(参数 1,参数 2)|[]);
```

在上述语法中,service()函数可以接收两个参数,这两个参数的相关描述如表 5-3

所示。

表 5-3　service()函数的参数

参数	取值类型	描　　述
参数 1	字符串	该参数通常是一个字符串,代表需要注册的服务名称
参数 2	对象	该参数是一个依赖,如果是对象,必须带有构造函数;如果是构造函数,则会在 AngularJS 创建服务的实例时通过 new 关键字来实例化服务对象;如果是数组,它的最后一个元素必须是构造函数
	构造函数	
	数组	

使用 service()函数创建服务的步骤如下。

① 定义一个构造函数,示例代码如下。

```
var MyFunction=function(){
    this.msg='this is data';
}
```

② 使用 app 模块的 service()函数创建服务,示例代码如下。

```
var app=angular.module('myModule',[]);
app.service('myService',MyFunction)
```

上面两个步骤的简写形式的示例代码如下。

```
var app=angular.module('myModule',[]);
    app.service('myService',function(){
        this.msg='this is data';
    });
```

上述创建服务的代码等同于如下代码。

```
var app=angular.module('myModule',[]);
    app.factory('myService',function(){
        return {
            msg: 'this is data';
        }
    });
```

service()函数与 factory()函数创建服务的区别是,在定义阶段 factory()函数使用定义函数 myFunction 的返回对象作为服务对象,service()函数是将构造函数 MyFunction 实例本身作为服务对象。在使用阶段,两个函数没有区别。

接下来通过一个案例来演示使用 service()函数创建服务的方法,代码见 demo5-3.html。

demo5-3.html

```
1    <!DOCTYPE html>
2    <html lang="en">
```

```
3    <head>
4        <meta charset="UTF-8">
5        <title>使用 Service 创建服务</title>
6    </head>
7    <body>
8    <div ng-app="app">
9        <div ng-controller="MainController">
10           <input type="text" ng-model="userName">
11           <input type="button" ng-click="say(userName)" value="按钮"/>
12       </div>
13   </div>
14   <script src="lib/angular.js"></script>
15   <script>
16       var app=angular.module('app',[]);
17       //用 service 来创建服务,注构造函数
18       app.service('myService',function(){
19           this.sayHello=function(name) {
20               alert('hello '+name)
21           }
22       });
23       //将服务 myService 注入控制器
24       app.controller('MainController',function($scope,myService){
25           //在控制器中定义函数,在函数内部调用服务的 sayHello()函数
26           $scope.say=function(name){
27               myService.sayHello(name);
28           }
29       });
30   </script>
31   </body>
32   </html>
```

在上述代码中,第 18~22 行使用 service()函数创建了服务 myService,service()函数的第 2 个参数为构造函数;第 24 行使用依赖注入的方式将 myService 注入控制器;第 26~28 行定义了函数 say(),传入参数 name,并且调用 myService 的 sayHello()函数;第 11 行使用 ng-click 绑定 say()函数;第 10 行使用 ng-model 指令将 userName 的值绑定到输入框,单击按钮时,输入框中的 userName 值会作为参数传入 say()函数。

打开 Chrome 浏览器,访问 demo5-3.html,页面结果如图 5-3 所示。

在图 5-3 的输入框中输入 world,单击按钮,网页会弹出 hello world,如图 5-4 所示。

图 5-3   demo5-3.html 页面效果

图 5-4   弹出框

5.1.4　使用 value()和 constant()函数创建服务

value()函数在第 3 章演示依赖注入的过程中被使用过很多次，主要用于在不同的组件之间共享一个变量，这种情况可以视为一种服务。使用 value()函数创建服务的语法如下。

```
value('name','value')
```

在上述语法中，value()函数可以接收两个参数，这两个参数的相关描述如表 5-4 所示。

表 5-4　value()函数的参数

参　　数	取值类型	描　　述
name	字符串	需要注册的服务名称
value	字符串	需要注册的变量值或者对象
	对象	

使用 valule()函数创建服务的示例代码如下。

```
var app=angular.module('myModule',[]);
    app.value("myValueService","123");
```

在上述代码中，定义了一个变量 myValueService，值为 123。创建服务后可以通过依赖注入的方式在其他组件中使用，例如在控制器中注入 myValueService，示例代码如下。

```
app.controller('MainController', function ($scope,myValueService) {
        $scope.data=myValueService;
    });
```

constant()函数用于在不同的组件之间共享一个常量，这种情况也是一种服务。使用 constant()函数创建服务的语法与 value()函数类似，示例代码如下。

```
var app=angular.module('myModule',[]);
    app.constant('name','value') ;
```

在上述语法中，constant()函数可以接收两个参数，这两个参数的相关描述如表 5-5 所示。

表 5-5　constant()函数的参数

参　　数	取值类型	描　　述
name	字符串	需要注册的服务名称
value	字符串	需要注册的常量值或者对象
	对象	

由于 value()和 constant()函数的特殊声明形式，使得这两种类型的服务无法依赖其他服务。和 value()函数不同，AngularJS 并没有在 constant()函数内部封装 provider()函数，而仅仅是在内部登记这个值。这使得常量在 AngularJS 的启动配置阶段（创建任何服务之

前)就可以使用,所以开发人员可以将常量注入模块的 config()函数中,进而应用该常量。

接下来通过一个案例来演示在 config()函数中获取并应用常量的具体方法,代码见 demo5-4.html。

demo5-4.html

```
1    <!DOCTYPE html>
2    <html lang="en">
3    <head>
4        <meta charset="UTF-8">
5        <title>使用 constant 配置服务</title>
6    </head>
7    <body>
8    <div ng-app="app">
9        <div ng-controller="MainController">
10           {{data}}
11       </div>
12   </div>
13   <script src="lib/angular.js"></script>
14   <script>
15       var app=angular.module('app',[]);
16       app.provider('myService', function () {
17           var name='world';
18           return {
19               $get: function () {
20                   //服务对象
21                   return {
22                       msg: 'hello '+name
23                   }
24               },
25               changeName: function (newName) {
26                   name=newName;
27               }
28           }
29       });
30       //用 constant 来创建服务,注入函数
31       app.constant('country','China');
32       //使用 config()函数配置服务
33       app.config(function(myServiceProvider,country){
34               myServiceProvider.changeName(country)
35       });
36       //在控制器中注入服务 myService
37       app.controller('MainController', function ($scope, myService) {
38           $scope.data=myService.msg;
39       });
40   </script>
41   </body>
42   </html>
```

上述代码是在 demo5-1.html 的基础上修改的,主要修改了使用 config()函数配置服务

的部分。第 31 行使用 constant()来创建服务,该服务定义一个常量 country,值为 China;第 33 行将 country 作为参数传递到 config()函数中,如果页面运行时结果为 hello China,则说明配置成功。

打开 Chrome 浏览器,访问 demo5-4. html,页面结果如图 5-5 所示。

此时读者可能会有疑问,通过 value()函数定义的变量是否可以使用相同的方式传入 config()函数呢? 接下来,将 demo5-4. html 的第 31 行代码修改为如下代码。

```
app.value('country','China')
```

重新运行 demo5-4. html,页面报错,运行结果如图 5-6 所示。

图 5-5　demo5-4. html 页面效果　　　　　　　　图 5-6　页面报错

这时按 F12 键,并查看 Chrome 开发人员工具的控制台,发现页面报错了,如图 5-7 所示。

图 5-7　错误信息

图 5-7 的错误信息提示 Unknown provider:country,说明使用 value()函数定义的变量不可以作为 config()函数的参数使用。

5.2　AngularJS 内置服务

AngularJS 为开发人员提供了众多的内置服务,通过这些内置服务可以轻松地实现一些常用功能,如使用$window 访问 JavaScript 全局对象。本节将介绍 AngularJS 常用的内置服务。

5.2.1　访问 JavaScript 全局对象

使用 AngularJS 进行开发时,如果想在 AngularJS 程序中访问原生 JavaScript 该怎么办? AngularJS 的内置服务中提供了常用的访问全局对象的服务,如表 5-6 所示。

表 5-6 所示的全局对象服务在实际开发中应用比较频繁的是$window 和$location 服务,接下来结合案例为读者讲解这两个服务的具体使用方法。

表 5-6　访问 JavaScript 常用全局对象的服务

服　务	描　述
$window	用于注入原生 JavaScript 代码中的 window 对象
$document	用于注入原生 JavaScript 代码中的 document 文档对象
$timeout	用于注入封装的原生 JavaScript 代码中的 setTimeout()函数处理过程
$interval	用于注入封装的原生 JavaScript 代码中的 setInterval()函数处理过程
$location	用于注入原生 JavaScript 代码中的 location 对象

1.　$ window

向 AngularJS 程序注入 $window 服务后,便可以使用该服务来访问 window 对象。例如,在控制器中使用 window.alert()函数时,可以将 $window 注入控制器,然后使用 $window.alert()的方式来调用。完整的代码演示见 demo5-5.html。

demo5-5.html

```
1   <!DOCTYPE html>
2   <html lang="en">
3   <head>
4       <meta charset="UTF-8">
5       <title>$window 服务</title>
6   </head>
7   <body>
8   <div ng-app="myApp">
9       <div ng-controller="MainController">
10          <button  ng-click="displayAlert('我被单击了')">单击我</button>
11      </div>
12  </div>
13  <script src="lib/angular.js"></script>
14  <script>
15      var app=angular.module('myApp', []);
16      //将 $window 服务注入控制器
17      app.controller('MainController', function($scope, $window) {
18          //定义 ng-click 绑定的函数
19          $scope.displayAlert=function (msg) {
20              $window.alert(msg);
21          }
22      });
23  </script>
24  </body>
25  </html>
```

打开 Chrome 浏览器,访问 demo5-5.html,页面效果如图 5-8 所示。

单击图 5-8 的按钮"单击我",会弹出"我被单击了"信息,说明 alert()函数被成功调用,如图 5-9 所示。

图 5-8　demo5-5. html 页面效果

图 5-9　弹出框

2. $ localtion

$location 服务用来解析浏览器地址栏中的 URL(基于 window. location),并且让 URL 在 AngularJS 应用程序中可用,例如获取、监听和改变 URL,以及在改变地址栏、单击了后退按钮或者单击了一个链接的情况下同步 URL。

当用户在浏览器的地址栏中修改 URL 时,浏览器会通知 $location 服务。同样,$location 服务对 URL 的一些操作也会反映到浏览器的地址栏上面。浏览器地址栏的 URL 改变时,不会重新加载整个页面,这也是 AngularJS 单页面应用的特点;如果重新加载整个页面,需要使用 $window. location. href。

图 5-10　URL 的组成

一个 URL 由几个不同的部分组成,包括服务的方式或协议、主机的地址和端口号以及资源的具体地址,如图 5-10 所示。

图 5-10 中关于 URL 组成部分的说明如下。

- http：表示要通过 HTTP 协议来定位网络资源。
- host：表示合法的 Internet 主机域名或 IP 地址(例如 192. 168. 1. 123)。
- port：用于指定一个端口号,如果 port 为空,则使用默认的端口 80。当服务器的端口不是 80 的时候,需要显式指定端口号。
- abs_path：指定请求资源的 URI(Uniform Resource Identifier,统一资源定位符),如果 URL 中没有给出 abs_path,则浏览器会以"/"的形式给出。

在 $location 服务中有一些常用的函数,用于获取整个 URL 或者 URL 中的一部分,如表 5-7 所示。

表 5-7　$location 的可用函数

函　　数	描　　述
absUrl()	用于获取当前完整的 URL 路径
host()	用于获取 URL 中的主机名或者 IP 地址
port()	用于获取当前路径的端口号

函　　数	描　　述
protocol()	用于获取当前 URL 的协议
hash()	用于获取当前 URL 的哈希值(从♯号开始的部分)。当 URL 带有参数时,返回哈希值;改变哈希值时,返回$location
path()	用于获取当前 URL 的子路径(不包括参数)。当没有任何参数时,返回当前 URL 的路径;当带有参数时,改变 URL 并返回$location(返回的路径永远会带有/)
search()	用于获取当前 URL 的参数的序列化 JSON 对象。当不带参数调用的时候,以对象形式返回当前 URL 的搜索部分,例如序列化的 JSON 对象:{"name":"lily"}
url()	用于获取当前 URL 路径(包括参数和哈希值)。当不带参数时,返回 URL;当带有参数时,返回$location
replace()	如果被调用,就会用改变后的 URL 直接替换浏览器中的历史记录,而不是在历史记录中新建一条信息,这样可以阻止后退操作

为了让读者有更好的理解,接下来通过一个案例来演示如何使用$location 中的常用函数获取和改变 URL,代码见 demo5-6. html。

demo5-6. html

```
1   <!DOCTYPE html>
2   <html lang="en">
3   <head>
4       <meta charset="UTF-8">
5       <title>$location 服务</title>
6   </head>
7   <body>
8   <div ng-app="myApp">
9       <div ng-controller="MainController"
            style="background-color:darkseagreen;padding: 15px">
10      * 1. 调用"host()" 返回结果:
11      <b>{{host_Url}}</b><br><br>
12      * 2. 调用"port()" 返回结果:
13      <b>{{port_Url}}</b><br><br>
14      * 3. 调用"protocol()" 返回结果:
15      <b>{{protocol_Url}}</b><br><br>
16      * 4. 调用"hash()" 返回结果:
17      <b>{{hash_Url}}</b><br><br>
18      * 5. 调用"path()" 返回结果:
19      <b>{{path_Url}}</b><br><br>
20      * 6. 调用"search()" 返回结果:
21      <b>{{search_Url}}</b><br><br>
22      * 7. 调用"url()" 返回结果:
23      <b>{{url_Url}}</b><br><br>
24      * 8. 调用"absUrl()",返回结果:
25      <b>{{abs_Url}}</b>
26      </table>
27  </div>
```

```
28    </div>
29    <script src="lib/angular.js"></script>
30    <script>
31        var app=angular.module('myApp', []);
32        //将 $location 服务注入控制器
33        app.controller('MainController', function($scope, $location) {
34            $scope.host_Url=$location.host();
35            $scope.port_Url=$location.port();
36            $scope.protocol_Url=$location.protocol();
37            //传入 myhash 作为 hash 值
38            $scope.hash_Url=$location.hash('myhash').hash();
39            //传入 /newPath 作为子路径
40            $scope.path_Url=$location.path('/newPath').path();
41            //传入 'name','lily' 作为参数
42            $scope.search_Url=$location.search('name','lily').search();
43            $scope.url_Url=$location.url();
44            $scope.abs_Url=$location.absUrl();
45        });
46    </script>
47    </body>
48    </html>
```

在上述代码中,第 34～44 行调用 $location 服务的常用函数,并赋值给相应的属性,然后第 10～25 行使用插值语汰将值输出。访问本页面获取的 URL 中不包含 hash()、path() 和 search() 函数的内容,因此向这 3 个函数分别传递参数进行测试。带参数的情况下,3 个函数都返回 $localtion 对象,传递参数后再次调用函数便返回了需要演示的值。

打开 Chrome 浏览器,访问 demo5-6.html,页面效果如图 5-11 所示。

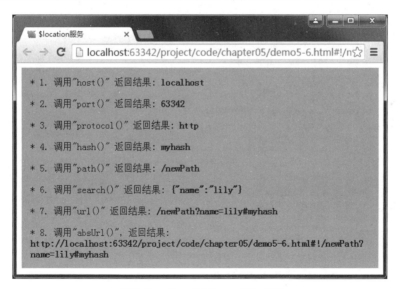

图 5-11　demo5-6.html 页面效果

在图 5-11 中,可以看到第 8 项调用 absUrl() 返回的完整 URL。实际上,当访问 demo5-6.html 时,不存在子路径,也没有传递任何参数,返回的完整 URL 应该是 http:

//localhost:63342/project/code/chapter05/demo5-6.html,不包含"♯!"及后面的内容。这些内容的出现是由于为 path() 传递参数"/newPath"后改变了 URL,因此浏览器在 URL 中追加了"/newPath";为 search( )传递参数"'name','lily'"后,URL 中追加了 name＝lily;为 hash()函数传递参数'myhash'后,URL 中追加了 ♯myhash。

3. 使用 $ watch() 监听 $ location

通常 URL 格式类似 http://itheima.com/first/page,但单页面应用中,AngularJS URL 使用"♯! ＋标记"的格式,例如:

```
<a href="http://itheima.com/#!/first">first page</a>
<a href="http://itheima.com/#!/second">second page</a>
<a href="http://itheima.com/#!/third">third page</a>
```

如果想在 URL 发生改变时执行一些操作该怎么办?

$ watch()函数可以监听 AngularJS 表达式,那么同样也可以通过监听 $ location 来实现监听 URL 的变化。

为了读者有更好的理解,接下来通过一个案例来演示该效果,代码见 demo5-7. html。

demo5-7. html

```
1    <!DOCTYPE html>
2    <html lang="en">
3    <head>
4        <meta charset="UTF-8">
5        <title>$watch 监听 $location</title>
6    </head>
7    <body>
8    <div ng-app="app">
9        <div ng-controller="MainController">
10           <a href="#!/all">全部</a>
11           <a href="#!/invite">邀请中</a>
12           <a href="#!/accept">已接受</a>
13           <a href="#!/refuse">已拒绝</a>
14       </div>
15   </div>
16   <script src="lib/angular.js"></script>
17   <script>
18       var app=angular.module('app', []);
19       app.controller('MainController', function ($scope, $location) {
20           //将 $location 赋值给作用域的 locat 对象
21           $scope.locat=$location;
22           //$watch 监听的是 AngularJS 表达式
23           $scope.$watch('locat.path()', function (newValue, oldValue) {
24               console.log(newValue);
25           });
26       })
```

```
27  </script>
28  </body>
29  </html>
```

在上述代码中，第 10~13 行定义了 4 个不同的链接。当单击某个链接时，当前 URL 会被追加一个子路径，我们要做的是使用 $watch() 函数监听子路径的改变，并且打印到浏览器的控制台。第 19 行通过依赖注入的方式将 $location 注入控制器，然后在第 21 行将 $localtion 挂载到作用域的 locat 对象上。这样做的目的是在第 23 行使用 locat 调用 path() 函数来获取 URL 的子路径。

打开 Chrome 浏览器，访问 demo5-7.html，页面效果如图 5-12 所示。

图 5-12　demo5-7.html 页面效果

在图 5-12 中，单击不同的链接，控制台会打印出改变后的子路径。例如单击"已接受"，浏览器地址栏的 URL 将被修改，追加子路径"/accept"，如图 5-13 所示。

图 5-13　URL 被修改

观察浏览器控制台的输出结果，如图 5-14 所示。

图 5-14　控制台输出结果

需要注意的是，如果将 demo5-7.html 代码中的"#!"变为"#"，则图 5-13 中 URL 的子路径将会变为"#!#%2Faccept"。控制台不会打印出 newValue，这意味着将监听不到 URL 的变化。

5.2.2　AngularJS 路由

AngularJS 单页面应用中可以实现多视图，那么在不刷新页面的情况下，AngularJS 如何判断显示哪个视图？

AngularJS 路由将视图分解成布局和模板视图,根据 URL 变化动态地将模板视图加载到布局中,从而实现单页面应用的页面跳转功能。

AngularJS 路由在整个 AngurlarJS 程序中所扮演的角色如图 5-15 所示。

在图 5-15 中,Routes 表示路由,View 表示视图模板,Controller 表示控制器。路由的功能与$location 服务类似,通过"#!+标记"来区分不同的视图模板,并将不同的视图模板绑定到对应的控制器上。每个 URL 都有对应的视图模板和控制器,如图 5-16 所示。

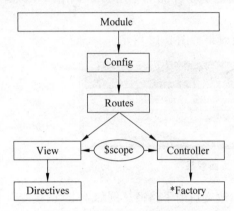

图 5-15　AngularJS 路由的角色

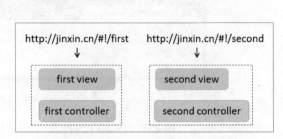

图 5-16　URL 对应的视图模板和控制器

AngularJS 中的路由功能需要依赖 ngRoute 模块,通过 $route 服务来定义路由信息。该服务依赖$location 和 $routeProvider 服务,由 $routeProvider 服务和 ng-view 指令搭配实现。ng-view 指令相当于提供了视图模板的挂载点(布局),当切换 URL 进行页面跳转时,不同的视图模板会被加载到 ng-view 所在的位置。然后通过 config( )函数为 $routeProvider 配置路由的映射,让路由可以操作视图模板和控制器。

使用 AngularJS 路由的步骤如下。

① 在官网工具包中找到 angular-router. js,在 HTML 页面中引入 angular. js 和 angular-router. js。

② 创建主应用模块的依赖模块 ngRoute,示例代码如下。

```
angular.module('routingDemoApp',['ngRoute']);
```

③ 在 HTML 模板中使用 ng-view 指令,示例代码如下。

```
<div ng-view></div>
```

在上述代码中,该 div 内的 HTML 内容会根据路由的变化而变化。

④ 配置$routeProvider 服务。

AngularJS 的$routeProvider 用来定义路由规则,AngularJS 模块的 config( )函数用于配置路由规则。将$routeProvider 注入 config( )函数,然后使用$routeProvider. whenAPI 来定义路由规则,语法如下。

```
module.config(['$routeProvider', function($routeProvider){
    $routeProvider
```

```
        .when('path', route)
        .when('path1', route)
        .otherwise(params);
}]);
```

在上述代码中,when('path',route)表示在$route 服务中添加一个新的路由。它包含两个参数(path 和 route),path 代表 URL 或者 URL 正则规则,route 代表路由映射配置。route 中的 otherwise(params)表示设置在没有其他路由定义被匹配时将使用的默认路由。

route 对象的配置语法规则如下。

```
$routeProvider.when(path, {
    template: string,
    templateUrl: string,
    controller: string, function | array,
    controllerAs: string,
    redirectTo: string, function,
    resolve: object<key, function>
});
```

在上述语法中,各参数的说明如表 5-8 所示。

表 5-8　参数说明

参数名	取值类型	描　　述
template	字符串	HTML 模板。如果只需要在 ng-view 中插入简单的 HTML 内容,则使用该参数
templateUrl	字符串	HTML 模板的地址。如果只需要在 ng-view 中插入 HTML 模板文件,则使用该参数
controller	字符串	指定控制器。用于在当前模板上执行的 controller 函数,生成新的 scope
	函数	
	数组	
controllerAs	字符串	一个用于控制器的标识符名称
redirecTo	字符串	URL 重定向地址
	函数	
resolve	对象	一个应该注入控制器的可选的映射依赖关系。如果任何一个依赖关系是承诺,则路由将等该承诺被解决/拒绝后才实例化控制器

配置路由的示例代码如下。

```
module.config(['$routeProvider', function($routeProvider){
    $routeProvider
        .when('/',{templateUrl:'/index.html'})
        .when('/first',{templateUrl:'/first.html'})
        .when('/second',{templateUrl:'/second'})
        .otherwise({redirectTo:'/'});
}]);
```

在上述代码中,when()用来配置路由信息。如果请求的路径没有在路由信息中找到,就会执行 otherwise(),otherwise()中的 redirectTo:'/'表示重定向至首页 index.html。

$route 中提供了 $routeParams 服务用于检索当前路由的参数集,也就是说在请求路径包含请求参数的情况下,可以获取一个完整的参数集。在 path 路径中用":+字符串"的方式添加参数,网址中的信息将被解析到 $routeParams 对象中去。

为了读者有更好的理解,接下来通过一个案例来演示 AngularJS 中路由的使用,代码见demo5-8.html。

demo5-8.html

```
1   <!DOCTYPE html>
2   <html lang="en">
3   <head>
4       <meta charset="UTF-8">
5       <title>AngularJS 路由</title>
6   </head>
7   <body>
8   <div ng-app="app">
9       <a href="#!/index">index</a>
10      <a href="#!/first">demo5-7</a>
11      <a href="#!/about/2/lucy">lucy</a>
12      <a href="#!/about/3/banny">banny</a>
13      <div ng-view></div>
14  </div>
15  <script src="lib/angular.js"></script>
16  <script src="lib/angular-route.js"></script>
17  <script>
18      var app=angular.module('app', ['ngRoute']);
19      app.config(function ($routeProvider) {
20          $routeProvider
21              .when('/index', {
22                  template: '<H2>{{name}}</H2>',
23                  controller: function ($scope) {
24                      $scope.name='index';
25                  }
26              })
27              .when('/first', {
28                  templateUrl:'demo5-7.html'//跳转至 demo5-7.html
29              })
30          //用:"+字符串"的方式,把网址中的信息解析到 $routeParams 对象中去
31              .when('/about/:id/:name', {
32                  template: '<H2>{{params}}</H2>',
33                  controller: function ($scope, $routeParams) {
34                      $scope.params=$routeParams
35                  }
36              })
37              .otherwise({
38                  redirectTo: '/index'
39              });
40      });
```

```
41  </script>
42  </body>
43  </html>
```

在上述代码中,第 9～12 行定义了 4 个链接,并且指定了访问路径;第 13 行的 div 元素上引用了 ng-view 指令,当路由切换时,响应的内容会被显示到该 div 中;第 18～40 行配置了路由的内容。当访问路径匹配路由"/index"时,会在 div 中显示 index;当访问路径匹配路由"/first"时,div 中会显示 demo5-7.html 的页面内容;当访问路径匹配路由"/about/:id/:name"时,div 中会显示对应的参数集。

打开 Chrome 浏览器,访问 demo5-8.html,页面效果如图 5-17 所示。

在图 5-17 中,单击 demo5-7 链接,页面效果如图 5-18 所示。

图 5-17   demo5-8.html 页面效果

图 5-18   单击 demo5-7 后的页面效果

在图 5-18 中,单击"邀请中"链接。由于匹配不到路由,页面将会重定向到首页,效果同图 5-17。然后单击 lucy 或 banny 链接,均可以看到响应的参数集,如图 5-19 和图 5-20 所示。

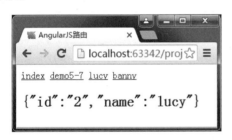

图 5-19   单击 lucy 后的页面效果

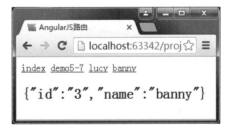

图 5-20   单击 banny 后的页面效果

从图 5-19 和图 5-20 可以看出,"/about"后面的"/2/lucy"和"/3/banny"被成功解析到了 $routeParams 对象中。

5.2.3 AngularJS 中的 Ajax 访问

$http 服务是 AngularJS 的核心服务之一,这个服务主要封装了浏览器原生的 XMLHttpRequest 对象和 JSONP 数据访问方式来完成远程服务的数据请求,实现了在 AngularJS 中的 Ajax 访问。

AngularJS 的 $http 服务主要用于从服务器读取数据。无论服务器从哪种数据库获取记录,最终都需要转换为 AngularJS 需要的 JSON 数据格式。一旦拥有了 JSON 格式的数据,便可以通过如下方式获取数据。

```
var promise=$http({
method:"post",
url:"./ someurl",
params:{'name':'lily'},
data:blob
}).then(function success(response){
//响应成功时调用,response 是一个响应对象
}, function error(response) {
//响应失败时调用,response 带有错误信息
});
```

在上述语法中,$http 服务接收一个参数配置对象,用于生成 HTTP 请求,并返回一个 promise 对象(回调执行体),promise 对象的 then()函数用来处理服务的回调。then()函数接收两个可选的函数作为参数,第 1 个参数表示响应成功时的状态处理,第 2 个参数表示响应失败时的状态处理(参数名称可自定义)。

参数配置对象中各个参数的说明如表 5-9 所示。

表 5-9   参数配置对象中的参数说明

参数名	描　　述
method	请求方式,取值可以是 get、post、put、delete、head、jsonp,常用的是 get、post
url	请求路径,这里可以是绝对路径,也可以是相对路径
params	查询操作时,可以通过该属性传递一个 JavaScript 对象作为参数,AngularJS 会将参数序列化成"?key1=value1&key2=value2"的形式追加在请求路径后面
data	需要发送到服务器的二进制数据

$http 请求可以根据不同的请求方式将格式简写如下。

```
$http.get('/someUrl', config).then(successCallback, errorCallback);
$http.post('/someUrl', data, config).then(successCallback, errorCallback);
```

then()函数接收的 response(响应对象)包含 5 个属性,如表 5-10 所示。

表 5-10   response 的 5 个属性

属　　性	描　　述
data	字符串或对象,表示响应体
status	HTTP 状态码,如 200、404
headers	头信息的 getter 函数,可以接收一个参数,用来获取对应名称的值
config	生成原始请求的完整设置对象
statusText	相应的 http 状态文本,如 ok

接下来通过一个案例来演示使用 AngularJS 的$http 服务获取数据的方法,步骤如下。
① 首先准备数据文件 data.json,具体内容如下。

data. json

```
{

    "msg":"hello world"

}
```

② 编写 HTML 代码，见 demo5-9. html。

demo5-9. html

```
1  <!DOCTYPE html>
2  <html lang="en">
3  <head>
4      <meta charset="UTF-8">
5      <title>$http 服务</title>
6  </head>
7  <body>
8  <div ng-app="app">
9      <div ng-controller="MainController">
10         {{msg}}
11     </div>
12 </div>
13 <script src="lib/angular.js"></script>
14 <script>
15     var app=angular.module('app', []);
16     app.controller('MainController', function ($scope, $http) {
17         $http({
18             method: 'GET',
19             url: 'data.json'
20         }).then(function successCallback(response) {
21             $scope.msg=response.data.msg;
22         }, function errorCallback(response) {
23             console.log(response.data)
24             console.log(response.status)
25         });
26     });
27 </script>
28 </body>
29 </html>
```

在上述代码中，第 21 行定义一个属性 msg 用来接收响应数据，通过 response. data
. msg来获取数据内容，并在第 10 行通过插值语法展示到页面；第 23 行和第 24 行用于在响
应失败的情况下获取错误数据和状态码。

打开 Chrome 浏览器，访问 demo5-9. html，页面效果
如图 5-21 所示。

从图 5-21 中可以看出，data. json 文件的数据被成功
取出了。接下来将 demo5-9. html 中第 19 行的请求路径
修改为 data1. json，目的是在找不到请求路径的情况下执
行 errorCallback()函数。重新访问 demo5-9. html，查看

图 5-21　demo5-9. html 页面效果

控制台，可以看到输出的错误信息和状态码，如图 5-22 所示。

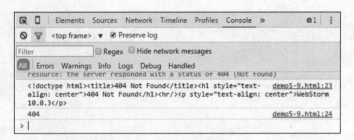

图 5-22　错误信息

5.3　本章小结

　　本章主要讲解了 AngularJS 的服务。首先讲解了创建服务的 5 种方式，然后讲解了 AngularJS 中常用的内置服务，包括访问全局对象的服务、路由服务和实现 Ajax 访问的 $http 服务。

　　学完本章后，要求读者掌握创建 AngularJS 服务的 5 种方式；熟悉 provider、facotry 和 service 方式的应用场景；熟悉 AngularJS 内置服务 $window 和 $localtion 的使用方法、掌握 AngularJS 路由和 $http 服务。

【思考题】

1. 列举几种 AngularJS 创建服务的方式，并简要描述。
2. 简述使用 AngularJS 路由的步骤。

第 6 章

AngularJS框架项目实战

本书的前 5 章已经介绍了 AngularJS 框架的重点内容,本章将带领读者完成两个阶段项目——邀请名单和电影列表,以巩固前面所学习的知识。

6.1 项目实战——邀请名单

自古以来,人们在生辰、节日、婚礼等重要的日子会举行宴会,将宴会作为广交朋友、建立联系的媒介之一。为了方便整个活动的策划,举行宴会前通常需要记录邀请嘉宾的名单,以及嘉宾是否到场等信息。本节将带领读者完成一个使用 AngularJS 框架实现的项目——邀请名单。

6.1.1 项目展示

首先了解一下该项目的功能,邀请名单列表的页面效果如图 6-1 所示。

图 6-1 列表展示

在图 6-1 中,输入嘉宾姓名和电话号码,单击"邀请"按钮,会在列表中增加一条信息,如图 6-2 所示。

如果不输入嘉宾信息,直接单击"邀请"按钮,会给出错误提示信息,如图 6-3 所示。

邀请名单中的电话号码必须是唯一的,如果输入重复的电话号码,会提示错误信息,如图 6-4 所示。

单击图 6-2 所示的嘉宾信息列表中的"接受邀请"按钮,受邀状态将由"邀请中"变为"已接受";单击"拒绝邀请"按钮,受邀状态将由"邀请中"变为"已拒绝",如图 6-5 所示。

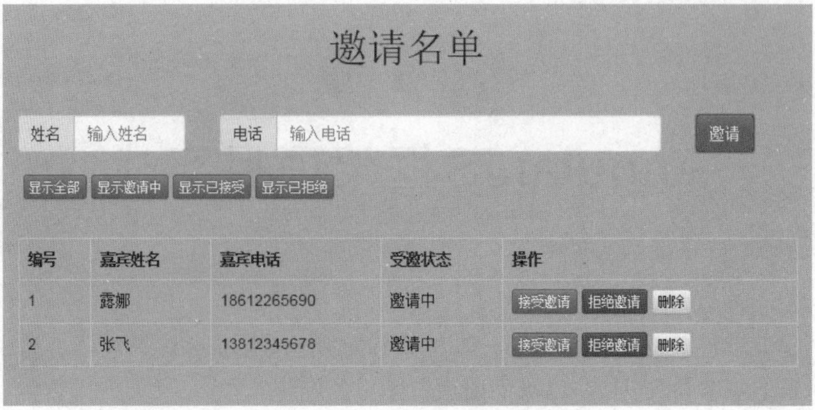

图 6-2　列表展示

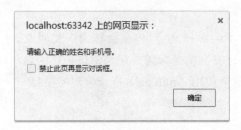

图 6-3　错误提示框

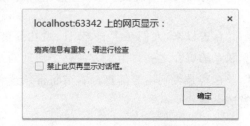

图 6-4　嘉宾信息重复提示

图 6-5　嘉宾受邀状态变更

在图 6-5 中可以看到,对"已接受"和"已拒绝"状态的嘉宾信息只能进行删除操作。单击表格上方的"显示全部""显示邀请中""显示已接受"和"显示已拒绝"这 4 个按钮时,均会根据条件来显示信息,例如单击"显示已拒绝"按钮的页面效果如图 6-6 所示。

在单击"显示全部"按钮后,可以看到全部的嘉宾信息,并且每条信息都有"删除"操作。这时如果单击受邀状态为"已拒绝"数据的"删除"按钮,则页面效果如图 6-7 所示。

需要注意的是,在整个过程中,每条记录的编号都随着记录数量的变化而变化。

图 6-6　已拒绝的嘉宾

图 6-7　删除操作后的页面效果

　　本项目主要练习的知识点有 AngularJS 的指令、MVVM 架构模式、AngularJS 的模块、AngularJS 服务等。

6.1.2　项目分析

1. 需求分析

本项目主要用于记录宴会受邀嘉宾的姓名、电话和受邀状态,要求具有如下功能。
- 展示全部受邀嘉宾的信息列表。
- 增加受邀嘉宾信息。
- 修改受邀嘉宾的状态。
- 删除受邀嘉宾的信息。
- 根据受邀嘉宾的状态,展示不同状态的受邀嘉宾列表。

2. 数据存储分析

　　在项目中做的各种操作都是围绕受邀嘉宾进行的,每个受邀嘉宾对应一条数据记录,那么这些记录如何存储?

　　在实际开发中,一般前端跟后端对接是由后端做接口,类似一个链接;前端通过 Ajax 调用接口,然后将调用接口获得的数据渲染到页面上。

　　使用 AngularJS 做前端开发时,通常通过 $http 服务向后台发送请求,后台接收到请求后会调用相应的代码操作数据库。例如一个项目的后台使用 Java 来实现,使用 MySQL 数据库来存储数据。当列表展示功能需要查询数据时,可以使用 AngularJS 代码发送请求,示例代码如下。

```
angular.module('app',[])
.controller('MyCtrl',function ($scope,$http) {
    $http.get('http://127.0.0.1:80/user/getUsers')
    .then(function successCallback(response) {
    ...
})
```

　　在上述代码中,URL 为 http://127.0.0.1:80/user/getUsers 的请求会访问后台 Java 提供的接口,调用操作数据库的代码,由 Java 代码结合 SQL 语句来操作数据库,示例代码如下。

```
public void getUsers(){
    List<User>users=User.dao.find("select * from t_user");
    renderJson(Users);
}
```

　　实际上,操作数据库可以选择任何的后端语言,只要提供 HTTP 形式的接口即可。本案例主要为了演示 AngularJS 实现的增删改查,关注的是前端编程,因此使用数组的方式来存储数据。

3．项目实现分析

　　本项目采用 MVVM 架构模式。首先要设计 Model 层,用于封装对象模型,在对象模型中存储数据并提供操作数据的方法;然后实现 ViewModel 层,用于编写业务逻辑,并提供将要展示到视图的数据;最后实现 View 层,编写静态页面。

　　在应用的 Model 层定义 Guest 对象和 guestList 对象,用于存储每个受邀嘉宾和受邀嘉宾列表的信息,并在两个对象中提供方法用来操作数据,具体如下。

　　① Guest 对象用于描述每个受邀嘉宾的基本信息,包含的属性和方法如表 6-1 所示。

表 6-1　Guest 对象的属性和方法

类　别	名　称	描　述
属性	name	嘉宾姓名
	phone	嘉宾电话
	state	受邀状态(邀请中、已接受、已拒绝、全部)
方法	accept()	接受邀请
	refuse()	拒绝邀请

　　② guestList 对象用于存储所有受邀嘉宾的信息,并提供添加、删除、查询的方法。它

包含的属性和方法如表 6-2 所示。

表 6-2　guestList 对象的属性和方法

类别	名　称	描　　述
属性	list	存储受邀嘉宾的信息
方法	add()	用于添加受邀嘉宾。参数：name 和 phone；添加的嘉宾不能重复——手机号不相同，且嘉宾必须有名字和电话
	remove()	用于删除受邀嘉宾。参数：guest（嘉宾对象）；先找到嘉宾 list 中的索引，然后再用 splice()方法删除它
	getList	用于查询受邀嘉宾列表。参数：state（要查询的状态，包括全部、邀请中、已接受、已拒绝）

　　在本项目的界面上，单击某个按钮（如"邀请"）后，会触发相应事件，在事件的回调函数中调用相应的方法来更新 Model 层和 ViewModel 层的数据。在 AngularJS 中，数据是双向绑定的，更新了 ViewModel 的数据也会同步到页面上，整个流程如图 6-8 所示。

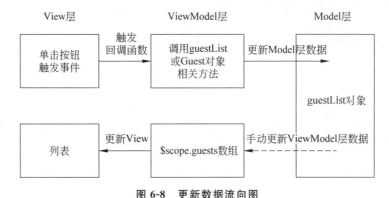

图 6-8　更新数据流向图

6.1.3　项目目录和文件结构

　　为了方便读者进行项目的搭建，接下来介绍"邀请名单"项目的目录结构和文件结构，如图 6-9 所示。

　　在图 6-9 中，GuestList 作为顶级目录名称，也是项目的名称。GuestList 目录下各个目录和文件的说明如下。

- **index.html**：首页页面文件。
- **js**：自定义的 JavaScript 文件目录。
  - ♦ ModelService.js：本项目自定义的 JavaScript 文件，负责 Model 层编码。
- **lib**：第三方库文件目录。
  - ♦ angular：AngularJS 库文件目录，其中包含 angular.js 文件。
  - ♦ bootstrap：Bootstrap 库文件目录，其

图 6-9　目录结构和文件结构

中包含的 bootstraps. css 文件用于控制 index. html 页面样式。

　　为了后续顺利实现这个项目,请读者严格按照图 6-9 中的格式创建目录和文件,并将需要引入的第三方文件放到 lib 目录下。

6.1.4　封装对象模型

　　在 GuestList\js\ModelService. js 文件中编写本项目 Model 层的实现代码,用于封装对象模型。这里,需要封装的对象模型有 Guest 和 guestList,关于这两个对象模型的封装代码具体如下。

1. 封装 Guest 对象

```
1   //定义 model 模块
2   var model=angular.module('nameList.model', []);
3   /*
4    * Guest 对象:受邀嘉宾
5    */
6   function Guest(name, phone) {
7       this.name=name;                //姓名
8       this.phone=phone;              //电话
9       this.state=Guest.INVITE;       //状态
10  }
11  //定义常量用于记录邀请状态
12  Guest.INVITE='邀请中';
13  Guest.ACCEPT='已接受';
14  Guest.REFUSE='已拒绝';
15  Guest.ALL='全部';
16  //接受邀请
17  Guest.prototype.accept=function () {
18      this.state=Guest.ACCEPT;
19  };
20  //拒绝邀请
21  Guest.prototype.refuse=function () {
22      this.state=Guest.REFUSE;
23  };
```

　　在上述代码中,首先定义 model 模块,在 model 模块中定义 Guest 对象,Guest 对象中包含姓名(name)、电话(phone)和状态(state)3 个属性;第 12～15 行定义 4 个常量用于表示邀请状态;第 17～23 行定义了接受邀请(accept)和拒绝邀请(refuse)两个方法,用于修改嘉宾的受邀状态。

2. 封装 guestList 对象

```
1   model.factory('modelService', function () {
2       /*
3        * guestList 对象
4        **/
```

```
5      var guestList={
6          list: [],
7          add: function (name, phone) {        //添加方法
8              //判断是否可以添加
9              var isok=true;
10             //1. 判断用户名或者手机号是否为空
11             //如果嘉宾的姓名或者手机号中有一个是空的,则 isok 是 false;否则是 true
12             isok=!!(isok && name && phone);
13             if (!isok) {
14                 return {
15                     code: 1,                 //code 值为 1 表示手机号或者用户名是空的
16                     guest: null
17                 }
18             }
19             //2. 判断用户的手机是否重复
20             var tempArr=this.list.filter(function (guest) {
21                 return guest.phone==phone;
22             });
23
24             if (tempArr.length>0) {
25                 isok=false;
26             }
27
28             if (!isok) {
29                 return {
30                     code: 2,                 //code 值为 2 表示是重复的用户
31                     guest: null
32                 }
33             }
34             var guest=new Guest(name, phone);
35             this.list.push(guest);
36             return {
37                 code: 0,                     //code 值为 0 代表添加成功
38                 guest: guest
39             }
40         },
41         remove: function (guest) {           //删除方法
42             this.list=this.list.filter(function (item) {
43                 return guest.phone !=item.phone;
44             })
45         },
46         //获取和状态码相同的所有用户的信息
47         getList: function (state) {
48             if (state==Guest.ALL) {
49                 return this.list.filter(function () {
50                     return true;
51                 });
52             }
53             return this.list.filter(function (guest) {
54                 return guest.state==state;
```

```
55              });
56          }
57      };
58      return guestList;
59 });
```

在上述代码中,定义了 modelService 服务,在该服务中又定义了 guestList 对象,并且创建方法添加(add)、删除(remove)和条件查询(getList)。需要注意的是,在列表展示方法 getList()中,条件查询是通过数组的 filter()方法过滤嘉宾受邀状态(state)属性值来实现的。当 state 属性值为 Guest.ALL 时,表示展示全部受邀嘉宾的信息。

6.1.5　编写业务逻辑

本项目的业务逻辑代码需要在 GuestList\index.html 文件中编写。首先需要在该文件中引入 angular.js 文件和 ModelService.js 文件,然后添加 AngularJS 代码,具体步骤如下。

① 引入文件依赖。

```
<script src="lib/angular/angular.js"></script>
<script src="js/ModelService.js"></script>
```

② 添加邀请按钮的事件回调函数。

```
1  <script>
2      var app=angular.module('nameList', ['nameList.model']);
3      app.controller('MainController', function ($scope, $location,modelService) {
4          var state=Guest.ALL;
5          var guestInfo=$scope.guestInfo={
6              name: '',
7              phone: ''
8          };
9          //单击邀请按钮,邀请当前嘉宾
10         $scope.invite=function () {
11             var msg=modelService.add(guestInfo.name, guestInfo.phone);
12             guestInfo.name='';
13             guestInfo.phone='';
14             switch (msg.code) {
15                 case 0: //0 代表成功
16                     //Model 层数据更新之后,把更新同步到 ViewModel
17                     $scope.guests=modelService.getList(state);
18                     break;
19                 case 1: //1 代表姓名和电话有问题
20                     alert('请输入正确的姓名和电话。');
21                     break;
22                 case 2: //2 代表嘉宾信息重复
23                     alert('嘉宾信息有重复,请检查');
24                     break;
25             }
26         };
27 </script>
```

　　在上述代码中,首先创建 app 模块,并且为 app 模块注入 model 模块,在 MainController 控制器中注入 $location 和 modelService 服务。第 4 行的 state 属性初始值设置为 Guest.ALL,表示展示全部列表数据;第 5～8 行定义的 guestInfo 对象用于绑定页面的输入框,name 表示嘉宾名称,phone 表示嘉宾电话;第 10～26 行定义的 invite()函数作为单击邀请按钮的回调函数,根据 modelService.add()方法返回的状态码 msg 来判断是否输入了正确的嘉宾信息;如果正确,则第 17 行调用 modelService.getList()方法刷新列表。

　　③ 添加删除按钮的事件回调函数。

```
1        //单击删除按钮,删除对应的嘉宾
2        $scope.remove=function (guest) {
3            modelService.remove(guest);
4            //更新模型之后,同步模型上的更新到 ViewModel 上
5            $scope.guests=modelService.getList(state);
6        };
```

　　上述代码调用 modelService.remove()方法删除嘉宾信息,删除后调用 modelService.getList()方法刷新列表。

　　④ 添加路由,实现条件查询功能。

```
1        //监听$location,完成路由功能,进行列表的筛选
2        $scope.location=$location;
3        $scope.$watch('location.path()', function (newValue) {
4            switch (newValue) {
5                case '/all':
6                    state=Guest.ALL;
7                    break;
8                case '/invite':
9                    state=Guest.INVITE;
10                   break;
11               case '/accept':
12                   state=Guest.ACCEPT;
13                   break;
14               case '/refuse':
15                   state=Guest.REFUSE;
16                   break;
17           }
18           //把数据从模型移动到视图模型
19           $scope.guests=modelService.getList(state);
20       });
```

　　在上述代码中,通过监听$location,根据不同的 URL 手动改变受邀嘉宾的状态。然后在第 19 行调用 modelService.getList()方法传入受邀状态参数 state,通过 state 参数值获取某个状态的受邀嘉宾列表展示到页面。

6.1.6　编写静态页面

　　在项目展示时就演示过项目页面,页面包含填写受邀嘉宾的姓名和电话的输入框、嘉宾列表以及邀请、删除等操作按钮。该项目的静态页面代码需要在 GuestList\index.html 文

件中编写,使用 Bootstrap 框架为页面添加样式,步骤如下。

① 在 index. html 目录下引入两个 bootstrap 文件：bootstrap. css 和 bootstrap-theme. css。

② 在 index. html 中编写如下静态页面代码。

```
1    <!DOCTYPE html>
2    <html lang="en">
3    <head>
4        <meta charset="UTF-8">
5        <title>邀请名单</title>
6        <link rel="stylesheet" href="lib/bootstrap/bootstrap.css">
7        <link rel="stylesheet" href="lib/bootstrap/bootstrap-theme.css">
8    </head>
9    <style>
10       li {
11           float: left;
12       }
13       body {
14           padding-top: 50px;
15       }
16   </style>
17   <body>
18   <div>
19       <div class="container" style="background-color:  #edbc80">
20           <div class="row">
21               <center><h1>邀请名单</h1></center>
22           </div>
23           <div class="row" style="padding-top: 30px;">
24               <div class="col-xs-3">
25                   <div class="input-group">
26                       <span class="input-group-addon">
27                           姓名
28                       </span>
29                       <input type="text"  class="form-control" placeholder="输入姓名">
30                   </div>
31               </div>
32               <div class="col-xs-7">
33                   <div class="input-group">
34                       <span class="input-group-addon">
35                           电话
36                       </span>
37                       <input type="text"  class="form-control" placeholder="输入电话">
38                   </div>
39               </div>
40               <div class="col-xs-2">
41                   <button  class="btn btn-success">邀请</button>
42               </div>
43           </div>
44           <div class="row" style="padding: 20px;">
```

```
45              <a class="btn btn-success btn-xs ">显示全部</a>
46              <a class="btn btn-success btn-xs ">显示邀请中</a>
47              <a class="btn btn-success btn-xs ">显示已接受</a>
48              <a class="btn btn-success btn-xs ">显示已拒绝</a>
49          </div>
50      <div>
51          <div class="row" style="padding: 15px;">
52              <table class="table table-bordered">
53              <tr>
54                  <th>编号</th>
55                  <th>嘉宾姓名</th>
56                  <th>嘉宾电话</th>
57                  <th>受邀状态</th>
58                  <th>操作</th>
59              </tr>
60              <tr>
61                  <td>1</td>
62                  <td>张三</td>
63                  <td>18612345678</td>
64                  <td>邀请中</td>
65                  <td>
66                      <button  class="btn btn-xs btn-success">接受邀请</button>
67                      <button  class="btn btn-xs btn-danger">拒绝邀请</button>
68                      <button  class="btn btn-xs btn-default">删除</button>
69                  </td>
70              </tr>
71          </table>
72      </div>
73  </div>
74      </div>
75      </div>
76  </body>
77  </html>
```

上述代码使用 Bootstrap 框架对页面进行布局，使用了布局容器、表单、栅格系统、按钮等。第 29 行和第 37 行用于定义嘉宾信息输入框；第 41 行用于定义邀请按钮；第 45～48 行定义用于条件查询的按钮；第 60～70 行是在页面添加的静态数据。

打开 Chrome 浏览器，访问 index.html，页面效果如图 6-10 所示。

图 6-10　邀请名单静态页面

6.1.7 添加数据绑定

静态页面编写完成后,此时的按钮都是没有功能的,数据也是静态的。接下来通过实现 View 与 ViewModel 的绑定,让页面变成动态的效果。这时需要应用到如下一些 AngularJS 指令。

- 使用 ng-model 指令绑定文本框。
- 使用 ng-click 指令绑定按钮需要触发的事件函数。
- 使用 ng-repeat 指令遍历需要显示到界面的受邀嘉宾数组。
- 使用 ng-if 指令进行判断。只有受邀状态为"邀请中"的数据,最后一栏才会显示"接受邀请"和"拒绝邀请"按钮。

修改 index. html 的代码,在页面中添加相应的指令并绑定 JavaScript 代码,步骤如下。

① 使用 ng-model 让文本框绑定 guestInfo 的属性,关键代码如下。

```
<input type="text" ng-model="guestInfo.name"
            class="form-control" placeholder="输入姓名">
    ...
<input type="text" ng-model="guestInfo.phone"
            class="form-control" placeholder="输入电话">
        ...
```

② 使用 ng-click 绑定按钮需要触发的事件函数,包括邀请、删除、接受邀请、拒绝邀请;用 ng-if 进行判断,当受邀状态为"邀请中"时,在操作栏显示"接受邀请"和"拒绝邀请"按钮。关键代码如下。

```
1  <button ng-click="invite()" class="btn btn-success">邀请</button>
    ...
2  <button ng-if="guest.state=='邀请中'" ng-click="guest.accept()"
      class="btn btn-xs btn-success">接受邀请</button>
3  <button ng-if="guest.state=='邀请中'" ng-click="guest.refuse()"
      class="btn btn-xs btn-danger">拒绝邀请</button>
4  <button ng-click="remove(guest)"
      class="btn btn-xs btn-default">删除</button>
    ...
```

③ 在静态页面中设置 4 个按钮,使用户可以按条件查询数据。为按钮(a 链接)添加 href 属性,实现自定义的"路由",关键代码如下。

```
1  ...
2   <a class="btn btn-success btn-xs " href="#!/all">显示全部</a>
3   <a class="btn btn-success btn-xs " href="#!/invite">显示邀请中</a>
4   <a class="btn btn-success btn-xs " href="#!/accept">显示已接受</a>
5   <a class="btn btn-success btn-xs " href="#!/refuse">显示已拒绝</a>
6  ...
```

④ 使用 ng-repeat 指令遍历作用域中的 guests 数组,向页面展示数据,关键代码如下。

```
1  <tr ng-repeat="guest in guests">
2          <td>{{$index+1}}</td>
3          <td>{{guest.name}}</td>
4          <td>{{guest.phone}}</td>
5          <td>{{guest.state}}</td>
6          <td>
7          <button ng-if="guest.state=='邀请中'" ng-click="guest.accept()"
           class="btn btn-xs btn-success">接受邀请</button>
8          ...
9          </td>
10      </tr>
```

在上述代码中,最后一个 td 用于存放"接受邀请""拒绝邀请"和"删除"按钮。至此本项目的所有步骤都完成了,测试方法可以参考项目展示。

6.2　项目实战——电影列表

目前互联网上有很多视频网站在完善的技术平台支持下提供电影及电视剧资料库,如豆瓣、优酷等,它们在网站的首页通常会展示节目的列表。本项目将模拟豆瓣电影制作一个电影列表。需要注意的是,为了贴合实际开发效果,本项目将采用从互联网接口获取数据的方式,读者需要在有网络的条件下练习本项目。

6.2.1　项目展示

首先了解一下该项目的功能,电影列表的页面效果如图 6-11 所示。

图 6-11　top250 电影列表展示

在图 6-11 中，默认展示的为 top250 菜单的内容，表示排行榜前 250 条电影数据。单击 "正在热映"或"即将上映"菜单，会显示正在上映或者即将热映的电影信息，如图 6-12 所示。

图 6-12   "正在热映"电影列表展示

在图 6-12 中，单击"上一页"或者"下一页"可以实现列表的翻页效果。单击某个电影图片下方的电影名称链接后，可以跳转到电影详细信息的页面，如图 6-13 所示。

图 6-13   电影详情

在图 6-13 中单击"返回"按钮,便可以返回到跳转至详情页面的电影列表页面。

本项目主要练习的知识点有 ng-repeat 指令循环列表、AngularJS 路由、AngularJS 模块、AngularJS 服务等,扩展内容为 JSONP 跨域访问。

6.2.2　项目分析

1. 需求分析

了解了项目的基本功能后,接下来分析一下项目包含的功能。

* 在电影列表展示中,默认展示 top250 的相关内容,支持切换列表到"正在热映"和"即将上映"菜单。
* 每个列表支持分页功能,每页展示 6 条数据,可以通过单击"上一页"和"下一页"来切换页面数据。
* 支持查看电影详情。单击列表内电影名称链接可以跳转至详情页面,详情页面包括电影的宣传图片、电影内容介绍和返回列表的按钮。

2. 数据获取分析

本项目与"邀请名单"项目不同的是不会涉及数据的存储,所有功能均为查询功能。为了贴近实际开发,本项目使用豆瓣网提供的接口 API 来查询数据。此时,Model 层的数据都在豆瓣服务器上,所以 Model 层的主要内容是用来做网络访问的。

从互联网获取数据前,首先需要了解豆瓣网的 API 使用方法,可以通过访问 https://developers.douban.com/wiki/?title=api_v2,查看豆瓣 API 的介绍。

在豆瓣 API 的说明中,提到了豆瓣提供的接口可接收 callback 参数,使返回的数据为 JSONP 格式;callback 函数的名称只能包含数字、字母、下画线,且长度不大于 50。本项目没有服务器,无法直接与豆瓣的服务器做交互,因此需要使用 JSONP 跨域访问的方式来获取数据。

JSONP 利用了<script src="""></script>标签具有可跨域的特性,由服务端返回一个预先定义好的 JavaScript 函数的调用,并且将服务器数据以该函数参数的形式传递过来。此方法需要前后端配合完成。

例如,获取数据的链接为:

```
http://www.itheima.com/ajax?jsonp=callbackFunction
```

我们想要的返回 JSON 数据为:

```
["customername1","customername2"]
```

真正返回到客户端的数据格式为 JSONP:

```
callbackFunction(["customername1","customername2"])
```

从上面的过程可以看出,JSONP 的本质是将理想的数据交换格式 JSON 包裹在一个合法的 JavaScript 语句中,然后作为 JavaScript 文件传递给客户端。其目的是通过 JSONP 这种方式来获取 JSON 数据。

AngularJS 的 $http 服务是支持 JSONP 的,例如发送的请求如下:

```
$http.jsonp("https://www.itheima.com?callback=CALLBACK")
```

AngularJS 将会新建一个<script>标签,并将 URL 赋值给该标签的 src 属性。

```
<script src="https://www.itheima.com?callback=angular.callback._0">
</script>
```

但是这样的做法存在一个问题。在使用 $http 服务的 jsonp()函数时,callback 会被替换成一个特地为此请求生成的自定义函数。callback 参数传入的值是 angular. callback. _x,而豆瓣 API 中要求 callback 参数所具有的格式不支持“.”符号,所以在本项目中不能使用 AngularJS 实现 JSONP 服务,需要自己封装 JSONP 服务。

3. 分析实现步骤

与“邀请名单”项目相比,该项目稍复杂一点,所以分析项目的实现步骤前,首先了解一下该项目的执行流程,如图 6-14 所示。

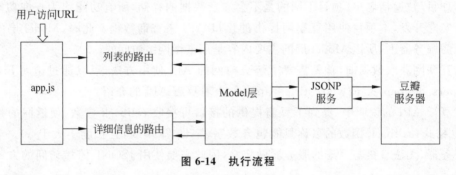

图 6-14　执行流程

在图 6-14 中,用户访问一个 URL 会调用 app. js 的路由功能,app. js 中根据 URL 来判断访问列表的路由还是详细信息的路由。

- 如果访问电影列表,路由便会调用 list_controller. js,在 list_controller. js 中访问 Model 层。Model 层调用自己封装的 JSONP 服务,通过 JSONP 服务向豆瓣服务器请求数据,并且返回在 Model 的回调函数中,最后将数据渲染到 list_template . html 中。
- 如果访问电影详细信息,路由便会调用 detail_controller. js,在 detail_controller. js 中访问 Model 层。Model 层调用自己封装的 JSONP 服务,通过 JSONP 服务向豆瓣服务器请求数据,并且返回在 Model 的回调函数中,最后将数据渲染到 detail_ template. html 中。

了解该项目的执行流程后,接下来制订项目的实现步骤。

① 接口 API 测试。

② 搭建项目并封装自定义的 JSONP 服务。

③ 封装和测试数据对象模型。

④ 编写电影列表页面控制器和模板。

⑤ 编写电影详情页面控制器和模板。

⑥ 完成路由功能并整合项目。

6.2.3　项目目录和文件结构

为了方便读者进行项目的搭建,接下来介绍"电影列表"项目的目录结构和文件结构,如图 6-15 所示。

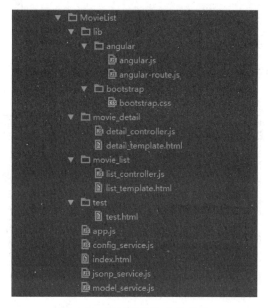

图 6-15　目录结构和文件结构

在图 6-15 中,各个目录和文件的说明如下。

- **MovieList**:MovieList 作为顶级目录名称,也是项目的名称。
  - ♦ app.js:自定义路由文件。
  - ♦ config_service.js:列表分页信息的配置文件。
  - ♦ index.html:首页页面文件。
  - ♦ jsonp_service.js:自定义封装的 JSONP 文件。
  - ♦ model_service.js:用于向服务器请求数据的 Model 层文件。
- **lib**:第三方库文件目录。该目录下包含需要引入的 AngularJS 框架和 Bootstrap 框架 API。
  - ♦ angular:AngularJS 库文件目录,包含 angular.js 和 angular-route.js(路由 API)文件。
  - ♦ bootstrap:Bootstrap 库文件目录,其中包含 bootstraps.css 文件用于控制页面的样式。
- **movie_detail**:电影详情页文件目录。
  - ♦ detail_controller.js:详情页面的控制器。

◆ detail_template：详情页面的模板。
- **movie_list**：电影列表页文件目录。
    ◆ list_controller.js：列表页面的控制器。
    ◆ list_template：列表页面的模板。
- **test**：测试文件目录。
    ◆ test.html：用于测试 Model 层数据是否可用的文件。

请读者严格按照图 6-15 的格式创建目录和文件，并将需要引入的第三方文件放到 lib 目录下。

6.2.4　接口 API 测试

本项目中会应用到豆瓣 API 中的 4 个接口，接口具体介绍如表 6-3 所示。

表 6-3　豆瓣 API 接口说明

接　　口	功 能 描 述	参 数 介 绍
http://api.douban.com/v2/movie/top250	获取 top250 的电影列表数据	start：从第几条开始获取数据，默认值为 0 count：共获取多少条数据，默认值为 10 callback：回调函数名称，该名称可以自定义，访问后返回 JSONP 数据
http://api.douban.com/v2/movie/in_theaters	获取正在热映的电影列表数据	
http://api.douban.com/v2/movie/coming_soon	获取即将上映的电影列表数据	
http://api.douban.com/v2/movie/subject	获取电影详情数据	id：电影条目 id callback：回调函数名称，该名称可以自定义，访问后返回 JSONP 数据

表 6-3 中 4 个接口的测试方法是在浏览器中访问接口链接，向接口传递参数，观察访问后的返回结果是不是本项目要获取的数据。前 3 个接口都是获取电影列表信息，参数一致，因此这里以获取 top250 电影列表信息为例，演示测试的效果。

① 测试电影列表接口。打开 Chrome 浏览器，访问如下地址：

```
http://api.douban.com/v2/movie/top250?start=0&count=1&callback=myCallback
```

其中，start＝0 代表从第 0 条开始获取数据，count＝1 代表获取的数据共一条，自定义回调函数的名称为 myCallback，访问结果如图 6-16 所示。

在图 6-16 中，可以看到浏览器返回了一条 JSONP 类型的数据，这条数据包含在自定义的 myCallback 函数中，表示该接口测试成功。

上述接口返回的数据中包含 subjects 对象，用于存放多条电影对象的数组，每个电影对象中包含一部电影的所有信息。一条完整的电影信息中会包含很多属性，例如电影的主演、观看人数、评分等信息，但是在本项目中不会将每一个属性都用到，所以在此列举本项目列表中需要用到的对象和属性信息，如表 6-4 所示。

图 6-16　top250 接口测试结果

表 6-4　列表中电影对象和属性信息

属　　性	数据类型	描　　　述
id	字符串	条目 id
title	字符串	中文名
images	JSON 对象	电影海报图,分别提供 288px×465px(大)、96px×155px(中)和 64px×103px(小)尺寸
summary	字符串	电影简介

② 测试电影详情接口。在图 6-16 所示返回的数据中,最后一行"id":"1292052"表示返回的电影信息的条目 id 为 1292052,此 id 值可以作为测试电影详情的参数。

打开 Chrome 浏览器,访问如下地址:

```
http://api.douban.com/v2/movie/subject/1292052?&callback=myCallback
```

其中,1292052 代表查看条目 id 为 1292052 的电影的详细信息,回调函数的名称为 myCallback,访问结果如图 6-17 所示。

图 6-17 中的访问结果表示获取电影详细信息已经成功,接口是可用的。

6.2.5　搭建项目并封装自定义的 JSONP 服务

接口 API 测试完后,接下来开始搭建项目,并且封装自定义的 JSONP 服务,步骤如下。在 MovieList\jsonp_service.js 文件中添加如下代码。

图 6-17　电影详情接口测试结果

jsonp_service. js

```
1    /*
2     * 自定义 JSONP 服务
3    **/
4    var service=angular.module('mlist.services', []);
5    service.factory('mlJsonp', function ($rootScope) {
6        //计数器变量
7        var count=0;
8        //url:jsonp 访问的 url
9        //callback:访问成功的回调函数,参数是一个 data 对象——callback(data)
10       return function (url, callback) {
11           var funcName='callback'+count++;
12           //替换回调函数的名称
13           var newUrl=url.replace('JSON_CALLBACK', funcName);
14           //创建一个 script 标签
15           var scriptEl=document.createElement('script');
16           //将带有回调函数名称的 url 赋值给 script 标签的 src 属性
17           scriptEl.src=newUrl;
18           //将 script 标签追加在 HTML 页面上
19           document.body.appendChild(scriptEl);
20           //把回调函数放到 window 对象上
21           window[funcName]=function (data) {
22               callback(data);
23               $rootScope.$apply();  //使用$apply()函数通知作用域数据发生变化
24               document.body.removeChild(scriptEl);
25           };
26       }
27   });
```

在上述代码中,第 5～26 行创建服务 mlJsonp,第 10 行定义该服务返回的一个函数。该函数中包含两个参数:url 和 callback,url 为 JSONP 服务要访问的链接;callback 代表访问成功后要调用的回调函数名。

　　mlJsonp 服务被调用时会接收的 url 参数中包含 callback＝JSON_CALLBACK 参数，第 13 行利用 funcName 的值动态替换 url 参数中的 JSON_CALLBACK 的值。funcName 的值为 callback0、callback1 等，callback 后面的数字根据计数器 count 的值来决定。

　　JSON_CALLBACK 的值被替换后，在页面创建一个＜script＞标签，并将完整的 url 赋值给＜script＞标签的 src 属性。

　　第 21 行将回调函数 funcName 放在 window 对象上，获取 data 数据并将 data 数据传递给 calback 函数，使用 ＄apply() 函数通知作用域数据发生变化，最后删除＜script＞标签。

6.2.6　封装和测试数据对象模型

　　完成项目搭建和 JSONP 服务的封装后，接下来开始封装和测试 Model 层，步骤如下。

　　① 封装数据对象模型。在 MovieList\model_service.js 文件中添加如下代码。

model_service. js

```
1    /*
2     * 封装 Model 层,通过 JSONP 服务获取数据
3    **/
4    var model=angular.module('mlist.model', ['mlist.services']);
5    model.factory('mlModel', function (mlJsonp) {
6        return {
7            //即将上映
8            getComingSoon: function (start, count, callback) {
9                var url='http://api.douban.com/v2/movie/coming_soon?start='
10                       +start+'&count='+count+'&callback=JSON_CALLBACK';
11               mlJsonp(url, function (data) {
12                   callback(data);
13               });
14           },
15           //正在热映
16           getInTheaters: function (start, count, callback) {
17               var url='http://api.douban.com/v2/movie/in_theaters?start='
18                       +start+'&count='+count+'&callback=JSON_CALLBACK';
19               mlJsonp(url, function (data) {
20                   callback(data);
21               });
22           },
23           //top250
24           getTop250: function (start, count, callback) {
25               var url='http://api.douban.com/v2/movie/top250?start='
26                       +start+'&count='+count+'&callback=JSON_CALLBACK';
27               mlJsonp(url, function (data) {
28                   callback(data);
29               });
30           },
31           //电影详情
```

```
32          getSubject: function (id, callback) {
33              var url= 'http://api.douban.com/v2/movie/subject/'
34                      +id+'?&callback=JSON_CALLBACK';
35              mlJsonp(url, function (data) {
36                  callback(data);
37              });
38          }
39      }
40  });
```

在上述代码中,创建了 mlist. model 模块,并在该模块中注入 mlist. services(JSONP 模块)。然后创建 mlModel 服务,在该服务中注入第 6.2.5 节封装的 mlJsonp 服务。

在 mlModel 服务中定义了 4 个函数。

- getComingSoon():该函数用于获取即将上映的电影列表。
- getInTheaters():该函数用于获取正在热映的电影列表。
- getTop250():该函数用于获取 top250 的电影列表。
- getSubject():该函数用于获取电影详情数据。

上述 4 个函数中均调用 mlJsonp 服务,从豆瓣服务器获取数据 data,然后使用 callback (data)的方式将数据 data 传递到回调函数 callback 中,至此 Model 层封装完毕。

② 在\MovieList\test\ test. html 文件中添加代码用于测试 Model 层,具体如下。

```
1   <!DOCTYPE html>
2   <html lang="en">
3   <head>
4       <meta charset="UTF-8">
5       <title>测试 Model 层</title>
6   </head>
7   <body>
8       <div ng-app="app">
9           <div ng-controller="MainController"></div>
10      </div>
11      <script src="../lib/angular/angular.js"></script>
12      <script src="../jsonp_service.js"></script>
13      <script src="../model_service.js"></script>
14      <script>
15      var app=angular.module('app', ['mlist.services','mlist.model']);
16      app.controller('MainController', function ($scope, $http, mlModel) {
17          //测试 top250
18          mlModel.getTop250(0,10,function(data){
19              console.log(data);
20          });
21          //测试即将上映
22          mlModel.getComingSoon(0,10,function(data){
23              console.log(data);
24          });
25          //测试正在热映
26          mlModel.getInTheaters(0,10,function(data){
27              console.log(data);
28          });
```

```
29          //测试电影详情
30          mlModel.getSubject('1292052',function(data){
31              console.log(data);
32          });
33      });
34  </script>
35  </body>
36  </html>
```

在上述代码中,创建了模块 app,并在该模块中注入 mlist. services 和 mlist. model。将 mlModel 服务注入控制器,然后调用该服务中用于获取数据的 4 个函数,并传递相应的参数将返回的 data 数据输出到浏览器的控制台。

打开 Chrome 浏览器,访问 test. html,查看浏览器控制台的输出结果,如图 6-18 所示。

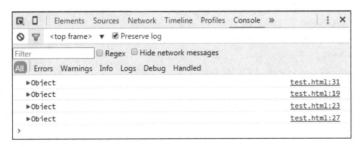

图 6-18　控制台输出结果

在图 6-18 中可以看到,控制台中输出了 4 个 Object 对象,这 4 个对象就是本项目需要的数据。可以通过单击对象左侧的三角形查看数据结构,如图 6-19 所示。

```
All  Errors  Warnings  Info  Logs  Debug  Handled
  ▶Object                                        test.html:31
  ▶Object                                        test.html:19
  ▶Object                                        test.html:23
  ▼Object                                        test.html:27
     count: 10
     start: 0
   ▼subjects: Array[10]
      ▶0: Object
      ▶1: Object
      ▶2: Object
      ▶3: Object
      ▼4: Object
         alt: "https://movie.douban.com/subject/26916202/"
       ▶casts: Array[3]
         collect count: 398
       ▶directors: Array[1]
       ▶genres: Array[2]
         id: "26916202"
       ▶images: Object
         original title: "血战湘江"
       ▶rating: Object
         subtype: "movie"
         title: "血战湘江"
         vear: "2017"
       ▶ proto : Object
      ▶5: Object
      ▶6: Object
      ▶7: Object
      ▶8: Object
      ▶9: Object
         length: 10
     ▶ proto : Array[0]
     title: "正在上映的电影-北京"
     total: 38
   ▶ proto : Object
  >
```

图 6-19　Object 数据结构

在图 6-19 中可以看到,展开的是正在上映的电影列表,共 10 条数据;打开索引为 4 的数据后,可以看到 title(电影名称)为"血战湘江"。至此 Model 层的测试已经完成了。

6.2.7　编写电影列表页面的控制器和模板

接下来编写电影列表页面的控制器和模板,具体步骤如下。

① 列表需要实现分页功能,因此首先在 D:\project\code\chapter06\MovieList\ config_service.js 文件中添加代码,用于配置分页信息。

config_service.js

```
1    /*
2     * 分页配置信息
3     **/
4    var config=angular.module('mlist.services.config', []);
5        config.factory('mlConfig', function () {
6        var countPerPage=6;
7        return {
8          getCountPerPage: function () {
9             return countPerPage;
10           }
11        }
12   });
```

在上述代码中,countPerPage 用于定义每页默认显示 6 条数据。为了避免其他开发人员随意改变 countPerPage 的值,对该值做了封装,将 countPerPage 值设为只读。

② 在电影列表的控制器 movie_list\ list_controller.js 文件中添加代码,具体如下。

```
1    /*
2     * 电影列表的控制器
3     **/
4    var detail=angular.module('mlist.controllers.movieList',
5        ['mlist.services.config', 'mlist.model']);
6        detail.controller('MovieListController', function ($scope, $routeParams,
                           mlConfig, mlModel) {
7        $scope.name='list';
8        $scope.params=$routeParams;
9        //获取列表的类别
10       var category=$routeParams.category;
11       //获取列表的当前页
12       var page=$routeParams.page-0;
13       //每页多少条数据
14       var countPerPage=mlConfig.getCountPerPage();
15       //从第几条数据开始
16       var start=countPerPage * (page-1);
17       //pager 对象存储了页面的各种信息
18       var pager=$scope.pager={
19          curr: page,
20       };
```

```
21      //翻页操作
22      $scope.pages=function(data){
23          pager.max=Math.ceil(data.total / countPerPage);
24          //不能翻到第 0 页
25          pager.prev=page-1>0 ? page-1:1;
26          //不能翻过最后一页
27          pager.next=page+1>=pager.max ? pager.max : page+1;
28          $scope.loading=false;
29      }
30      //代表数据正在加载
31      $scope.loading=true;
32      switch (category) {
33          case 'top250':
34              mlModel.getTop250(start, countPerPage, function (data) {
35                  $scope.data=data;
36                  pager.category='top250';
37                  $scope.pages(data);
38              });
39              break;
40          case 'coming_soon':
41              mlModel.getComingSoon(start, countPerPage, function (data) {
42                  $scope.data=data;
43                  pager.category='coming_soon';
44                  $scope.pages(data);
45              });
46              break;
47          case 'in_theaters':
48              mlModel.getInTheaters(start, countPerPage, function (data) {
49                  $scope.data=data;
50                  pager.category='in_theaters';
51                  $scope.pages(data);
52              });
53              break;
54      }
55  });
```

在上述代码中，创建了模块 mlist. controllers. movieList，为该模块注入 mlist. services . config(分页信息配置)和 mlist. model 模块(Model 层)。

第 6 行在控制器 MovieListController 中注入$routeParams 服务，用于获取请求列表数据所需要的参数，包括列表类别、当前页。它还在控制器 MovieListController 中注入 mlConfig 服务，用于获取分页配置信息中每页展示的数据条数(countPerPage)。根据 countPerPage 计算出从第几条开始(start)，然后使用 pager 对象来存储这些分页信息。

第 22~29 行定义了函数 pages()，用来控制翻页操作，要求上一页(pager. prev)的值不能为 0，下一页(pager. next)的值不能超过最大页数。

第 32~54 行通过 switch 语句判断列表类别，通过列表类别来选择调用 mlModel 服务中的对应方法。

③ 在列表模板 MovieList\movie_list\list_template. html 文件中添加如下代码。

list_template. html

```
1    <!--列表页面模板-->
2    <div class="container-fluid" style="font-size: 20px;">
3        <div ng-if="loading">
4            正在加载中
5        </div>
6        <div ng-if="!loading">
7            <div class="row">
8                <div class="col-xs-10">
9                    <ul class="nav nav-tabs">
10                       <li ng-class="{active:pager.category=='in_theaters'}">
11                           <a href="#!/list/in_theaters/1">正在热映</a>
12                       </li>
13                       <li ng-class="{active:pager.category=='coming_soon'}">
14                           <a href="#!/list/coming_soon/1">即将上映</a>
15                       </li>
16                       <li ng-class="{active:pager.category=='top250'}">
17                           <a href="#!/list/top250/1">top250</a>
18                       </li>
19                   </ul>
20               </div>
21               <div class="col-xs-2">
22                   <span style="font-size: 35px;float: right;">电影列表</span>
23               </div>
24           </div>
25           <div class="row">
26               <ol class="breadcrumb">
27                   <li><a href="javascript:void(0)"></a>电影列表</li>
28                   <li>
29                   <a href="javascript:void(0)"></a>
30                   {{pager.category==top250?top250:pager.category==coming_soon?'
31                       即将上映':'正在热映'}} </li>
32                   <li class="active">第{{pager.curr}}页 (共{{pager.max}}页)</li>
33               </ol>
34           </div>
35           <div class="row" style="margin-top: 10px;">
36               <div class="col-xs-4" ng-repeat="subject in data.subjects">
37                   <div class="thumbnail img-thumbnail">
38                       <img ng-src="{{subject.images.large}}"
39                           style="height: 260px;overflow-y: hidden;"
40                           alt="{{subject.title}}">
41                       <div class="caption" style="text-align:center;">
42                   <a ng-href="#!/detail/{{subject.id}}">{{subject.title}}</a>
43                       </div>
44                   </div>
45               </div>
46           </div>
47           <div class="row">
48               <div class="col-xs-12">
```

```
49                    <ul class="pagination pull-right">
50                        <li>
51        <a ng-href="#!/list/{{pager.category}}/{{pager.prev}}"
52            aria-label="Previous">
53                            <span aria-hidden="true">&laquo;上一页</span>
54                        </a>
55                    </li>
56                    <li>
57    <a ng-href="#!/list/{{pager.category}}/{{pager.next}}" aria-label="Next">
58                        <span aria-hidden="true">下一页 &raquo;</span>
59                    </a>
60                    </li>
61                </ul>
62            </div>
63        </div>
64    </div>
65 </div>
```

在上述代码中,第 6 行使用 ng-if 指令判断 $scope.loading 属性的值,用来指定页面上显示"正在加载中"还是列表数据。

第 11、14 和 17 行的链接的 href 属性值对应路由中指定的格式。单击链接时,调用指定路由,可以切换到不同的列表。

第 36~46 行使用 ng-repeat 指令遍历列表的数据,其中第 42 行用 ng-href 指令绑定电影名称的 a 链接,并将 subject.id 作为参数传递给路由。当单击该 a 链接跳转到电影详情页面时,在电影详情页面便可以获取该参数。

值得一提的是,整个页面的布局和样式使用了 Bootstrap 框架,主要技术有布局容器、栅格系统等。由于本项目注重数据的展示,页面的样式设计也比较基础,因此样式问题在这里不作单独描述。

6.2.8　编写电影详情页面的控制器和模板

接下来编写电影详情页面的控制器和模板,具体步骤如下。

① 在电影详情的控制器 MovieList\movie_detail\detail_controller.js 文件中添加如下代码。

```
1  /*
2   * 电影详情-控制器
3   **/
4  var detail=angular.module('mlist.controllers.movieDetail', ['mlist.model']);
5  detail.controller('MovieDetailController',function ($scope, $routeParams, mlModel) {
6      $scope.name='detail';
7      //影片的 id
8      var subjectId=$routeParams.id;
9      //调用 Model 层获取电影详情的方法
10     mlModel.getSubject(subjectId, function (data) {
11         //将获取的数据放到作用域上
12         $scope.data=data;
13     });
14 });
```

在上述代码中,创建了模块 mlist.controllers.movieDetail,并注入依赖模板 mlist.model,这样便可以在 mlist.controllers.movieDetail 模块中获取 mlist.model 模块中定义的 mlModel 服务。

在电影列表中单击某个电影的链接便会跳转到详情页面,该跳转功能通过路由来实现,路由可以通过 $routeParams 服务来传递参数。

第 5 行在 MovieDetailController 控制器中注入 $routeParams 服务,然后在第 8 行通过 $routeParams.id 的方式来获取路由传递过来的参数电影条目 id。它还在 MovieDetailController 控制器中注入 mlModel 服务,然后在第 10 行调用 mlModel.getSubject()方法获取电影详情数据,将数据放到作用域上,以便在模板中获取数据。

② 在电影详情的模板 MovieList\movie_detail\ detail_template.html 文件中添加如下代码。

detail_template. html

```
1    <!--电影详情模板-->
2    <div class="container" style="border: 1px solid slategray;padding: 20px;margin-top:
     50px ">
3        <div class="row">
4            <h1 ng-bind="data.title"></h1>
5        </div>
6        <div class="row">
7            <div class="col-xs-4">
8                <div class="thumbnail">
9                    <img ng-src="{{data.images.large}}" alt="{{subject.title}}">
10               </div>
11           </div>
12           <div class="col-xs-8">
13    <article ng-bind="data.summary" style="font-size: larger;"></article>
14           </div>
15       </div>
16       <div class="row">
17    <a href="javascript:history.go(-1)" class="btn btn-primary btn-block"> 返回</a>
18       </div>
19   </div>
```

在上述代码中,第 4 行使用 ng-bind 指令绑定电影名称;第 9 行使用 ng-src 指令绑定电影的图片路径;第 13 行使用 ng-bind 绑定电影简介。值得一提的是,整个页面的布局和样式使用了 Bootstrap 框架,主要技术有布局容器、栅格系统等。

6.2.9　完成路由功能并整合项目

接下来要完成路由功能并整合项目,通过入口文件访问项目的所有功能,步骤如下。

① 打开 MovieList\app.js 文件,在该文件中添加本项目用于实现路由功能的代码如下。

app. js

```
1    /*
2     * 路由
3    **/
4    var app=angular.module('mlist.main',['ngRoute','mlist.controllers.movie Detail',
     'mlist.controllers.movieList']);
5    app.config(function($routeProvider){
6        $routeProvider
7            //访问列表页
8            .when('/list/:category/:page',{
9                templateUrl:"movie_list/list_template.html",
10               controller:"MovieListController",
11           });
12           //访问详细页
13           .when('/detail/:id',{
14               templateUrl:"movie_detail/detail_template.html",
15               controller:"MovieDetailController",
16           });
17           //默认访问路径
18           .otherwise({
19               redirectTo:"/list/top250/1"
20           });
21   });
```

在上述代码中，首先创建 mlist. main，并在该模块中注入 ngRoute（路由）、mlist. controllers. movieDetail（详细页面控制器）和 mlist. controllers. movieList（列表页面控制器）三个模块。第6~20行代码用于创建路由；第8行用于匹配访问列表的路径；第13行用于匹配详细页面的路径，如果没有指定路径，则在第18行重定向到 top250 列表。

② 打开 MovieList\index. html 文件（该文件作为本项目的入口文件），在该文件中添加整合所有项目功能的代码如下。

index. html

```
1    <!DOCTYPE html>
2    <html lang="en" ng-app="mlist.main">
3    <head>
4        <meta charset="UTF-8">
5        <title>电影列表</title>
6        <link rel="stylesheet" href="lib/bootstrap/bootstrap.css">
7    </head>
8    <body>
9    <div ng-view></div>
10   <!--引入 AngularJS API-->
11   <script src="lib/angular/angular.js"></script>
12   <script src="lib/angular/angular-route.js"></script>
13   <!--引入路由文件-->
14   <script src="app.js"></script>
15   <!--引入详细页面和列表的控制器-->
```

```
16  <script src="movie_detail/detail_controller.js"></script>
17  <script src="movie_list/list_controller.js"></script>
18  <!--引入分页配置文件-->
19  <script src="config_service.js"></script>
20  <!--引入 Model 层服务-->
21  <script src="model_service.js"></script>
22  <!--引入 jsonp 服务-->
23  <script src="jsonp_service.js"></script>
24  </body>
25  </html>
```

在上述代码中,首先引入了 Bootstrap 和 AngularJS 框架的库文件,然后引入自定义的所有 js 文件,包括路由、控制器、配置文件、服务等。第 9 行使用 ng-view 指令绑定 div 元素,当路由匹配访问内容后,会在这个 div 中展示相应的页面模板;例如访问电影详情页面后,detail_template.html 的内容便会被添加到该 div 中。至此项目的整合已经完成了,测试方法可以参考 6.2.1 节的项目展示。

6.3 本章小结

本章主要讲解了两个阶段项目:邀请名单和电影列表,其中邀请名单项目的知识点要求读者完全掌握,电影列表项目中 JSONP 跨域访问作为扩展内容要求读者了解如何使用即可,重点掌握涉及 AngularJS 的内容。

在练习本章项目前,建议读者先熟悉项目中涉及的知识点内容。编码时按照任务顺序分别完成,这样可以让思路更清晰。

第 7 章

ionic开发环境的安装与配置

本书的第 2~6 章介绍了 AngularJS 框架,为 ionic 框架的学习奠定了很好的基础。从现在开始,我们将介绍 ionic 框架的相关内容,本章侧重讲解的是 ionic 开发环境的搭建。使用 Windows 操作系统的读者比例较多,并且 Windows 系统的安装过程与 Mac OS X 基本一致,因此本章以 Windows 操作系统为例,介绍 ionic 开发环境的安装和配置。

【教学导航】

学习目标	1. 掌握 JDK 的安装方法 2. 掌握 Android SDK 的安装方法 3. 掌握 Node.js 的安装方法 4. 掌握 Git 的安装方法 5. 掌握 ionic 和 Cordova 的安装方法
教学方式	本章内容以理论讲解、安装和配置步骤的演示为主
重点知识	1. ionic 开发环境的必备软件 2. 环境变量的配置
关键词	JDK、Android SDK、Node.js、Git、ionic、Cordova

7.1 安装 Android SDK

通过本书第 1 章中对 ionic 框架的介绍,读者了解了使用 ionic 开发的 App 可以适配 Android 和 iOS 两种移动操作系统平台。在使用移动平台硬件设备的特性之前,需要安装对应移动平台操作系统的软件开发包(SDK),iOS SDK 只能安装并运行在 Mac OS X 操作系统上。因此,使用 Windows 操作系统的读者只能安装和使用 Android 开发平台,本节将带领读者完成 Android SDK 的安装。

7.1.1 JDK 的下载和安装

JDK 的全称为 Java Development Kit,是 Java 语言的软件开发工具包。Android 平台中主要使用 Java 语言开发 App,因此使用 ionic 开发适应 Android 平台的 App 首先需要 JDK 的支持。

1. JDK 的下载

本书的源码中会提供 JDK 的安装文件,读者也可以自行到 Oracle 公司官网下载最新的版本的 JDK(本书编著时 JDK 的最新版本为 1.8.0)。

访问 http://www.oracle.com/technetwork/java/javase/downloads/index.html 下载地址后,页面效果如图 7-1 所示。

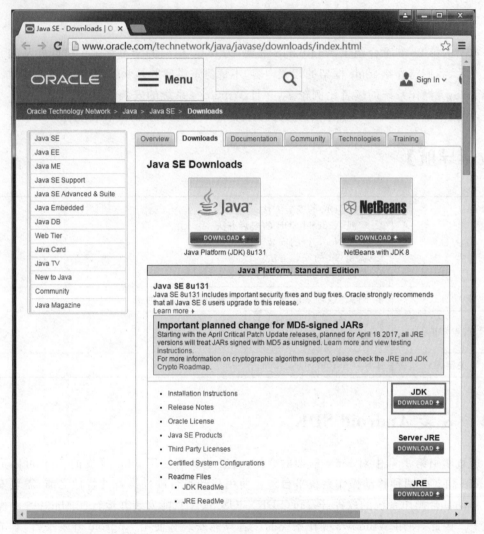

图 7-1   Oracle 官网下载地址

在图 7-1 中,单击 JDK 下方的 DOWNLOAD 按钮,会跳转到 Java SE 版本 JDK 的下载页面,如图 7-2 所示。

在图 7-2 中,可以看到对应不同系统的 JDK 安装文件,单击 Accept License Agreement(接受许可协议),如图 7-3 所示。

在图 7-3 中,根据设备的系统来下载相应的安装文件。例如笔者的计算机系统为 Windows x64,那么只需下载最后一个安装文件即可。

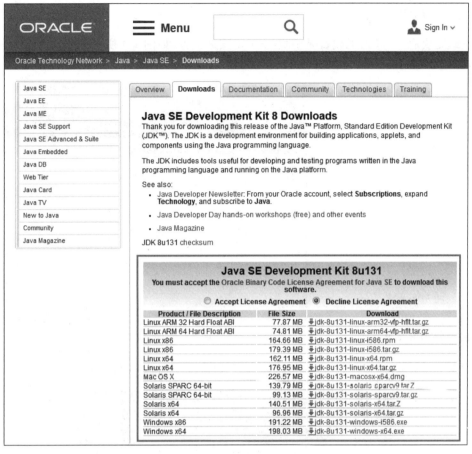

图 7-2　JDK 下载页面

Java SE Development Kit 8u131

You must accept the Oracle Binary Code License Agreement for Java SE to download this software.
Thank you for accepting the Oracle Binary Code License Agreement for Java SE; you may now download this software.

Product / File Description	File Size	Download
Linux ARM 32 Hard Float ABI	77.87 MB	⬇jdk-8u131-linux-arm32-vfp-hflt.tar.gz
Linux ARM 64 Hard Float ABI	74.81 MB	⬇jdk-8u131-linux-arm64-vfp-hflt.tar.gz
Linux x86	164.66 MB	⬇jdk-8u131-linux-i586.rpm
Linux x86	179.39 MB	⬇jdk-8u131-linux-i586.tar.gz
Linux x64	162.11 MB	⬇jdk-8u131-linux-x64.rpm
Linux x64	176.95 MB	⬇jdk-8u131-linux-x64.tar.gz
Mac OS X	226.57 MB	⬇jdk-8u131-macosx-x64.dmg
Solaris SPARC 64-bit	139.79 MB	⬇jdk-8u131-solaris-sparcv9.tar.Z
Solaris SPARC 64-bit	99.13 MB	⬇jdk-8u131-solaris-sparcv9.tar.gz
Solaris x64	140.51 MB	⬇jdk-8u131-solaris-x64.tar.Z
Solaris x64	96.96 MB	⬇jdk-8u131-solaris-x64.tar.gz
Windows x86	191.22 MB	⬇jdk-8u131-windows-i586.exe
Windows x64	198.03 MB	⬇jdk-8u131-windows-x64.exe

图 7-3　Accept License Agreement

2．JDK 的安装

下载完成后，可以到下载目录中找到 JDK 安装文件，如图 7-4 所示。

双击 JDK 安装文件，会弹出 JDK 安装向导，如图 7-5 所示。

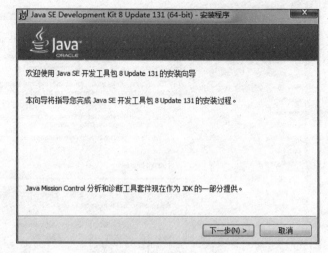

图 7-4　JDK 安装文件　　　　　　　　　　图 7-5　JDK 安装向导

在图 7-5 中单击"下一步"按钮进行安装，可以看到"定制安装"窗口，如图 7-6 所示。

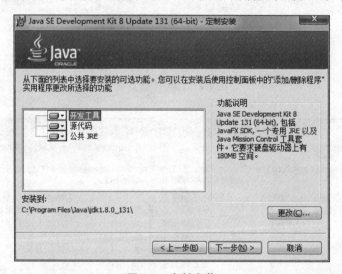

图 7-6　定制安装

在图 7-6 中，可以将安装目录更改到自定义目录（注意避免中文目录），也可以使用默认目录。笔者选择默认的目录，单击"下一步"按钮，可以看到 jre 安装目录的提示，如图 7-7 所示。

在图 7-7 中，单击"下一步"按钮，可以看到 JDK 的安装进度，如图 7-8 所示。

安装完成后，会给出提示框，直接单击"关闭"按钮，提示安装完成，如图 7-9 所示。

安装完成后，我们要测试 JDK 是否安装成功了，测试步骤具体如下。

图 7-7　目标文件夹

图 7-8　JDK 安装进度

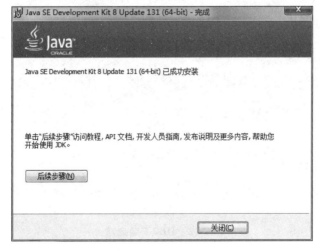

图 7-9　安装完成

① 使用 Win＋R 快捷键,打开"运行"对话框,在对话框中输入 cmd,如图 7-10 所示。

图 7-10　"运行"对话框

② 在图 7-10 中单击"确定"按钮或者直接按回车键,打开 CMD 命令行窗口,如图 7-11 所示。

图 7-11　CMD 命令行窗口

③ 在命令台中输入 java 命令,按回车键,JDK 安装成功的效果如图 7-12 所示。

图 7-12　JDK 安装成功

3．环境变量说明

环境变量用来指定操作系统运行环境的一些参数，如临时文件夹位置和系统文件夹位置等。

环境变量是操作系统中一个具有特定名称的对象，包含了一个或者多个应用程序将使用到的信息。例如 Windows 和 DOS 操作系统中的 Path 环境变量，当用户需要系统运行一个程序而没有标记该程序所在的完整路径时，系统首先在当前目录下寻找此程序；如果没有找到，就会到 Path 指定的路径中去找。

在 JDK 1.8.0 版本之前，需要开发人员在安装 JDK 之后手动配置环境变量；1.8.0 版本的 JDK 安装成功后，系统会自动添加环境变量，无须手动配置。环境变量的查看方法如下。

在桌面的计算机图标上右击，选择"属性"→"高级系统设置"，如图 7-13 所示。

图 7-13　系统属性

单击"环境变量"，可以看到配置环境变量的窗口。在该窗口中可以编辑环境变量，如图 7-14 所示。

双击 Path 变量，可以看到其中"C:\ProgramData\Oracle\Java\javapath"就是自定义添加的 JDK 环境变量。在该对话框中可以编辑系统环境变量，如图 7-15 所示。

7.1.2　Android SDK 的下载和安装

使用 ionic 框架开发 Android App 时，需要 Android SDK Tools 的支持（Android 平台下的安装程序打包和编译都需要 Android SDK Tools），本节将开始介绍 Android SDK 的下载和安装。

图 7-14　环境变量　　　　图 7-15　编辑系统环境变量

1. SDK 安装包的下载

Android 开发工具是由谷歌公司提供的，目前由于国内网络权限原因，很难直接从谷歌官网下载，因此我们的解决方案是从国内的中文社区下载。这里推荐用网址 http://tools.android-studio.org/index.php/sdk 下载 Android SDK 的安装包。访问该网址后，页面效果如图 7-16 所示。

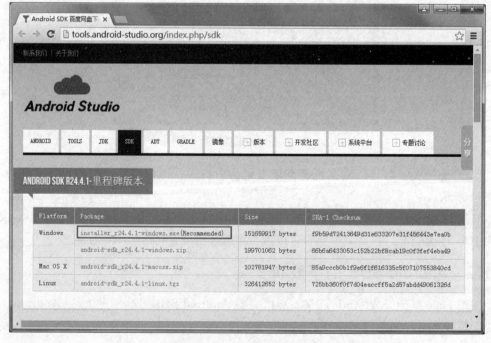

图 7-16　Android 中文社区

图 7-16 中显示了 Windows 系统的 SDK 安装文件(.exe)以及针对不同系统的 SDK 压缩包(.zip)。为了避免使用 Cordova 打包时出现不必要的错误,Windows 用户最好选择下载第一个安装文件。下载完毕的安装文件如图 7-17 所示。

2．Android SDK 的安装

双击 Android SDK 安装文件,会弹出安装向导窗口,如图 7-18 所示。

图 7-17　Android SDK 安装文件　　　　　　图 7-18　Android Studio 安装向导

在图 7-18 中,单击 Next 按钮,安装向导会找到 JDK 的路径,如图 7-19 所示。

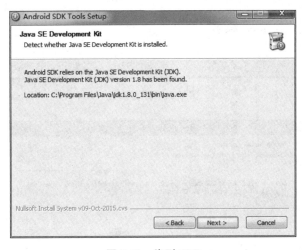

图 7-19　找到 JDK

在图 7-19 中,直接单击 Next 按钮,跳转到选择用户窗口,如图 7-20 所示。

在图 7-20 中选择上面的选项,单击 Next 按钮,可以看到配置 Android SDK 安装路径的窗口,如图 7-21 所示。

在图 7-21 中,读者可以自定义路径或者使用该默认路径(如果 C 盘空间足够,建议使用默认路径安装)。这里笔者选择自定义安装路径(路径中不要有空格),如图 7-22 所示。

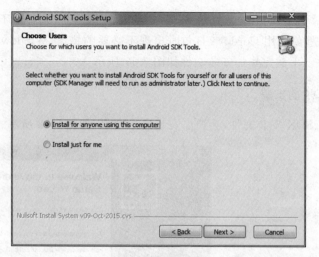

图 7-20　选择用户

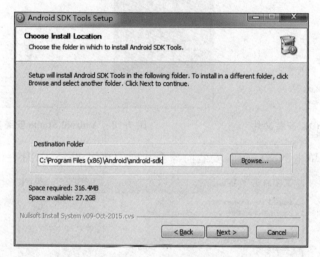

图 7-21　配置路径

图 7-22　自定义安装路径

单击图 7-22 中的 Next 按钮,进入准备安装界面,如图 7-23 所示。

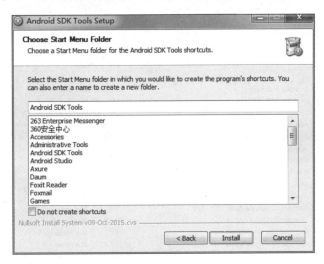

图 7-23 准备安装

在图 7-23 中,单击 Install 按钮开始安装,安装成功的界面如图 7-24 所示。

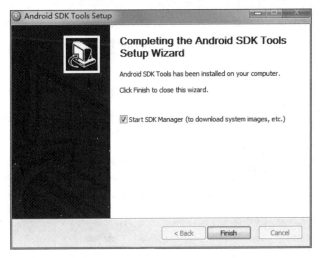

图 7-24 安装成功

在图 7-24 中单击 Finish 按钮,会弹出 Android SDK Manager 管理工具界面,如图 7-25 所示。

在 Android SDK Manager 中可以选择要安装的内容,然后单击 Install packages 按钮即可开始安装。

这里推荐至少需要安装以下几项,才能保证后面顺利地打包项目。

- Tools→Android SDK Tools
- Tools→Android SDK Platform-tools
- Tools→Android SDK Build-tools
- Android 6.0(API 23)→SDK Platform

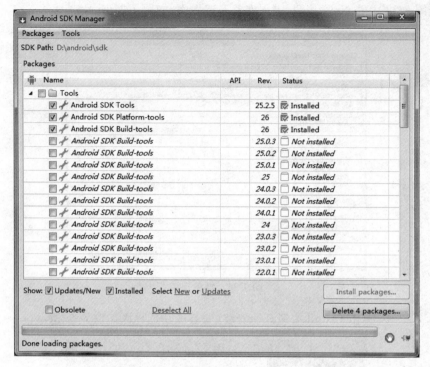

图 7-25　Android SDK Manager 管理工具界面

3．配置环境变量

安装完成后，我们需要为 Android SDK 配置环境变量。首先找到 Android SDK 的安装目录，如图 7-26 所示。

图 7-26　Android SDK 安装目录

在图 7-26 中,重点标注的 build-tools、platform-tools 和 tools 三个目录需要配置到环境变量中。打开"环境变量"窗口,如图 7-27 所示。

图 7-27　"环境变量"窗口

在图 7-27 中,单击"新建"按钮创建系统变量。使用系统变量的目的是防止 Path 环境变量中的路径过长,如图 7-28 所示。

单击"确定"按钮后,在系统变量中找到 Path 环境变量。在 Path 环境变量中添加 Android SDK 的环境变量％ ANDROID_ HOME％ \ tools;％ ANDROID_ HOME％ \ platform-tools;％ANDROID_ HOME％ \ build-tools,多个路径间用";"分隔,如图 7-29 所示。

图 7-28　编辑系统变量

图 7-29　编辑 Path 变量

需要注意的是,系统环境变量是指无论用哪个用户账号登录都能够共享的环境变量。而用户环境变量顾名思义就是,只有当前用户登录后才能使用的环境变量。用户变量只对当前用户有效;系统变量对本机所有用户有效;所以 Path 变量为系统变量时,新建的 ANDROID_HOME 也要是系统变量,如果创建用户变量,那么在系统变量 Path 中引用将不会生效。

环境变量配置完成后,接下来要测试 Android SDK 是否已安装成功。打开 CMD 命令行窗口,在命令行窗口中输入 adb 命令,按回车键。如果命令行窗口展示的信息与图 7-30 一致,那么说明环境变量配置成功了。

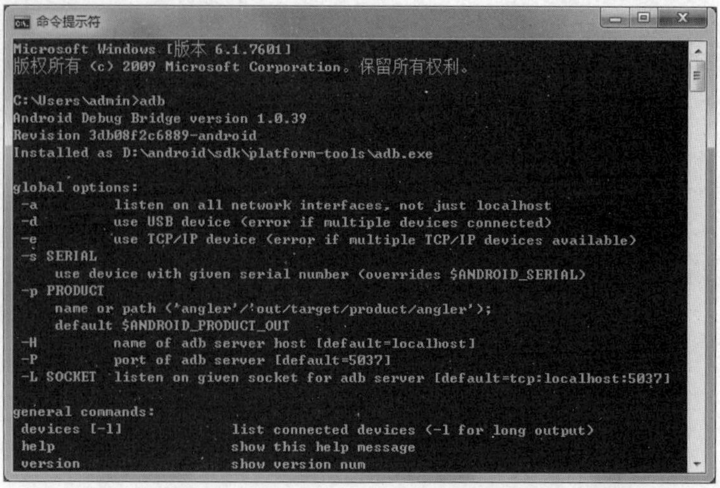

图 7-30　环境变量配置成功

7.2　安装 Node.js

7.2.1　Node.js 和 NPM 简介

　　Node.js 是一个在服务器端可以解析和执行 JavaScript 代码的运行环境,也可以说是一个运行时平台。Node.js 使用 JavaScript 作为开发语言,同时提供了一些功能性的 API,例如文件操作和网络通信 API 等。

　　在混合 App 开发的过程中,使用浏览器调试 ionic 代码时,需要 Node.js 中的 HTTP 服务器的支持,包括响应请求和执行文件修改后动态加载的机制,所以在安装 ionic 之前需要成功地安装 Node.js。

　　NPM 的全称是 Node Package Manager,这里是指 Node.js 的包管理工具,一个在命令行下使用的软件。NPM 提供了一些命令用于快速地安装和管理模块,例如可以使用如下命令安装一个第三方工具包。

```
npm install 包名
```

　　那么,NPM 在 ionic 环境中的具体作用是什么? 当开发人员使用 ionic CLI 生成 ionic 项目后,项目中会包含一个 package.json 文件,该文件用于描述项目中所用到的 Node.js 代码包。NPM 会根据 package.json 中的配置自动下载和安装 Node.js 代码包。需要注意的是,NPM 会在安装 Node.js 的过程中自动被安装,无须单独安装。

7.2.2　Node.js 的下载和安装

1. Node.js 的下载

　　Node.js 的官方网址是 https://nodejs.org,在浏览器中访问该网址可以看到官方网站的首页,如图 7-31 所示。

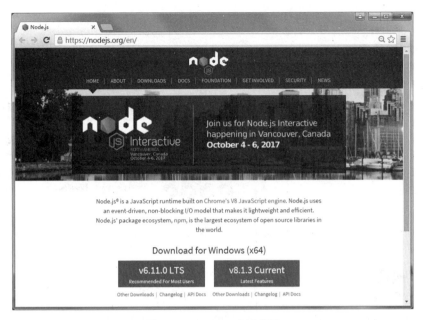

图 7-31　Node.js 官网首页

从图 7-31 中,可以看到两个版本的安装包:v6.11.0 LTS 和 v8.1.3 Current,v8.1.3 Current 代表当前最新版本。目前能够成功安装并运行 ionic 的 Node.js 版本为 v6.x.x 以下版本,无法从官网下载。笔者推荐通过 http://npm.taobao.org/mirrors/node/latest-v5.x/这个地址下载 v5.1.0 的安装包,访问该地址后的页面效果如图 7-32 所示。

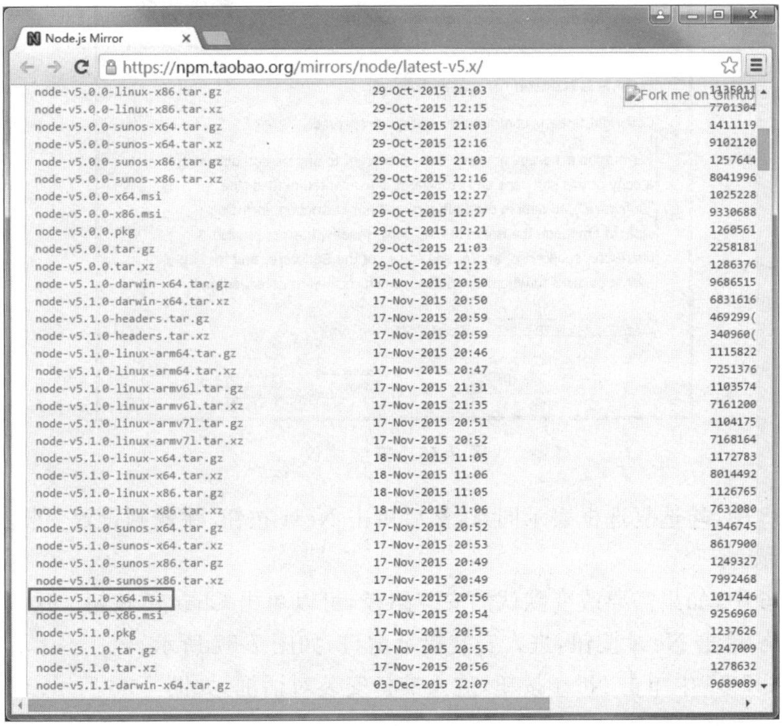

图 7-32　下载页面

下载完成后,到保存文件的目录下找到该文件,如图 7-33 所示。

2. Node.js 的安装

双击 Node.js 安装文件,会弹出安装向导,如图 7-34 所示。

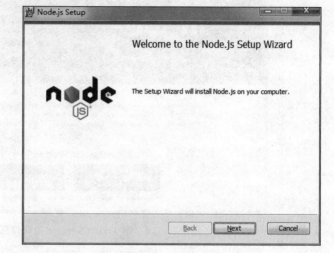

图 7-33 node-v5.1.0-x64.msi 文件   图 7-34 安装向导

单击 Next 按钮,跳转到安装协议窗口,如图 7-35 所示。

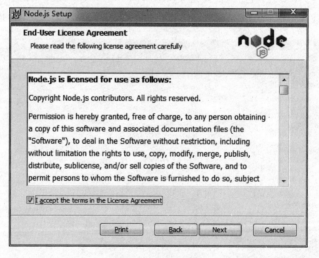

图 7-35 安装协议

在图 7-35 中,勾选复选框表示同意,然后单击 Next 按钮,跳转到设置安装路径的窗口,如图 7-36 所示。

在图 7-36 中,如果需要改变默认的安装路径,可以单击 Change 按钮。这里我们选择默认的安装路径,单击 Next 按钮,进入安装提示窗口,如图 7-37 所示。

直接在图 7-37 中单击 Next 按钮,进入准备安装对话框,如图 7-38 所示。

单击 Install 按钮,开始安装。安装完毕会进入提示窗口,如图 7-39 所示。

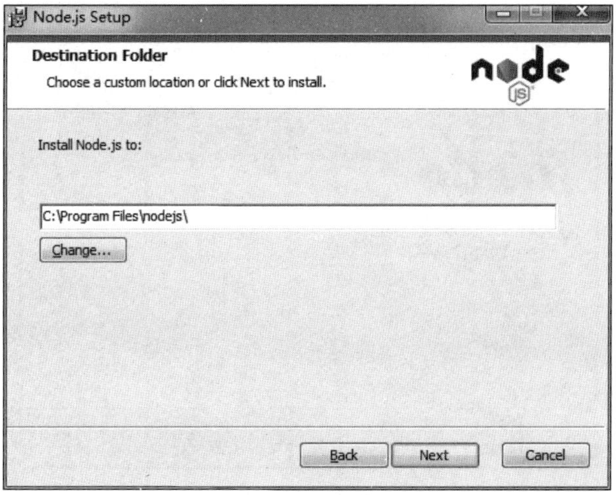

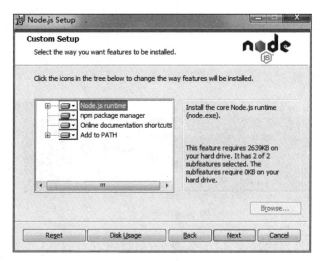

图 7-36　选择安装路径

图 7-37　安装提示窗口

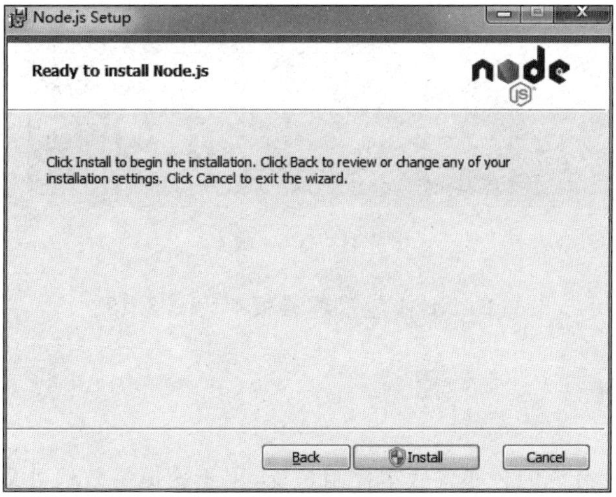

图 7-38　准备安装

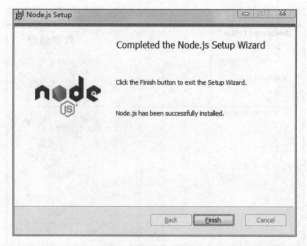

图 7-39 安装完毕

单击 Finish 按钮,安装成功。需要注意的是,Node.js 安装完毕会自动配置好环境变量。

在 CMD 命令行窗口中输入命令 node -v,其中 v 是 version 的简写。按回车键后,如果 Node.js 安装成功,会显示其版本号,如图 7-40 所示。

图 7-40 安装成功

在 CMD 命令行窗口中输入 npm -v 命令,可以查看当前 NPM 包管理器的版本,如图 7-41 所示。

图 7-41 NPM 版本

在图 7-41 中,提示安装好的 NPM 包管理器版本为 3.3.12。

7.3 安装 Git

Git 是一款免费、开源的分布式版本控制系统,用于敏捷高效地处理项目。分布式版本控制系统可以为开发人员带来极大的便利,也能避免多人开发过程中代码丢失的问题。

GitHub 网站就是利用 Git 做版本控制的代码托管平台,目前几乎所有开源的项目都发布在 GitHub 上。ionic 作为开源项目也不例外,因此使用 ionic 框架前需要安装好 Git。这样在使用 ionic CLI 创建项目时,便会自动调用 Git 命令,从 GitHub 上下载最新的 ionic 模板和支持文件到本地目录。

1. Git 的下载

Git 的安装包可以从官方地址 https://git-scm.com/downloads 下载,如图 7-42 所示。

图 7-42　Git 下载地址

从图 7-42 中可以看到,Git 上提供了不同操作系统安装包的下载链接。这里笔者需要下载 Windows 版本,单击 Windows 后,跳转到下载页面,如图 7-43 所示。

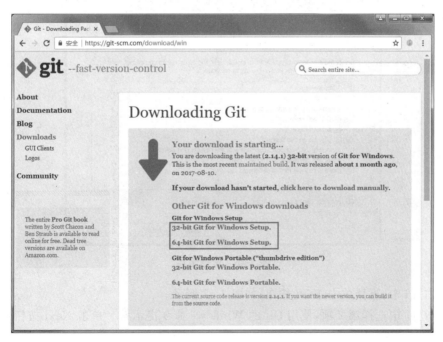

图 7-43　Windows 系统安装包的下载页

从图 7-43 中,可以看到对应 32 位操作系统和 64 位操作系统的安装包下载路径,单击链接即可下载,下载好的安装文件如图 7-44 所示。

2. Git 的安装

双击 Git 安装文件,弹出安装向导,如图 7-45 所示。

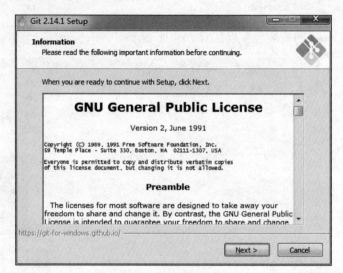

图 7-44   Git 安装文件   图 7-45   Git 安装向导

单击 Next 按钮可以看到选择组件的窗口,如图 7-46 所示。

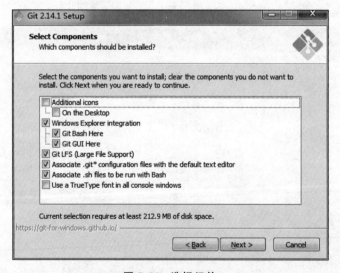

图 7-46   选择组件

在图 7-46 中,直接单击 Next 按钮,如图 7-47 所示。

在图 7-47 中选择第 2 项,使用 Git 的 Windows 命令提示符。单击 Next 按钮进入选择 HTTP 传输端的窗口,如图 7-48 所示。

后面步骤均直接单击 Next 按钮,直到安装完毕。单击 Finish 按钮,如图 7-49 所示。

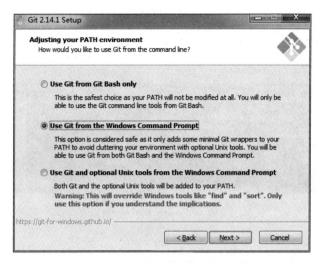

图 7-47　选择使用 Windows 命令提示符

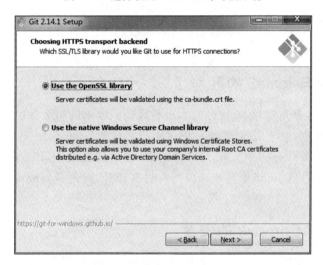

图 7-48　选择 HTTP 传输端

图 7-49　Git 安装完毕

如果按照以上步骤安装，Git 会自动配置好环境变量。打开 CMD 命令行窗口，输入 git --version 命令，测试 Git 是否安装成功。如果 CMD 命令行窗口输出 Git 的版本号，则说明 Git 安装成功，如图 7-50 所示。

图 7-50　Git 安装成功

7.4　安装 ionic 和 Cordova

7.1~7.3 节中的一系列内容都属于系统环境搭建，接下来我们将带领读者开始项目依赖环境的搭建，本节需要安装的是 ionic 和 Cordova。

7.4.1　ionic1 与 ionic2 的区别

在安装 ionic 前，首先要对 ionic 的版本进行说明。本书的第 2 章中提到过 AngularJS1 和 AngularJS2 的区别，两个版本的 ionic 的区别与之类似。ionic2.x 是基于 AngularJS2 重新开发的，因此也需要 TypeScript 语言作为基础，同时还涉及 RxJS、zone.js 等相关技术。与 ionic1 相比，它的性能、可维护性和可扩展性都有提升，但是学习成本相对较高。综合考虑之后，本书使用了 1.7.16 版本的 ionic。

7.4.2　ionic 和 Cordova 的安装

ionic 和 Cordova 的安装不需要去官网下载安装包，而是使用 NPM 命令的方式在 CMD 命令行窗口直接安装。

打开 CMD 命令行窗口，输入如下命令进行安装。

```
npm install ionic@ 1.7.16 cordova@ 6.2.0 -g
```

在上述命令中，指定了 ionic 和对应 Cordova 的版本号；为了避免出现不必要的错误，建议读者不要修改版本号。输入命令后，开始安装，如图 7-51 所示。

图 7-51　开始安装

在 CMD 命令行窗口输入 ionic -v 和 cordova -v 测试是否成功。如果 CMD 命令输出 ionic 和 Cordova 的版本号,说明安装成功,如图 7-52 所示。

图 7-52　安装成功

7.5　本章小结

本章首先讲解了 ionic 开发的系统环境安装,包括 JDK、Android SDK、Node.js 和 Git 的安装。然后讲解了 ionic 项目依赖环境的安装。包括安装 ionic 和 Cordova,并介绍了 ionic1 和 ionic2 的区别。

学习了本章后,要求读者掌握整个 ionic 环境搭建过程中各个软件的安装方法,能够按照教材要求完成 ionic 环境配置,这样才能保证在学习后面章节时顺利地开发和调试项目。

【思考题】

1. 简述 ionic 开发环境需要哪些软件的支持。
2. 简述什么是环境变量。

第 8 章

快速体验ionic项目

前面的章节讲解了配置 ionic 环境的流程。如果读者已经配置好 ionic 的开发环境,本章将带领读者快速体验 ionic 项目,并针对 ionic 的整体目录文件结构以及打包和发布项目的过程进行详细讲解。

【教学导航】

学习目标	1. 掌握如何下载 ionic 项目模板 2. 掌握如何将 ionic 项目打包为 Android APK 3. 掌握 ionic 项目中常用工作目录和重要文件的作用 4. 了解 ionic 项目中其他工作目录和文件的作用 5. 掌握如何定制项目图标和启动页
教学方式	本章内容以理论讲解、案例和过程演示为主
重点知识	1. 下载 ionic 项目模板的方法 2. 将 ionic 项目打包为 Android APK 的方法 3. ionic 项目中常用工作目录和重要文件的作用 4. 定制项目图标和启动页的方法
关键词	Blank app、tabs、sidemenu、Android APK、www、resources、scss

8.1 快速创建 ionic 项目

在进行 ionic 项目开发前,首先需要了解 ionic 项目的开发流程,具体步骤如下。

① 下载官方提供的项目模板。

② 为模板添加平台支持,如 Android、iOS 等。

③ 在项目模板的基础上修改和添加自定义的项目功能。

8.1.1 ionic 的 3 种项目模板

ionic 官网为开发人员提供了 3 种项目模板。

1. blank 模板

该模板的首页为空白的页面,可以通过如下命令创建。

```
ionic start myAppName blank
```

在上述命令中，myAppName 为自定义的项目名称。

创建使用 blank 模板的 ionic 项目后的页面效果如图 8-1 所示。

2．tabs 模板

该模板的首页带有标签页的功能，可以通过如下命令创建。

```
ionic start myAppName tabs
```

在上述命令中，tabs 为指定的模板名称。在 ionic 创建模板的命令中，模板的名称是可选的；如果不指定模板名称，默认项目模板也是 tabs 模板。

创建使用 tabs 模板的 ionic 项目后的页面效果如图 8-2 所示。

3．sidemenu 模板

该模板带有左侧边菜单的效果，可以通过如下命令创建。

```
ionic start myAppName sidemenu
```

创建使用 sidemenu 模板的 ionic 项目后的页面效果如图 8-3 所示。

图 8-1　空白模板　　　　图 8-2　带标签页的模板　　　图 8-3　带左侧边菜单的模板

8.1.2　下载项目模板

ionic 开发环境搭建完成后，可以开始快速创建一个 ionic 项目，具体步骤如下。

① 首先创建一个 chapter08 目录作为存放该项目的位置。打开 chapter08 目录，如图 8-4 所示。

图 8-4　项目目录

② 在图 8-4 的目录下按住 Shift 键,同时右击,可以看到一个菜单列表,在该菜单列表中选择"在此处打开命令行窗口"。用这种方式打开 CMD 命令行窗口时,默认的目录就是当前目录,如图 8-5 所示。

图 8-5　CMD 命令行窗口

③ 在图 8-5 的命令行窗口中,输入命令 ionic start myApp,项目便会下载默认的 tabs 模板,下载过程如图 8-6 所示。

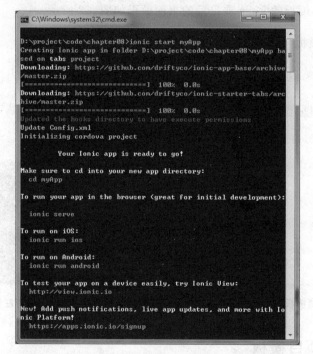

图 8-6　下载 ionic 模板

下载完成后,chapter08 目录下便会出现 myApp 项目文件夹,如图 8-7 所示。

图 8-7　myApp 项目目录

　　打开 myApp 目录,可以看到项目的目录结构,如图 8-8 所示。

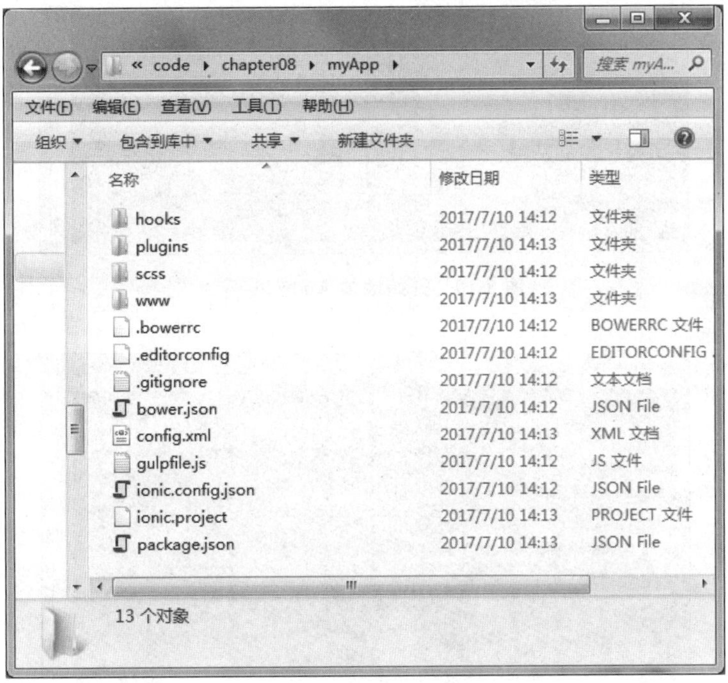

图 8-8　**myApp 目录和文件结构**

　　如果出现图 8-8 所示的效果,则说明 ionic 模板下载成功。

8.1.3　为项目添加 Android 平台支持

　　为项目添加 Android 平台支持需要在项目根目录借助如下命令来完成。

```
ionic platform add android
```

　　需要注意的是,上述命令只运行一次。如果是添加 iOS 平台,只需要将上述命令中的
android 换成 ios。

　　在命令行窗口中进入 chapter08 目录,输入命令 cd myApp,或者参照 8.1.2 节进入目
录的方式,将目录切换到 myApp,如图 8-9 所示。

図 8-9　**myApp 目录**

　　在图 8-9 的 myApp 目录下输入 ionic platform add android 命令后,系统会自动下载所
需要的资源,开始下载的效果如图 8-10 所示。

　　Android 平台添加成功的效果如图 8-11 所示。

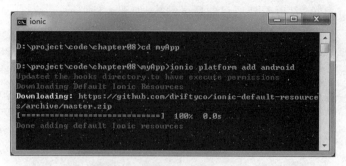

图 8-10　开始添加 Android 平台

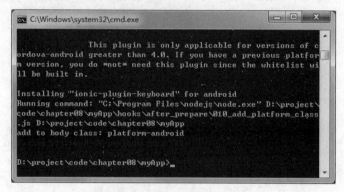

图 8-11　安卓平台添加成功

这时打开 myApp 目录，可以看到添加安卓平台后增加的两个目录：platforms 和 resources，如图 8-12 所示。

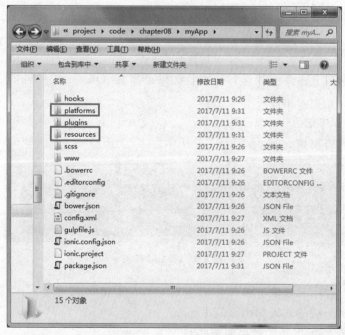

图 8-12　Android 平台目录

8.1.4　打包 Android APK

上一节为项目添加了 Android 平台支持，接下来需要将项目打包为 Android APK。APK 是 Android Package 的缩写，即 Android 安装包。项目打包完成后会生成一个扩展名为 apk 的文件，该文件可以直接上传到 Android 模拟器或 Android 手机中进行安装。

将 ionic 项目打包为 Android APK 只需要在项目的根目录下执行如下命令。

```
ionic build android
```

在 myAPP 目录下打开 CMD 命令行窗口，输入上述命令，开始打包，如图 8-13 所示。

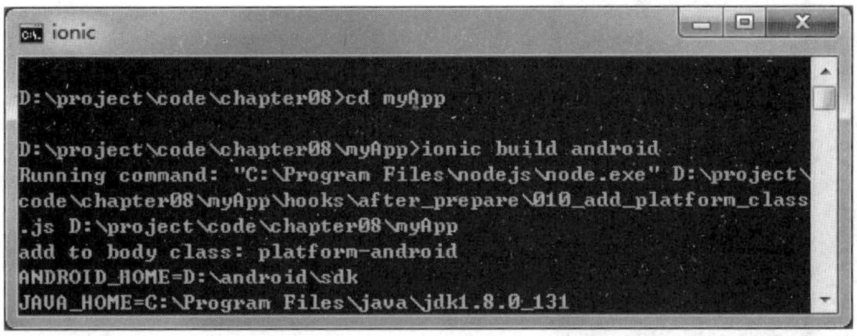

图 8-13　开始打包

打包成功后，会显示生成的 apk 文件所在的目录，如图 8-14 所示。

图 8-14　打包成功

在图 8-14 中，可以看到生成的文件名为 android-debug. apk。在项目目录中找到该文件的位置，如图 8-15 所示。

图 8-15　android-debug. apk 文件的位置

将 android-debug.apk 文件在模拟器或 Android 设备中安装后,可以看到桌面图标,如图 8-16 所示。

启动 myApp 后,首页效果如图 8-17 所示。

图 8-16　桌面图标

图 8-17　首页效果

笔者下载的是 ionic 的 tabs 模板,因此页面的最上面会有标签页。可以通过标签来切换页面,如图 8-18 所示。

图 8-18　切换标签页

注意：如果读者要在 Android 设备上测试，只须将 Android APK 文件传入设备中安装即可。如果使用模拟器测试，现在网络上有很多性能不错的模拟器，读者可以自行搜索下载。

8.2　ionic 项目目录和文件结构

ionic 项目结构中的每个目录和文件都有着不同的作用。在 ionic 项目开发中会有一些比较常用的项目目录和重要的文件，了解这些目录和文件的作用后，项目开发过程会更加容易。本节将针对 ionic 的目录和文件结构进行详细讲解。

8.2.1　常用工作目录和重要文件

1. www 目录

www 目录是 ionic 项目的开发目录，该目录中存放着各种资源文件。页面、样式、脚本和图片等都放在这个目录下，如图 8-19 所示。

在图 8-19 中，各个目录和文件的说明如下。

图 8-19　www 目录

- css：项目的 CSS 样式文件目录，可以在此目录中的样式文件中编写自定义的 CSS 样式，从而改变 ionic 应用程序的默认样式。
- img：项目的图片文件目录。
- js：项目的 JavaScript 脚本文件目录，主要以 AngularJS 文件为主，包含以下三个文件。
  - ♦ app.js：通过控制器和指令加载 AngularJS 文件的主要应用程序文件，通常称为启动文件。
  - ♦ controller.js：可用于任何类型的 JavaScript 文件，可被添加到应用程序的不同部分。
  - ♦ services.js：services.js 包含了通用的数据，数据将运用在程序中。
- lib：用于集中存放项目需要用到的库文件和其他项目资源，例如 AngularJS、CSS、SCSS 等创建的应用程序都能够访问这些库文件和资源，如图 8-20 所示。
  - ♦ angular：在图 8-20 中，angular 目录下引用的 angular.js 文件不一定是最新版本的。一般情况下，不建议修改或更新这些文件，因为版本改变或更新时可能会出现问题。该目录中包含 animate、resource、sanitize 等模块，这些模块随 angular.js 文件一起加载。
  - ♦ angular-ui：该目录为 Angular UI 路由的文件目录。ionic 中不使用 AngularJS 默认的路由，而是使用不同的基于状态 states 的 Angular UI 路由。
- templates：项目的 HTML 模板文件目录，用于放置 AngularJS 模板文件。涉及的应用程序会采用里面的模板，在应用程序的页面展现出来。该目录下可以创建子目录，在子目录中可以添加自己的模板。
- index.html：该文件是应用程序的核心文件，也称为入口文件，它将被 ionic 载入浏

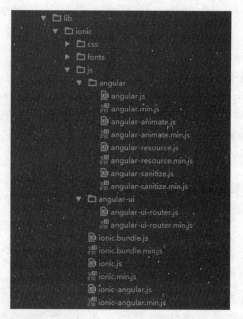

图 8-20　www/lib 目录

览器。index.html 文件的代码如下。

index. html

```
1   <!DOCTYPE html>
2   <html>
3     <head>
4       <meta charset="utf-8">
5       <meta name="viewport" content="initial-scale=1, maximum-scale=1,
                  user-scalable=no, width=device-width">
6       <title></title>
7       <link rel="manifest" href="manifest.json">
8       <!--un-comment this code to enable service worker
9       <script>
10        if ('serviceWorker' in navigator) {
11          navigator.serviceWorker.register('service-worker.js')
12            .then(()=>console.log('service worker installed'))
13            .catch(err=>console.log('Error', err));
14        }
15      </script>-->
16      <link href="lib/ionic/css/ionic.css" rel="stylesheet">
17      <link href="css/style.css" rel="stylesheet">
18      <!--IF using Sass (run gulp sass first), then uncomment below and remove
            the CSS includes above
19      <link href="css/ionic.app.css" rel="stylesheet">
20      -->
21      <!--ionic/angularjs js -->
22      <script src="lib/ionic/js/ionic.bundle.js"></script>
23      <!--cordova script (this will be a 404 during development) -->
24      <script src="cordova.js"></script>
```

```
25      <!--your app's js -->
26      <script src="js/app.js"></script>
27      <script src="js/controllers.js"></script>
28      <script src="js/services.js"></script>
29    </head>
30    <body ng-app="starter">
31      <!--
32        The nav bar that will be updated as we navigate between views.
33      -->
34      <ion-nav-bar class="bar-stable">
35        <ion-nav-back-button>
36        </ion-nav-back-button>
37      </ion-nav-bar>
38      <!--
39        The views will be rendered in the <ion-nav-view>directive below
40        Templates are in the /templates folder (but you could also
41        have templates inline in this html file if you'd like).
42      -->
43      <ion-nav-view></ion-nav-view>
44    </body>
45  </html>
```

在上述代码中,第 16 行引入的 ionic.css 中包含了 ionic CSS 的内容。

第 22 行引入的 ionic.bundle.js 文件中封装了 AngularJS 的内容。

第 30 行将 ng-app 指令绑定在 body 元素上,用于标记 body 元素的子元素都可以识别 AngularJS 代码。

第 34～37 行的<ion-nav-bar>标签用于创建一个顶部工具栏。读者也许不需要使用 这个标签,但它存在于许多应用程序中,并且有时有不同的呈现和版本。

第 43 行的<ion-nav-view>标签用于放置不同的页面内容,通过路由功能来切换。如 果应用程序中使用导航,那么内容就会嵌套在<ion-nav-view>标签中。

- manifest.json:配置文件,用于指定应用的显示名称、图标、应用入口文件地址及需 要使用的设备权限等信息。
- service-worker.js:脚本文件,可以与其他应用程序单独的线程运行,这意味着它可 以在后台执行某些操作。该文件一般不作修改,了解即可。

2. resources 目录

resources 目录用于存放 App 应用中使用的桌面图标 和应用启动闪屏时使用的图片文件,其中针对 Android 和 iOS 平台是分目录存放的,如图 8-21 所示。

读者可以使用自己的资源覆盖这些文件来定制发布 App,一般来说这些图片是使用 Photoshop(图片处理软 件)来制作的。

图 8-21　resources 目录

3. scss 目录

ionic 提供的样式文件是基于 SASS 开发的。SASS 不是一种编程语言,而是一种开发工具,也叫作 CSS 预处理器(CSS Preprocessor)。它的基本思想是,用一种专门的语言进行网页样式设计,然后再编译成正常的 CSS 文件。SASS 提供了许多便利的写法,大大节省了设计人员的时间,使 CSS 的开发变得简单和可维护。SASS 文件就是普通的文本文件,文件后缀名是. scss(意思为 Sassy CSS),文件中可以直接使用 CSS 语法。

如果要在 ionic 项目中使用 SASS 来覆盖 ionic 的默认值,那么就需要在 scss 目录下修改相应的扩展名为 scss 的文件,如图 8-22 所示。

图 8-22   scss 目录

在图 8-22 所示的 ionic. app. scss 文件中,可以添加 SASS 命令、更改目录结构等。需要注意的是,在这些操作之前首先要在项目目录下运行如下命令。

例如在 myApp 项目目录下输入上述命令,如图 8-23 所示。

```
C:\Windows\system32\cmd.exe

D:\project\code\chapter08\myApp>ionic setup sass_
```

图 8-23   CMD 命令行窗口

命令执行成功后,CMD 命令行窗口的输出结果如图 8-24 所示。

```
C:\Windows\system32\cmd.exe
npm
Successful npm install
Updated D:\project\code\chapter08\myApp\www\index.html <link hr
ef> references to sass compiled css

Ionic project ready to use Sass!
 * Customize the app using scss/ionic.app.scss
 * Run ionic serve to start a local dev server and watch/compil
e Sass to CSS

[17:10:56] Using gulpfile D:\project\code\chapter08\myApp\gulpf
ile.js
[17:10:56] Starting 'sass'...
[17:10:57] Finished 'sass' after 1.23 s

Successful sass build
Ionic setup complete

D:\project\code\chapter08\myApp>
```

图 8-24   SASS 支持添加成功

此时,在项目的根目录下会多出一个 node_modules 目录,任何使用 NPM 包管理工具添加的项目依赖都会在该目录下。添加 SASS 的过程会自动调用 NPM,所以会出现该目录,如图 8-25 所示。

4．package.json 文件

package.json 文件常用于 Node.js 项目中,该文件
定义了项目所需的各种模块及项目的配置信息,如名
称、版本、许可等。在 ionic 项目中,package.json 用于
设置 App 应用的相关信息。

图 8-25　node_modules 目录

使用编辑器打开 package.json 文件,可以看到如下
信息。

package.json

```
{
  "name": "myapp",
  "version": "1.1.1",
  "description": "myApp: An Ionic project",
  "devDependencies": {
    "gulp": "^3.5.6",
    "gulp-clean-css": "^3.7.0",
    "gulp-rename": "^1.2.0",
    "gulp-sass": "^3.1.0"
  },
  "cordovaPlugins": [
    "cordova-plugin-device",
    "cordova-plugin-console",
    "cordova-plugin-whitelist",
    "cordova-plugin-splashscreen",
    "cordova-plugin-statusbar",
    "ionic-plugin-keyboard"
  ],
  "cordovaPlatforms": [
    "android"
  ]
}
```

Node.js 和 Gulp 工具可以依据上述文件中描述的项目需求和配置信息来执行操作。
该文件一般不需要修改。

5．config.xml 文件

config.xml 是 Cordova 中的另外一个安装文档。XML 文件具有很强的描述性,相信读
者打开文件阅读时能够理解对应的配置信息。8.3 节中会应用到该文件,所以这里不多
赘述。

8.2.2　其他工作目录和文件

ionic 项目中还有一些极少操作的目录和文件,这里带领读者了解一下其作用。

1. hooks 目录

hooks 目录是伴随 Cordova 的安装自动生成的目录,该目录内有脚本文件,可以定制 Cordova 命令,如图 8-26 所示。

一般情况下,不对该文件夹中的文件进行更改。

2. plugins 目录

plugins 目录用于放置 ionic 扩展文件,该目录中存储了所有 Cordova 插件,这些插件用于调用手机硬件,如图 8-27 所示。

<table>
<tr><td>图 8-26　hooks 目录结构</td><td>图 8-27　plugins 目录结构</td></tr>
</table>

在开发过程中,通常不会主动修改该目录,下载的某些插件会添加到该目录。

3. .bowerrc 文件

Bower 是用于 Web 前端开发的 Node.js 包依赖管理器,该工具主要用来帮助用户轻松安装 CSS、JavaScript、图像等相关包,并管理这些包之间的依赖。

ionic 项目中有时会使用 Bower 安装一些组件,所以会产生 .bowerrc 文件。一般不会对该文件进行修改。

4. .gitignore 文件

使用 Git 时,开发人员通常将需要进行版本控制的文件目录称为一个仓库。每个仓库可以简单理解成一个目录,这个目录中所有的文件都通过 Git 来实现版本管理,同时 Git 会记录并跟踪在该目录中发生的所有更新操作。

使用 Git 和 GitHub 追踪项目时,如果不想特定的目录和文件被上传到 Git 仓库,那么可以使用 .gitignore 文件来指定要忽略的文件。

5. gulpfile.js 文件

Gulp 是前端开发中常用的一种基于流的代码构建工具,它能自动化地完成 HTML、CSS、JavaScript 等文件的测试、检查、合并、压缩、格式化以及浏览器自动刷新、部署文件生成等步骤,在监听文件改动后重复执行这些步骤。

gulpfile.js 是 Gulp 项目的配置文件,在 ionic 项目中提供自动重载浏览器、处理文件等功能。一般不对该文件作改动。

8.3 定制项目图标和启动页

每个 App 都应该有符合自己风格的图标和启动页,本节将为读者讲解如何替换 ionic 项目提供的默认的图标和启动页。

通过 8.2.1 节的学习,读者已了解 ionic 为 Android 和 iOS 平台提供的默认图标和启动页图片都在 resources 目录下。替换图标的步骤如下。

① 删除项目 resources 目录下默认提供的所有图片文件和目录。

② 在 resources 目录下存放两张图片,如图 8-28 所示。

图 8-28　resources 目录下的图片文件

关于图 8-28 中两张图片的介绍如下。

* icon.png:应用图标,要求最小 192×192px,不带圆角,可以是 png、psd、ai 等格式。
* splash.png:启动页图片,要求最小 2208×2208px,中间区域 1200×1200px,可以是 png、psd、ai 等格式。

③ 进入项目根目录,在 CMD 命令行窗口中执行如下命令:

```
ionic resources --icon
ionic resources --splash
```

需要注意的是,该步骤必须在联网的状态下进行。执行上述命令后,会在 resources 目录下生成 android 目录,并在该目录下生成不同分辨率的图片,如图 8-29～图 8-32 所示。

④ 对于第③步需要生成的内容是在 config.xml 文件中配置的。在 config.xml 文件中,<platform>节点中的配置信息用于配置不同平台不同分辨率下的图标和启动页,例如 Android 平台的节点为<platform name="android">,该配置对应的图片都在 resources\android 目录下。本书主要演示 Android 平台的开发效果,因此这里可以删掉<platform name="iOS">节点下的所有内容,这样执行第③步操作时,便只会在 resources 目录下生成 android 目录。

图片生成后为项目打包,重新测试项目,便会看到不同的图标和启动页,如图 8-33 和图 8-34 所示。

图 8-29   生成 android 目录

图 8-30   resources\android

图 8-31   android\icon

图 8-32 android\splash

图 8-33 项目图标

图 8-34 项目启动页

8.4　本章小结

　　本章介绍了 ionic 项目的创建以及 ionic 项目目录和文件结构。读者可以感受到使用 ionic 创建项目与其他 Web 项目有很大的不同,因为 ionic 已经把项目中大部分内容搭建和组织好了,开发人员只需在这个基础上添加内容即可。

　　学完本章后,要求读者掌握创建 ionic 项目的方法、ionic 项目中常用的工作目录和重要文件的作用、定制项目图标和启动页的方法,并且了解其他目录和文件的作用。

【思考题】

1. 如何将 ionic 项目打包为 Android APK?
2. 简述 ionic 项目中 www 目录下的 lib 文件夹的作用。

第 9 章

ionic CSS

ionic CSS 的使用方式与 Bootstrap 十分类似,利用预定义的 CSS 类来声明样式。简单来说就是在页面的某个元素上添加预定义的类名,用来引用框架中定义好的样式。本章将针对 ionic CSS 的使用进行详细讲解。

【教学导航】

学习目标	1. 了解 ionic CSS 布局方式 2. 掌握 ionic CSS 基本布局类的使用 3. 掌握 ionic CSS 颜色和图标类的使用 4. 掌握 ionic CSS 界面组件类的使用 5. 掌握 ionic CSS 栅格系统类的使用
教学方式	本章内容以理论讲解、案例和过程演示为主
重点知识	1. ionic CSS 基本布局类的使用 2. ionic CSS 颜色和图标类的使用 3. ionic CSS 界面组件类的使用 4. ionic CSS 栅格系统类的使用
关键词	.bar、.content、.energized、.icon、.button、.list、.card、.row

9.1　基本布局类样式

ionic CSS 主要提供预定义的 CSS 类,用来帮助读者快速构建适用于手机端的 UI 界面。与 Bootstrap 相比,ionic CSS 十分轻量级,因为其中只提供了基本类型的样式,包括基本布局类样式、颜色和图标类样式、界面组件类样式、栅格系统类样式。本节将为读者介绍 ionic CSS 中提供的基本布局类样式。

9.1.1　手机 App 常用布局方式

手机 App 开发布局时经常使用三段布局的方式,即用户界面被划分为 3 个区域：Header(头部)、Content(内容)和 Footer(底部)。Header 区域总是位于屏幕顶部,Footer 区域总是位于屏幕底部,而 Content 区域占据剩余的空间,如图 9-1 所示。

微信采用的就是典型的三段布局,如图 9-2 所示。

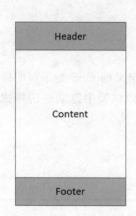

图 9-1　三段布局方式

图 9-2　微信的三段布局

在图 9-2 中,最上面的"发现"属于 Header 区域,"朋友圈""小程序"等属于 Content 区域,最下方的标签"微信""通讯录"等属于 Footer 区域。

在 ionic 中,针对布局中不同的区域可以使用以下 CSS 类来声明。

- 声明 Header 区域:.bar、.bar-header
- 声明 Content 区域:.content、.scroll-content
- 声明 Footer 区域:.bar、.bar-footer

后面的小节将详细介绍上述 ionic 布局样式的使用。

9.1.2　定高条块

在 ionic CSS 中,.bar 类用于将元素声明为屏幕上绝对定位的块状区域,具有固定的高度(44px),基本格式如下。

```
<any class="bar">...</any>
```

在上述代码中,any 代表任意 HTML 元素,.bar 类通常与 div 元素搭配使用。

1. 定高条块的位置和配色

在提供定高条块的同时,ionic 也提供了一些类用于设置定高条块的位置和定义条块的颜色,如表 9-1 和表 9-2 所示。

表 9-1 和表 9-2 中的这些类都是.bar 的同级样式,同级样式需要与.bar 引用在同一元素上,基本格式如下。

```
<any class="bar bar-header bar-light">...</any>
```

表 9-1　条块位置相关类

类　名	描　述	类　名	描　述
. bar-header	用于将定高条块置顶	. bar-footer	用于将定高条块置底
. bar-subheader	用于将定高条块在 header 之下置顶	. bar-subfooter	用于将定高条块在 footer 之上置底

表 9-2　条块颜色相关类

类　名	描　述	类　名	描　述
. bar-light	. bar 配色方案为 light	. bar-energized	. bar 配色方案为 energized
. bar-stable	. bar 配色方案为 stable	. bar-assertive	. bar 配色方案为 assertive
. bar-positive	. bar 配色方案为 positive	. bar-royal	. bar 配色方案为 royal
. bar-calm	. bar 配色方案为 calm	. bar-dark	. bar 配色方案为 dark
. bar-balanced	. bar 配色方案为 balanced		

　　为了读者有更好的理解，接下来通过一个案例来演示定高条块的基本使用，步骤如下。

　　① 创建 chapter09 目录，将第 8 章下载的 ionic 项目中的 chapter08\myApp\www\lib 目录整体复制到 chapter09 目录下。

　　② 在 chapter09 目录下创建文件 demo9-1. html，使用 ionic CSS 只需在页面引入 lib/ionic/css/ionic. css 文件。demo9-1. html 的完整代码如下。

demo9-1. html

```
1    <!DOCTYPE html>
2    <html>
3      <head>
4        <meta charset="utf-8">
5        <meta name="viewport" content="initial-scale=1, maximum-scale=1,
         user-scalable=no, width=device-width">
6        <title>.bar 的位置和配色</title>
7        <link href="lib/ionic/css/ionic.css" rel="stylesheet">
8      </head>
9      <body >
10       <div class="bar bar-header bar-positive">
11         这里是头部
12       </div>
13       <div class="bar bar-subheader bar-stable">
14         这里是副标题
15       </div>
16       <!--添加内容的位置-->
17       <div class="bar bar-footer bar-positive">
18         这里是底部
19       </div>
20     </body>
21   </html>
```

在上述代码中,第 10~19 行在 div 元素上引用.bar 类定义了 3 个定高条块,分别用于划分头部、副标题和底部区域。第 16 行是添加内容区域的位置,该案例没有添加内容区域,因此这里使用一行注释作为标记。

打开 Chrome 浏览器访问 demo9-1.html,在开发人员工具的移动设备调试模式下,页面效果如图 9-3 所示。

图 9-3　demo9-1.html 页面效果

从图 9-3 中可以看出,引入预定义样式后,头部、副标题和底部 3 个区域都显示了固定的位置和预定义的颜色。

2. 为定高条块嵌入子元素

.bar 类有 3 个下级样式类名,用来为定高条块嵌入标题文字、按钮、工具栏,其样式是预定义的,如表 9-3 所示。

表 9-3　.bar 子元素

类　名	描　述
.title	用于定义标题文字的样式,通常与 h1 元素搭配使用
.button	用于定义按钮的样式,通常与 button 或 a 元素搭配使用。需要注意的是,按钮将使用 .bar 的配色方案
.button-bar	用于定义包含一组按钮的工具栏的样式,通常与 div 元素搭配使用

.bar 类的下级样式不能与.bar 类在同一元素上引用,而是引用在该元素的下级元素上。为了读者有更好的理解,接下来通过一个案例来演示如何为定高条块嵌入子元素,

demo9-2.html 文件的代码如下。

demo9-2.html

```
1   <!DOCTYPE html>
2   <html>
3     <head>
4       <meta charset="utf-8">
5       <meta name="viewport" content="initial-scale=1, maximum-scale=1,
        user-scalable=no, width=device-width">
6       <title>.bar 嵌入子元素</title>
7       <link href="lib/ionic/css/ionic.css" rel="stylesheet">
8     </head>
9     <body>
10      <div class="bar bar-header bar-positive">
11        <h1 class="title">新闻</h1>
12        <a class="button">搜索</a>
13      </div>
14      <div class="bar bar-subheader bar-stable">
15        <div class="button-bar">体育</div>
16        <div class="button-bar">娱乐</div>
17        <div class="button-bar">国内</div>
18        <div class="button-bar">国际</div>
19        <div class="button-bar">热点</div>
20      </div>
21      <!--添加内容的位置-->
22      <div class="bar bar-footer bar-positive">
23        <div class="button-bar">新闻</div>
24        <div class="button-bar">推荐</div>
25        <div class="button-bar">视频</div>
26        <div class="button-bar">图片</div>
27        <div class="button-bar">我</div>
28      </div>
29    </body>
30  </html>
```

在上述代码中,应用了.bar 的下级样式.title、.button 和.button-bar,为 3 个定高条块添加了内容。使用 Chrome 浏览器访问 demo9-2.html,页面效果如图 9-4 所示。

3. 为定高条块嵌入 input 元素

在移动 App 开发中,有时需要在页面头部嵌入 input 元素作为搜索栏,例如某外卖 App首页如图 9-5 所示。

在图 9-5 中,搜索栏的实现步骤是:

① 在应用了.bar 的元素上应用.item-input-inset 样式。

② 将 input 包裹在应用.item-input-wrapper 样式的元素内。

为了读者有更好的理解,接下来通过一个案例来演示在定高条块中嵌入 input 元素的效果,demo9-3.html 文件的代码如下。

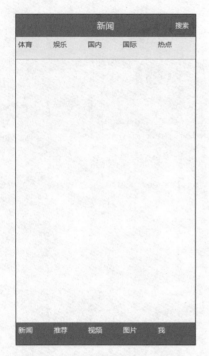

图 9-4   demo9-2. html 页面效果

图 9-5   搜索栏

demo9-3. html

```
1    <!DOCTYPE html>
2    <html>
3    <head lang="en">
4        <meta charset="UTF-8">
5        <meta name="viewport" content="initial-scale=1, maximum-scale=1,
                    user-scalable=no, width=device-width">
6        <title>.bar 嵌入 input 元素</title>
7        <link href="lib/ionic/css/ionic.css" rel="stylesheet">
8    </head>
9    <body>
10   <div class="bar bar-header bar-energized item-input-inset">
11       <label class="item-input-wrapper">
12           <input type="text" placeholder="输入用户名搜索">
13       </label>
14   </div>
15   </body>
16   </html>
```

在上述代码中，. item-input-inset 与. bar 为同级样式，应用在同一元素上；. item-input-wrapper 应用在. bar 的下一级元素上。访问 demo9-3. html 后，整个页面头部的效果如图 9-6 所示。

在图 9-6 中可以看到，页面头部成功嵌入了一个 input 元素作为页面的搜索栏。

输入用户名搜索

图 9-6   页面头部效果

9.1.3 内容区域

前文中讲解了.bar 类的使用,通过使用.bar 类定义定高条块,可以完成页面中 Header 和 Footer 区域的布局。接下来为读者介绍如何使用内容容器样式来做内容区域的布局。

ionic 中预定义了了两个内容容器样式。

- .scroll-content：绝对定位,内容元素占满整个屏幕。
- .content：相对定位(流式定位),内容元素在文档流中按顺序定位。

应用上述两个样式中的任意一个,都可以通过一些类进一步确定内容位置及范围。常用的内容位置相关类如表 9-4 所示。

表 9-4 内容位置相关类

类　名	描　述
.has-header	避免容器内容被.bar-header 声明的区域覆盖,相当于为元素设置样式 top:44px
.has-subheader	避免容器内容被.bar-subheader 声明的区域覆盖,相当于为元素设置样式 top:88px
.has-footer	避免容器内容被.bar-footer 声明的区域覆盖,相当于为元素设置样式 bottom:44px
.has-subfooter	避免容器内容被.bar-subfooter 声明的区域覆盖,相当于为元素设置样式 bottom:88px

为了读者有更好的理解,首先为读者演示.scroll-content 类和.has-header 类结合使用的页面效果,demo9-4.html 文件的代码如下。

demo9-4.html

```
1  <!DOCTYPE html>
2  <html>
3  <head lang="en">
4      <meta charset="UTF-8">
5      <meta name="viewport" content="initial-scale=1, maximum-scale=1,
                  user-scalable=no, width=device-width">
6      <title>.scroll-content 和.has-header</title>
7      <link href="lib/ionic/css/ionic.css" rel="stylesheet">
8  </head>
9  <body>
10 <div class="bar bar-header energized-bg">
11   <h2>bar ,bar-header</h2>
12 </div>
13 <div class="scroll-content calm-bg">
14     <h2>content</h2>
15 </div>
16 <div class="bar bar-footer energized-bg">
17     <h2 class="nav-bar-tabs-top">bar ,bar-footer</h2>
18 </div>
19 </body>
20 </html>
```

在上述代码中，第 13 行使用.scroll-content 类声明了一个绝对定位并且满屏的内容区域，在该区域中使用<h2>标签定义了一个标题 content，以.*-bg 结尾的类用于设置元素的背景色。

使用 Chrome 浏览器访问 demo9-4.html，页面效果如图 9-7 所示。

在图 9-7 中，已经出现了充满整个屏幕的内容区域，但是标题 content 没有显示出来，这是由于 ionic 底层将引用.scroll-content 类的元素的宽高都设置为 auto，标题 content 被 Header 区域覆盖了。Header 区域的高度为 44px，所以在 demo9-4.html 的第 13 行代码的 class 属性中添加.has-header 类（top:44px），标题 content 便可以正确显示，页面效果如图 9-8 所示。

图 9-7   demo9-4.html 页面效果

图 9-8   添加.has-header 后的页面效果

.content 类与.scroll-content 类不仅仅是定义相对定位和绝对定位的区别，在 ionic 底层，.content 类中只定义了相对定位样式，没有设置元素高度，所以引用该类的元素需要自定义元素高度。

接下来通过一个案例来演示.content 类和.has-subleader 类的用法，如 demo9-5.html 所示。

demo9-5.html

```
1    <!DOCTYPE html>
2    <html>
3    <head lang="en">
4        <meta charset="UTF-8">
5        <meta name="viewport" content="initial-scale=1, maximum-scale=1,
                 user-scalable=no, width=device-width">
6        <title>.content 和.has-subheader</title>
7        <link href="lib/ionic/css/ionic.css" rel="stylesheet">
8    </head>
9    <body>
```

```
10    <div class="bar bar-header energized-bg">
11      <h2>bar ,bar-header</h2>
12    </div>
13    <div class="bar bar-subheader positive-bg">
14       <h3>bar ,bar-subheader</h3>
15    </div>
16    <div style="height: 130px" class="content calm-bg has-subheader">
17       <h2>content</h2>
18    </div>
19    <div class="bar bar-subfooter positive-bg">
20       <h3>bar ,bar-subfooter</h3>
21    </div>
22    <div class="bar bar-footer energized-bg">
23       <h2 class="nav-bar-tabs-top">bar ,bar-footer</h2>
24    </div>
25    </body>
26    </html>
```

在上述代码中,第 16 行设置了内容区域的固定高度,然后引用.content 类设置相对定位,引用.has-subheader(top:88px)类避免该区域被覆盖。

使用 Chrome 浏览器访问 demo9-5.html,页面效果如图 9-9 所示。

图 9-9 中显示内容的区域高度不足 130px,这是由于 ionic 中 body 元素的默认高度与内容区域的高度相同,body 元素作为外层盒子被设置了"overflow: hidden;";所以当内容区域引用.has-subhearder 类后,该区域向下移动 88px,显示了标题 content,使用时需要注意这一点。

图 9-9　demo9-5.html 页面效果

9.2　颜色和图标类样式

使用 ionic 开发时,可以应用自定义的颜色和图标,同时 ionic 中也为读者提供了预定义的配色方案和图标集。本节将针对 ionic 的颜色和图标类样式进行详细的介绍。

9.2.1　颜色

在 ionic 提供的配色方案中,每个配色方案的类名代表一种风格,而不是代表具体的颜色值;例如.positive 中的 positive 可以翻译为"积极的",该配色方案对应的颜色就是代表"积极向上"的颜色(类似深蓝色)。

ionic 中提供了 9 种配色方案,用于设置元素的前景色,如表 9-5 所示。

表 9-5   ionic 配色方案

类 名	描 述	类 名	描 述
.light	应用配色方案 light	.energized	应用配色方案 energized
.stable	应用配色方案 stable	.assertive	应用配色方案 assertive
.positive	应用配色方案 positive	.royal	应用配色方案 royal
.calm	应用配色方案 calm	.dark	应用配色方案 dark
.balanced	应用配色方案 balanced		

ionic 开发中的任何元素都可以使用这些配色方案,基本格式如下。

```
<any class="positive">...</any>
```

以.positive 为例,在 ionic 源码中,关于颜色的设置如下。

```
.positive, a.positive {
    color: #387ef5;
}
.positive-bg {
    background-color: #387ef5;
}
.positive-border {
    border-color: #0c60ee;
}
```

在上述源码中,为配色方案 positive 添加后缀-bg 来设置元素的背景色,添加后缀
-border来设置元素的边框颜色。需要注意的是,背景色的颜色值与配色方案一致,都是
♯387ef5,而边框的颜色值与配色方案不同。

在 ionic 配色方案中前景色与背景色的颜色值相同,但是边框的颜色值与二者不同,因
此接下来通过一个案例来演示前景色和边框的颜色效果,如 demo9-6. html 所示。

demo9-6. html

```
1    <!DOCTYPE html>
2    <html>
3    <head lang="en">
4        <meta charset="UTF-8">
5        <meta name="viewport" content="initial-scale=1, maximum-scale=1,
                    user-scalable=no, width=device-width">
6        <title>ionic 颜色</title>
7            <link href="lib/ionic/css/ionic.css" rel="stylesheet">
8    </head>
9    <body>
10   <ul>
11       <li class="item light light-border dark-bg">
12           light
13       </li>
```

```
14          <li class="item stable stable-border dark-bg">
15              stable
16          </li>
17          <li class="item positive positive-border">
18              positive
19          </li>
20          <li class="item calm calm-border"> .
21              calm
22          </li>
23          <li class="item balanced balanced-border">
24              balanced
25          </li>
26          <li class="item energized energized-border">
27              energized
28          </li>
29          <li class="item assertive assertive-border">
30              assertive
31          </li>
32          <li class="item royal royal-border">
33              royal
34          </li>
35          <li class="item dark dark-border">
36              dark
37          </li>
38  </ul>
39  </body>
40  </html>
```

　　在上述代码中,由于.light 和.stable 类样式都为白色,为了能看到文字的颜色效果,我们为列表的前两个 li 元素添加了.dark-bg 类,设置背景色为黑色,而其他 li 元素没有设置背景色。值得一提的是,li 元素上引用的.item 类用于定义 ionic 列表项,在后文中会讲解到。

　　使用 Chrome 浏览器访问 demo9-6.html,页面效果如图 9-10 所示。

9.2.2　图标

　　在移动 App 开发中,经常应用到各种图标,为此 ionic 提供了 ionicons 图标样式库。ionicons 采用 TrueType 字体实现图标样式,有超过 500 个图标可供选择。

　　ionic 中可以在任意 HTML 元素上定义图标,步骤如下。

　　① .icon:将元素声明为图标。

　　② .ion-{icon-name}:声明要使用的具体图标样式。例如声明搜索图标的基本格式如下。

图 9-10　demo9-6.html 页面效果

```
<any class="icon ion-search"></any>
```

官方提供的 ionic 图标集可以通过访问网址 http://ionicons.com/来查找。单击某个图标后,会显示具体图标需要添加的类名,如图 9-11 所示。

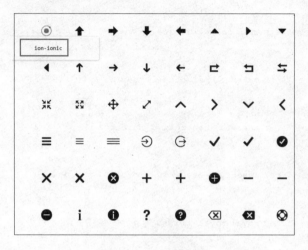

图 9-11　ionic 图标集

为了读者有更好的理解,接下来通过一个案例来演示 ionic 图标的使用效果,如 demo9-7.html 所示。

demo9-7.html

```
1   <!DOCTYPE html>
2   <html>
3   <head lang="en">
4       <meta charset="UTF-8">
5       <meta name="viewport" content="initial-scale=1, maximum-scale=1,
                 user-scalable=no, width=device-width">
6       <title>ionic 图标</title>
7       <link href="lib/ionic/css/ionic.css" rel="stylesheet">
8   </head>
9   <body>
10  <div class="bar bar-header bar-energized item-input-inset">
11      <label class="item-input-wrapper">
12          <i class="icon ion-search" style="font-size: 20px"></i>
13          <input type="text" placeholder="输入用户名搜索">
14      </label>
15  </div>
16  </body>
17  </html>
```

在上述代码中,第 11~15 行定义了一个 Header 区域;第 12 行添加了搜索图标;第 13 行添加了搜索框,访问页面后图标会显示在搜索框内文字的前面。使用 Chrome 浏览器访问 demo9-7.html,页面效果如图 9-12 所示。

图 9-12　demo9-7.html 页面效果

9.3　界面组件类样式

ionic CSS 中提供了常用的界面组件类样式,包括按钮、列表、表单输入、选项卡等组件的样式。本节针对这些界面组件类样式进行详细的介绍。

9.3.1　按钮

按钮是移动 App 不可或缺的一部分,ionic 中使用 .button 定义按钮元素,通常与 button 或 a 元素搭配使用,基本格式如下。

```
<any class="button">...</any>
```

本书的 9.1.2 节中应用上述方式将按钮嵌入定高条块中。默认情况下,按钮的显示样式为 display:inline-block,按钮的宽度是随着按钮文字的宽度自动增长的。

不同风格的 App 需要不同样式的按钮,主要体现在按钮的配色、按钮的大小、边框样式等上。

1. 按钮的配色

ionic 支持为按钮定义不同的颜色,方法是在按钮元素上添加对应的 button-{color} 使按钮获得相应的背景色,基本格式如下。

```
<any class="button button-{color}">...</any>
```

在上述代码中,color 对应 ionic 的 9 种颜色,包括 light、stable、positive、calm、balanced、energized、assertive、royal、dark。需要注意的是,为了显示按钮的文字,可将文字配色方案为 light 和 stable 的按钮的前景色设置为黑色,其他按钮的前景色均设置为白色。

接下来通过一个案例为读者演示 ionic 中如何设置不同颜色的按钮样式,如 demo9-8.html 所示。

demo9-8.html

```
1  <!DOCTYPE html>
2  <html>
3  <head lang="en">
4      <meta charset="UTF-8">
5      <meta name="viewport" content="initial-scale=1, maximum-scale=1,
               user-scalable=no, width=device-width">
6      <title>ionic 按钮颜色</title>
7      <link href="lib/ionic/css/ionic.css" rel="stylesheet">
8  </head>
9  <body>
10 <ul>
```

```
11      <li class="item">
12          <a class="button button-light">button-light</a>
13      </li>
14      <li class="item">
15          <a class="button button-stable">button-stable</a>
16      </li>
17      <li class="item">
18          <a class="button button-positive">button-positive</a>
19      </li>
20      <li class="item">
21          <a class="button button-calm">button-calm</a>
22      </li>
23      <li class="item">
24          <a class="button button-balanced ">button-balanced</a>
25      </li>
26      <li class="item">
27          <a class="button button-energized">button-energized</a>
28      </li>
29      <li class="item">
30          <a class="button button-assertive">button-assertive</a>
31      </li>
32      <li class="item">
33          <a class="button button-royal">button-royal</a>
34      </li>
35      <li class="item">
36          <a class="button button-dark">button-dark</a>
37      </li>
38  </ul>
39  </body>
40  </html>
```

使用 Chrome 浏览器访问 demo9-8.html，页面效果如图 9-13 所示。

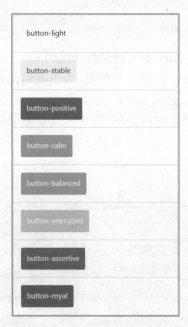

图 9-13   demo9-8.html 页面效果

2．按钮的大小和边框样式

ionic 中提供了用于控制按钮尺寸和占据父元素所有宽度的样式，如表 9-6 所示。

表 9-6　按钮的大小和样式

类　　名	描　　述	
.button-small	定义小尺寸按钮	
.button-large	定义大尺寸按钮	
.button-block	为按钮添加样式：width：100%，它将完全填充父元素的宽度	按钮样式为普通圆角边框
.button-full		按钮样式为直角边框

在表 9-6 中，.button-block 和.button-full 类的显示效果区别不大，主要体现在使用.button-block 类定义的按钮的 4 个角为正常的圆弧状，而使用.button-full 类定义的按钮是直角边框。

为了读者有更好的理解，接下来通过一个案例来演示 ionic 中如何设置按钮的大小和样式，如 demo9-9.html 所示。

demo9-9.html

```
1   <!DOCTYPE html>
2   <html>
3   <head lang="en">
4       <meta charset="UTF-8">
5       <meta name="viewport" content="initial-scale=1, maximum-scale=1, user-
        scalable=no, width=device-width">
6       <title>按钮大小和样式</title>
7       <link href="lib/ionic/css/ionic.css" rel="stylesheet">
8   </head>
9   <body>
10  <ul>
11      <li class="item">
12          <a class="button button-royal button-block">button-block</a>
13      </li>
14      <li class="item">
15          <a class="button button-royal button-full ">button-full</a>
16      </li>
17      <li class="item">
18          <a class="button button-royal button-large">button-large</a>
19      </li>
20      <li class="item">
21          <a class="button button-royal button-small">button-small</a>
22      </li>
23  </ul>
24  </body>
25  </html>
```

在上述代码中，将 4 个按钮的颜色都设置为.button-royal 类，然后使用.button-block、

.button-full、.button-large 和.button-small 类声明了 4 个按钮采用不同的大小和边框样式。使用 Chrome 浏览器访问 demo9-9.html，页面效果如图 9-14 所示。

3. 无背景按钮和无背景无边框按钮

在实际开发中，有时页面不需要突出显示按钮，这时可应用无背景按钮或无背景无边框按钮。无背景按钮通常称为透明按钮，无背景无边框按钮通常称为文本按钮。ionic 中提供的用来定义透明按钮和文本按钮的样式如下。

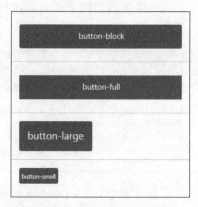

图 9-14   demo9-9.html 页面效果

- .button-outline：用于定义透明按钮，透明按钮无任何填充色。如果为透明按钮设置了背景色，那么该按钮的边框和文本颜色也将使用背景颜色。

- .button-clear：用于定义文本按钮，文本按钮不显示背景和边框。

为使读者有更好的理解，接下来通过一个案例来演示 ionic 中如何定义透明按钮和文本按钮，如 demo9-10.html 所示。

demo9-10.html

```
1   <!DOCTYPE html>
2   <html>
3   <head lang="en">
4       <meta charset="UTF-8">
5       <meta name="viewport" content="initial-scale=1, maximum-scale=1, user-
        scalable=no, width=device-width">
6       <title>ionic 透明按钮和文本按钮</title>
7       <link href="lib/ionic/css/ionic.css" rel="stylesheet">
8   </head>
9   <body>
10      <a class="button button-royal button-outline">button-block</a>
11      <a class="button button-royal button-clear">button-clear</a>
12  </body>
13  </html>
```

图 9-15   demo9-10.html
页面效果

在上述代码中，第 10 行在 a 元素上引用 button-outline 声明了一个透明按钮，第 11 行在 a 元素上引用 button-clear 声明了一个文本按钮。使用 Chrome 浏览器访问 demo9-10.html，页面效果如图 9-15 所示。

4. 按钮栏和图标按钮

在网页开发中，有时需要使用一组按钮，ionic 中提供了.button-bar 类用于声明一个按钮栏，该按钮栏可以作为一组按钮的容器。按钮栏可以在页面的任何位置，基本格式如下。

```
<any class="button-bar">
    <any class="button"></any>
    <any class="button">...</any>
    <any class="button">...</any>
</any>
```

ionic 的按钮元素支持嵌入图标,它需要借助下列两个类控制图标在按钮中的位置:

- .icon-left:将图标置于按钮左侧。
- .icon-right:将图标置于按钮右侧。

接下来通过一个案例来演示按钮栏和图标按钮的用法,如 demo9-11.html 所示。

demo9-11.html

```
1   <!DOCTYPE html>
2   <html>
3   <head lang="en">
4       <meta charset="UTF-8">
5       <meta name="viewport" content="initial-scale=1, maximum-scale=1,
                user-scalable=no, width=device-width">
6       <title>按钮栏和图标按钮</title>
7       <link href="lib/ionic/css/ionic.css" rel="stylesheet">
8   </head>
9   <body>
10  <div class="button-bar">
11      <a class="button button-royal ion-star icon-left">收藏</a>
12      <a class="button button-calm ion-chevron-right icon-right">更多</a>
13  </div>
14  </body>
15  </html>
```

在上述代码中,使用.button-bar 类定义了一个按钮栏,按钮栏中定义了“收藏”和“更多”两个按钮,并且为两个按钮嵌入了图标.ion-star 和.ion-chevron-right。使用.icon-left类将“收藏”按钮的图标定义在左侧,使用.icon-right 类将“更多”按钮的图标定义在右侧。

图 9-16　demo9-11.html 页面效果

使用 Chrome 浏览器访问 demo9-11.html,页面效果如图 9-16 所示。

从图 9-16 中可以看到,在按钮中嵌入的图标被设置为按钮中文本的颜色。

9.3.2　列表

使用 ionic 进行移动 App 开发时,几乎所有的界面都会应用到列表组件,列表中可以包含基本的文字、按钮、开关、图标和缩略图等。

ionic 中定义列表的方式如下。

```
<any class="list">
    <any class="item">...</any>
    <any class="item">...</any>
    <any class="item">...</any>
    <any class="item">...</any>
</any>
```

在上述代码中,使用 .list 类定义了列表容器,使用 .item 类定义了列表成员。在前文讲解颜色和图标的案例中,为了界面美观,几乎都引用了 .item 类。

.list 类有几个同级样式用于列表外观的定制,如表 9-7 所示。

表 9-7　.list 类的同级样式

类　名	描　述	类　名	描　述
.list-borderless	去掉列表边框样式	.card	定义有边距和阴影的列表
.list-inset	定义有边距的列表		

对列表外观的定制化主要集中在使用 .item 类定义的列表项上。在列表项内,可以插入不同样式的文本、徽章、图标、图像(头像、缩略图或大图)、按钮等元素,这些元素的样式要通过 .item 类的同级样式来设置。.item 类的同级样式如表 9-8 所示。

表 9-8　.item 类的同级样式

类　名	描　述
.item-borderless	去掉列表项的边框
.item-{color}	定义列表项配色
.item-divider	定义列表分隔符
.item-button-left	定义列表项内按钮位置——左侧
.item-button-right	定义列表项内按钮位置——右侧
.item-icon-left	定义列表项内图标位置——左侧
.item-icon-right	定义列表项内图标位置——右侧
.item-avatar-left	定义列表项内头像位置——左侧
.item-avatar-right	定义列表项内头像位置——右侧
.item-thumbnail-left	定义列表项内缩略图位置——左侧
.item-thumbnail-right	定义列表项内缩略图位置——右侧
.item-image	定义列表项内图像位置

.item 类的下级样式如表 9-9 所示。

表 9-9　.item 类的下级样式

类　名	描　述	类　名	描　述
.badge	定义徽章	.button	定义按钮
.icon	定义图标		

了解了列表的基本格式和外观定制相关类后,接下来开始为读者介绍如何在列表中嵌入内容,包括嵌入列表分隔符、图标、头像、缩略图和徽章。

1. 嵌入列表分隔符

在 ionic 中,可以使用 div 元素引入 .item-divider 类来创建列表分隔符。默认情况下,列表分隔符与其他列表项以不同的背景颜色和字体加粗的样式来区分,读者也可以使用自定义的样式。

为了读者有更好的理解,接下来通过一个案例来演示列表分隔符的具体使用效果,如demo9-12. html 所示。

demo9-12. html

```
1   <!DOCTYPE html>
2   <html>
3   <head lang="en">
4       <meta charset="UTF-8">
5       <meta name="viewport" content="initial-scale=1, maximum-scale=1,
                        user-scalable=no, width=device-width">
6       <title>列表分隔符</title>
7       <link href="lib/ionic/css/ionic.css" rel="stylesheet">
8   </head>
9   <body>
10  <div class="list">
11      <a class="item" href="#">item</a>
12      <div class="item item-divider" href="#">item-divider</div>
13      <a class="item" href="#">item</a>
14      <a class="item" href="#">item</a>
15      <a class="item" href="#">item</a>
16      <a class="item" href="#">item</a>
17  </div>
18  </body>
19  </html>
```

在上述代码中,第 12 行使用为 div 元素引入. item-divider 的方式定义了一个列表分隔符。使用 Chrome 浏览器访问 demo9-12. html,页面效果如图 9-17 所示。

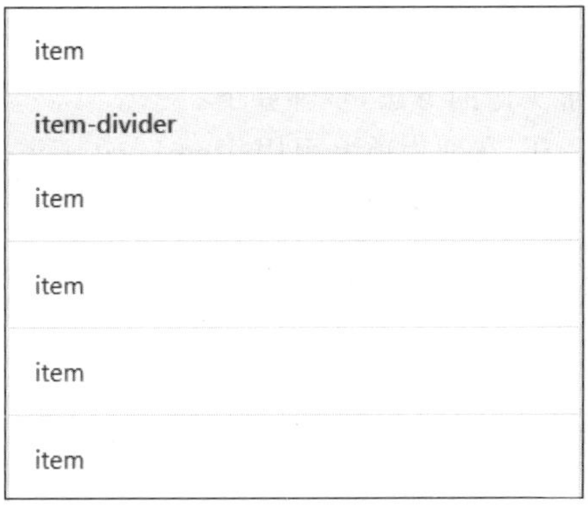

2. 为列表嵌入图标

在列表项内嵌入图标可以让列表看起来更加生动,具体步骤如下。

① 在列表项上声明图标位置。分别使用. item-icon-left 和. item-icon-right 类声明图标位于列表的左侧或右侧。

② 在列表项内嵌入图标。在列表项内使用 HTML 元素引入. icon 类为列表嵌入图标。

接下来通过一个案例来演示在列表中嵌入图标的具体实现方法,如 demo9-13. html 所示。

demo9-13. html

图 9-17　demo9-12. html 页面效果

```
1   <!DOCTYPE html>
2   <html>
```

```
3    <head lang="en">
4        <meta charset="UTF-8">
5        <meta name="viewport" content="initial-scale=1, maximum-scale=1,
                  user-scalable=no, width=device-width">
6        <title>列表中嵌入图标</title>
7        <link href="lib/ionic/css/ionic.css" rel="stylesheet">
8    </head>
9    <body>
10   <div class="list">
11       <a class="item item-icon-left" href="#">
12           <i class="icon ion-android-person-add"></i>
13           添加好友
14       </a>
15       <a class="item item-icon-left" href="#">
16           <i class="icon ion-android-people"></i>
17           群聊
18       </a>
19   </div>
20   </body>
21   </html>
```

在上述代码中,第 11 行和第 15 行代码使用.item-icon-left 类将图标位置定义到列表左侧,然后分别在第 12 行和第 16 行向列表项内部嵌入图标。

使用 Chrome 浏览器访问 demo9-13. html,页面效果如图 9-18 所示。

图 9-18   demo9-13. html 页面效果

3. 为列表嵌入头像

目前很多软件的通讯录列表中都会使用个人头像照片,为此 ionic 提供了为列表项嵌入圆形头像的方法,步骤如下。

① 在列表项上引用.item-avatar 类。

② 为列表项添加 img 子元素,使用 img 子元素引入需要显示的头像照片。

接下来通过一个案例来演示在列表中嵌入头像的具体实现方法,如 demo9-14. html 所示。

demo9-14. html

```
1    <!DOCTYPE html>
2    <html>
3    <head lang="en">
4        <meta charset="UTF-8">
5        <meta name="viewport" content="initial-scale=1, maximum-scale=1,
                  user-scalable=no, width=device-width">
6        <title>为列表嵌入头像</title>
7        <link href="lib/ionic/css/ionic.css" rel="stylesheet">
8    </head>
9    <body>
```

```
10  <div class="list">
11      <a class="item item-icon-left" href="#">
12          <i class="icon ion-android-person-add"></i>
13          添加好友
14      </a>
15      <a class="item item-icon-left" href="#">
16          <i class="icon ion-android-people"></i>
17          群聊
18      </a>
19      <div class="item item-divider" href="#">A</div>
20      <a class="item item-avatar" href="#">
21        <img src="img/demo9-14/abby.jpg">
22          Abby
23      </a>
24      <a class="item item-avatar" href="#">
25          <img src="img/demo9-14/阿珂.jpg">
26          阿珂
27      </a>
28      <div class="item item-divider" href="#">C</div>
29      <a class="item item-avatar" href="#">
30          <img src="img/demo9-14/程咬金.jpg">
31          程咬金
32      </a>
33  </div>
34  </body>
35  </html>
```

在上述代码中,第 20～32 行内容用于定义联系人的头像和姓名。使用 Chrome 浏览器访问 demo9-14. html,页面效果如图 9-19 所示。

图 9-19 demo9-14. html 页面效果

4．为列表嵌入缩略图

ionic 中的缩略图是比头像大的正方形的图片，被定义为 80px 大小。在页面开发中，有时会需要使用带缩略图的列表，通过引用 CSS 类可以定义缩略图显示在列表项中的位置（最左边或最右边）。为列表嵌入缩略图的方式如下。

① 在引用 .item 类的元素上引用 .item-thumbnail-left 或者 .item-thumbnail-right 类来定义图片的位置。

② 为列表项添加 img 子元素，使用 img 子元素来引入需要显示的图片。

接下来通过一个案例来演示在列表中嵌入缩略图的具体实现方法，如 demo9-15.html 所示。

demo9-15.html

```
1   <!DOCTYPE html>
2   <html>
3   <head lang="en">
4       <meta charset="UTF-8">
5       <meta name="viewport" content="initial-scale=1, maximum-scale=1,
                   user-scalable=no, width=device-width">
6       <title>为列表嵌入缩略图</title>
7       <link href="lib/ionic/css/ionic.css" rel="stylesheet">
8   </head>
9   <body>
10  <div class="list">
11      <a class="item item-thumbnail-right" href="#">
12          <img src="img/demo9-15/一条狗的使命.jpg">
13          <h2>《一条狗的使命》</h2>
14          <p>影片以汪星人的视角展现狗狗和人类的微妙情感</p>
15      </a>
16      <a class="item item-thumbnail-right" href="#">
17          <img src="img/demo9-15/蜘蛛侠.jpg">
18          <h2>《蜘蛛侠》</h2>
19          <p>在英雄内战机场大战落幕后，彼得·帕克回归普通的高中生生涯</p>
20      </a>
21  </div>
22  </body>
23  </html>
```

在上述代码中，第 11 行和第 16 行使用 .item-thumbnail-right 类将两个列表项的缩略图位置定义在右侧，然后使用 img 子元素引入两个大图。访问页面后，两个大图将变成缩略图的效果。

使用 Chrome 浏览器访问 demo9-15.html，页面效果如图 9-20 所示。

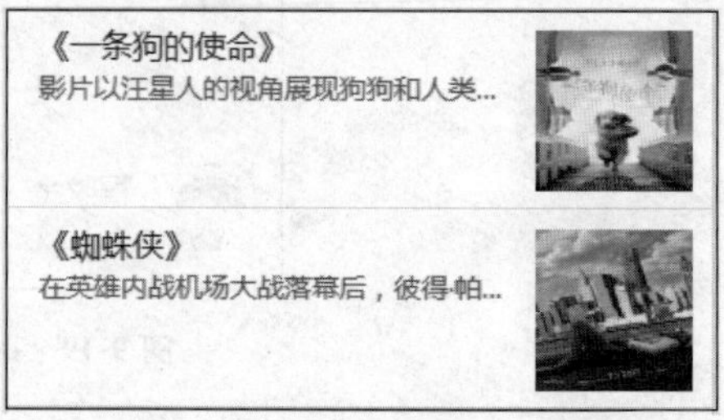

5．在列表内嵌入徽章

在移动页面中，经常在有消息提示的时候使用徽章，例如有新的邮件或者好友消息等。接下

图 9-20　demo9-15.html 页面效果

来通过一个案例来演示徽章的效果,如 demo9-16.html 所示。

demo9-16.html

```
1    <!DOCTYPE html>
2    <html>
3    <head lang="en">
4        <meta charset="UTF-8">
5        <meta name="viewport" content="initial-scale=1, maximum-scale=1,
                    user-scalable=no, width=device-width">
6        <title>徽章</title>
7        <link href="lib/ionic/css/ionic.css" rel="stylesheet">
8    </head>
9    <body>
10   <div class="list">
11       <a class="item item-icon-left" href="#">
12           <i class="icon ion-person-stalker"></i>
13           联系人
14       </a>
15       <a class="item item-icon-left" href="#">
16           <i class="icon ion-email"></i>
17           新消息
18           <span class="badge badge-assertive">5</span>
19       </a>
20   </div>
21   </body>
22   </html>
```

在上述代码中,第 18 行使用 .badge 类为 span 元素添加了徽章的效果。.badge-{color}
用于设置徽章的颜色,其中 color 对应 ionic 的 9
种配色方案,这里将徽章颜色设置为 .badge-
assertive。使用 Chrome 浏览器访问 demo9-16
.html,页面效果如图 9-21 所示。

图 9-21　demo9-16.html 页面效果

9.3.3　卡片

ionic 中使用 .card 类来定义展示内容的卡片,由于其灵活的定制效果,目前在移动页面
中的应用十分广泛。

.card 类的使用方法与列表十分类似,卡片内部需要包含一个引用了 .item 类的子元
素,通过引用 .item-divider 类为卡片添加头部与底部。引用 .card 类会自动为元素添加内边
距和阴影,而与其类似的 .list 和 .list-inset 类不会为元素设置内边距和阴影。

接下来通过一个案例来演示卡片的使用效果,demo9-17.html 文件的代码如下。

demo9-17.html

```
1    <!DOCTYPE html>
2    <html>
3    <head lang="en">
4        <meta charset="UTF-8">
```

```
 5           <meta name="viewport" content="initial-scale=1, maximum-scale=1,
                       user-scalable=no, width=device-width">
 6           <title>卡片</title>
 7           <link href="lib/ionic/css/ionic.css" rel="stylesheet">
 8    </head>
 9    <body>
10    <div class="card">
11        <div class="item item-avatar item-divider">
12            <img src="img/demo9-17/abby.jpg">
13            <h2>一条狗的使命</h2>
14            <p>推荐人-abby</p>
15        </div>
16        <div class="item item-image">
17            <img src="img/demo9-17/一条狗的使命.jpg">
18        </div>
19        <a class="item item-icon-left item-divider" href="#">
20            <i class="icon ion-ios-heart-outline assertive"></i>
21            收藏
22        </a>
23    </div>
24    </body>
25    </html>
```

在上述代码中,第 10 行在 div 元素上引用.card 类定义了一个展示卡。该展示卡中包含 3 个列表项,第 1 个列表项中包含头像和文字;第 2
个列表项中使用.item-image 定义了引入图像的位置,该图像在列表中将会显示大图的效果;第 3 个列表项中包含了图标和文字。使用 Chrome 浏览器访问 demo9-17.html,页面效果如图 9-22 所示。

9.3.4 表单输入

在 ionic 中,各种表单输入组件被定义成不同的 HTML 模板,以便将描述标签和输入元素组合在一起。

ionic 中预定义的表单输入类型如下所示。

* 文本输入框:.item-input
* 复选框:.item-checkbox
* 开关:.item-toggle
* 单选按钮:.item-radio
* 滑动条:.range
* 选择框:.item-select

图 9-22   demo9-17.html 页面效果

上述类型所对应的 CSS 类用于声明相应模板的根元素,接下来一一为读者介绍。

1．文本输入框

在 HTML 模板的根元素上声明 .item-input 样式，该元素便为文本输入框，基本格式如下。

```
<any class="item-input">...</any>
```

在上述代码中，item-input 代表该表单类型为文本输入，不同的输入控件有不同的模板定义。对于多个文本输入框，可以放到一个列表中，让表单更加整齐，基本格式如下。

```
<any class="list">
    <any class="item item-input">...</any>
    <any class="item item-input">...</any>
    ...
```

ionic 中声明的文本输入框按照样式的不同分为三种类型：普通文本输入框、带图标的输入框和堆叠式标签输入框。

① 普通文本输入框。文本输入框通常包含 input 元素和一个描述标签＜span＞，引入样式 .input-label，基本格式如下。

```
<any class="item-input">
    <span class="input-label">...</span>
    <input type="text">
</any>
```

在上述代码中，如果希望获得一种更简洁的效果，可以将描述标签省略，然后使用 input 元素的 placeholder 属性来显示提示信息。

② 带图标的输入框。为了页面更加美观，可以使用图标等占位符来代替描述标签，基本格式如下。

```
<any class="item-input">
    <i class="icon ion-search"></i>
    <input type="text" placeholder="请输入搜索内容">
</any>
```

③ 堆叠标签式输入框。定义文本输入框，有时需要让描述性标签占据单独的一行，这时便需要应用到堆叠式标签。ionic 中使用 .item-stacked-label 样式声明堆叠式标签，基本格式如下。

```
<any class="item-input item-stacked-label">
    <span class="input-label">Email</span>
    <input type="text" placeholder="me@itcast.cn">
</any>
```

接下来通过一个案例来演示以上三种文本输入框的使用方法，如 demo9-18.html 所示。

demo9-18. html

```
1    <!DOCTYPE html>
2    <html>
3    <head lang="en">
4        <meta charset="UTF-8">
5        <meta name="viewport" content="initial-scale=1, maximum-scale=1,
                     user-scalable=no, width=device-width">
6        <title>文本输入框</title>
7        <link href="lib/ionic/css/ionic.css" rel="stylesheet">
8    </head>
9    <body>
10   <ul class="list">
11       <li class="item item-divider" href="#">普通输入框</li>
12       <li class="item item-input">
13           <span class="input-label">用户名</span>
14           <input type="text" placeholder="请输入用户名">
15       </li>
16       <li class="item item-divider" href="#">带图标的输入框</li>
17       <li class="item item-input">
18           <i class="icon ion-search"></i>
19           <input type="text" placeholder="请输入搜索内容">
20       </li>
21       <li class="item item-divider" href="#">堆叠标签式输入框</li>
22       <li class="item item-input item-stacked-label">
23           <span class="input-label">Email</span>
24           <input type="text" placeholder="me@ itcast.cn">
25       </li>
26   </ul>
27   </body>
28   </html>
```

在上述代码中,将三种不同的文本输入框格式嵌入列表中,并使用列表分隔符分隔。使用 Chrome 浏览器访问 demo9-18. html,页面效果如图 9-23 所示。

图 9-23　demo9-18. html 页面效果

2．复选框

ionic 复选框是基于 HTML 的 input[type＝"checkbox"]实现的，与普通的复选框使用效果上相差不大，只是样式上有所不同。ionic 中使用.item-checkbox 类来声明复选框容器，使用.checkbox 类来声明复选框，基本格式如下。

```
<any class="item-checkbox">
    <any class="checkbox">
        <input type="checkbox" class="checkbox-{color}">
    </any>
</any>
```

在上述代码中，.checkbox-{color}类用来指定复选框的颜色，其中 color 对应 ionic 的 9 种配色方案。

3．开关

手机 App 中经常使用开关来设置某项功能的开启和关闭状态。开关的可视部件包括两部分：滑轨（.track）和手柄（.handle），如图 9-24 所示。

ionic 中使用.item-toggle 类来声明开关容器，使用.toggle 类声明开关，基本格式如下。

```
<any class=="item-toggle"
    <any class="toggle toggle-{color}">
        <input type="checkbox">
        <any class="track">
            <any class="handle"></any>
        </any>
    </any>
</any>
```

在上述代码中，引入.toggle 类的元素内部需要包含一个 checkbox 复选框，这样当开关打开时，checkbox 将会被设置为 checked。使用.toggle-{color}类可以改变滑轨的背景色。

4．单选按钮

ionic 单选按钮是基于 HTML 的 input[type＝"radio"]实现的。单选按钮的可视部件包括两部分：选中图标（.radio-icon）和描述内容（.item-content），读者可以在引用.item-content 类的元素中添加文字，如图 9-25 所示。

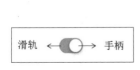

图 9-24　开关结构

图 9-25　单选按钮结构

ionic 中使用.item-radio 来声明单选按钮容器，基本格式如下。

```
<any class="item-radio">
    <input name="{group-name}" type="radio">
    <any class="item-content">...</any>
    <any class="radio-icon ion-checkmark"></any>
</any>
```

在上述代码中，当单选按钮被选中时，radio 控件被设置为 checked，同时会显示选中图标。

单选按钮通常不单独使用，而是在一个列表中组合使用，结构如下。

```
<any class="list">
    <any class="item item-radio">...</any>
    <any class="item item-radio">...</any>
    ...
</any>
```

需要注意的是，radio 控件的 name 属性值决定了单选按钮的分组，所以对于互斥的选择项，必须将它们的 name 属性值设置为相同的名称。

为了读者有更好的理解，接下来通过一个案例来演示 ionic CSS 中的复选框、开关和单选按钮的用法，如 demo9-19. html 所示。

demo9-19. html

```
1   <!DOCTYPE html>
2   <html>
3   <head lang="en">
4       <meta charset="UTF-8">
5       <meta name="viewport" content="initial-scale=1, maximum-scale=1,
                   user-scalable=no, width=device-width">
6       <title>复选框、开关、单选按钮</title>
7       <link href="lib/ionic/css/ionic.css" rel="stylesheet">
8   </head>
9   <body>
10  <ul class="list">
11      <li class="item item-divider royal-bg" href="#">复选框</li>
12      <li class="item item-checkbox">
13          <label class="checkbox ">
14              <input type="checkbox" checked>
15          </label>
16          铃声
17      </li>
18      <li class="item item-checkbox">
19          <label class="checkbox">
20              <input type="checkbox">
21          </label>
22          振动
23      </li>
24      <li class="item item-divider royal-bg">开关</li>
```

```
25      <li class="item item-toggle">
26          通知
27          <label class="toggle toggle-positive">
28              <input type="checkbox" checked>
29              <div class="track">
30                  <div class="handle"></div>
31              </div>
32          </label>
33      </li>
34      <li class="item item-divider royal-bg">单选按钮</li>
35      <li class="item item-radio">
36          <input type="radio" name="sex"  checked>
37          <div class="radio-content">
38              <div class="item-content">
39                  女
40              </div>
41              <i class="radio-icon ion-checkmark"></i>
42          </div>
43      </li>
44      <li class="item item-radio">
45          <input type="radio" name="sex">
46          <div class="radio-content">
47              <div class="item-content">
48                  男
49              </div>
50              <i class="radio-icon ion-checkmark"></i>
51          </div>
52      </li>
53  </ul>
54  </body>
55  </html>
```

在上述代码中,声明了复选框、开关和单选按钮,并且将它们放入列表中,使用列表分隔符做了标记;其中,第14、28和36行的checked属性用于设置三个表单控件的默认选中效果。值得一提的是,两个互斥的单选按钮的name值是相同的。

使用Chrome浏览器访问demo9-19.html,页面效果如图9-26所示。

从图9-26中可以看出,复选框的"铃声"为默认选中项,"通知"的开关为开启(checked)状态,单选按钮中的"女"为选中项。

5. 滑动条

ionic中的滑动条是基于HTML的input[type="range"]实现的。range是HTML5新引入的对象,常用来进行连续值的调节。

滑动条的可视部件包括三部分:左图标、右图标和中间的滑动条,如图9-27所示。

滑动条的图标是可选的,当不使用图标时,滑动条将占据外部容器的整个宽度。ionic中使用range来声明滑动条,示例代码如下。

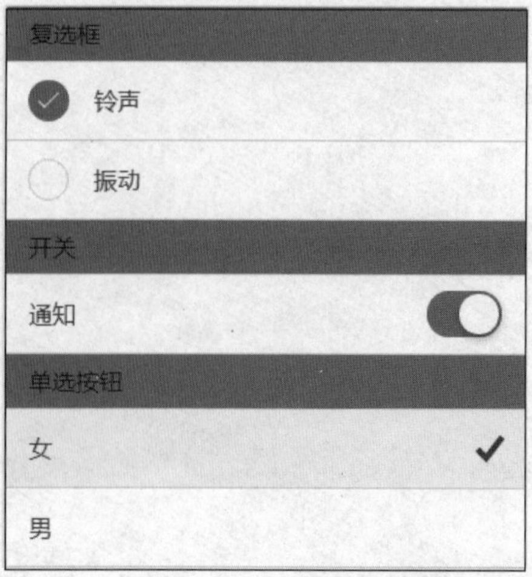

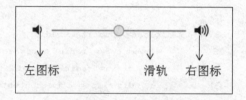

图 9-26 demo9-19.html 页面效果

图 9-27 滑动条结构

```
<any class="range">
    <any class="icon {left-icon-name}"></any>
        <input name="{range-name}" class=" range-{color}" type="range">
    <any class="icon {right-icon-name}"></any>
</any>
```

在上述代码中,使用.range-{color}样式声明滑动条的配色方案,主要影响滑轨的左半部分颜色。需要注意的是,滑动条的颜色显示需要移动设备的支持,只有在移动设备中才会显示自定义的颜色。

6. 选择框

ionic 中的选择框是基于 HTML 的 select 元素实现的。在每个平台上,选择框的表现形式都不一样。例如,在 PC 上是一个传统的下拉框,在 Android 上是一个单选弹出框,而在 iOS 上是一个覆盖半个窗体的定制滚动器,如图 9-28~图 9-30 所示。

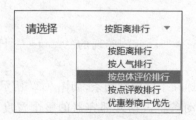

图 9-28 PC 选择框

图 9-29 Android 选择框

图 9-30　iOS 选择框

实际开发中,通常是将选择框与文字一起放入列表条目中。ionic 中使用.item-select 类来声明选择框,基本格式如下。

```
<label class="item-input item-select">
    <any class="input-label"></any>
    <select>
        <option>...</option>
        <option>...</option>
        ...
    </select>
</label>
```

在上述代码中,添加.item-input 类后,选择框将采用文本输入框的高度值(推荐),否则将采用默认高度。

为了读者有更好的理解,接下来通过一个案例来演示滑动条和选择框的使用方法,如 demo9-20.html 所示。

demo9-20.html

```
1   <!DOCTYPE html>
2   <html>
3   <head lang="en">
4       <meta charset="UTF-8">
5       <meta name="viewport" content="initial-scale=1, maximum-scale=1,
                user-scalable=no, width=device-width">
6       <title>滑动条、选择框</title>
7       <link href="lib/ionic/css/ionic.css" rel="stylesheet">
8   </head>
9   <body>
10  <ul class="list">
11      <li class="item item-divider royal-bg" href="#">选择框</li>
12      <li class="item item-input item-select">
13          <label class="input-label">
14              请选择
15          </label>
16          <select>
```

```
17              <option>北京</option>
18              <option>上海</option>
19              <option>广州</option>
20              <option>深圳</option>
21          </select>
22      </li>
23      <li class="item item-divider royal-bg" href="#">滑动条</li>
24      <li class="item range">
25          <i class="icon ion-volume-low"></i>
26          <input type="range" class="range-dark">
27          <i class="icon ion-volume-high"></i>
28      </li>
29  </ul>
30  </body>
31  </html>
```

在上述代码中,定义了选择框和滑动条,并使用列表分隔符做了标记。

使用 Chrome 浏览器访问 demo9-20.html,页面效果如图 9-31 所示。

需要注意的是,笔者是使用 Chrome 开发人员工具模拟移动窗口测试的,使用的是 PC 设备,因此选择框将显示下拉列表的效果。单击图 9-31 中选择框的 ▼ 按钮,可以看到下拉菜单,效果如图 9-32 所示。

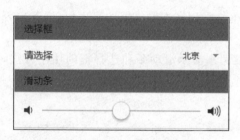

图 9-31   demo9-20.html 页面效果

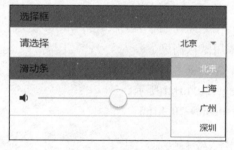

图 9-32   选择框的 PC 效果

9.3.5   选项卡

选项卡是一个可以包含多个按钮或链接的容器,通常用于实现导航功能。ionic 中使用.tabs 类声明选项卡,使用.tab-item 类声明选项卡成员,基本格式如下。

```
<any class="tabs">
    <any class="tab-item">...</any>
    <any class="tab-item">...</any>
    ...
</any>
```

ionic 中提供了一些.tabs 类的同级样式,用于声明选项卡的位置、颜色等。.tabs 类常用的同级样式如表 9-10 所示。

表 9-10　.tabs 类的同级样式

类　　名	描　　述
.tabs-top	将选项卡显示到页面顶部,相当于设置选项卡样式为 top:44px
.tabs-{color}	用于设置选项卡的背景颜色
.tabs-color-{color}	用于设置选项卡的默认字体颜色
.tabs-striped	用于为选项卡添加指示条,指示条会采用与选项卡背景色不同的颜色来突出显示
.tabs-icon-only	用于设置选项卡只显示图标
.tabs-icon-top	相对文本把图标置顶
.tabs-icon-bottom	相对文本把图标置底
.tabs-icon-left	相对文本把图标置左
.tabs-icon-right	相对文本把图标置右

.tabs 类的下级样式只能应用在.tabs 的子元素上,用于声明子元素的外观特征。常用的.tabs 类的下级样式如表 9-11 所示。

表 9-11　.tabs 类的下级样式

类　　名	描　　述
.active	用于设置选项卡成员为选中状态,字体颜色加深
.tab-item-{color}	与.active 搭配使用,用于设置当前处于被选中状态的选项卡字体颜色
.disabled	用于设置当前被禁用的选项卡状态,会导致字体颜色变灰

ionic 的选项卡经常以两种形式被应用,分别为文本选项卡和图标选项卡,接下来一一介绍。

1. 文本选项卡

文本选项卡中默认只包含文字内容,接下来通过一个案例来演示文本选项卡的使用方法,如 demo9-21. html 所示。

demo9-21. html

```
1   <!DOCTYPE html>
2   <html>
3   <head lang="en">
4       <meta charset="UTF-8">
5       <meta name="viewport" content="initial-scale=1, maximum-scale=1,
                user-scalable=no, width=device-width">
6       <title>文本选项卡</title>
7       <link href="lib/ionic/css/ionic.css" rel="stylesheet">
8   </head>
9   <body>
10  <div class="tabs tabs-stable tabs-color-dark">
11      <a class="tab-item active tab-item-balanced ">
```

```
12        <b>消息</b>
13      </a>
14      <a class="tab-item ">
15        <b>联系人</b>
16      </a>
17      <a class="tab-item disabled">
18        <b>动态</b>
19      </a>
20    </div>
21  </body>
22  </html>
```

在上述代码中，使用 .tabs-stable 和 .tabs-color-dark 类设置选项卡的背景色和文本颜色，使用 .active 和 .disable 类设置选项卡的活动和非活动状态，使用 .tab-item-balanced 类设置活动项文字的颜色；选项卡默认显示在页面的底部。使用 Chrome 浏览器访问 demo9-21.html，页面效果如图 9-33 所示。

在图 9-33 中，可以通过文字的颜色区别活动和非活动状态的选项卡。为了更加直观地区别活动项，ionic 中提供了指示条功能，即使用 .tabs-striped 类为活动选项添加指示条。在 demo9-21.html 的第 10 行代码中，引入 .tabs-striped 类，重新访问该页面，页面效果如图 9-34 所示。

图 9-33　demo9-21.html 页面效果

图 9-34　带指示条的选项卡

从图 9-34 的页面效果可以看出，指示条和活动选项卡的字体颜色一致，单独为活动选项设置的字体颜色没有生效；也就是说，选项卡指示条和活动选项单独字体颜色的功能只能选择一个，不能同时使用。

2. 图标选项卡

在移动 App 中，选项卡最常见的使用方式是图标和文字相结合。接下来通过一个案例演示图标选项卡的使用方法，如 demo9-22.html 所示。

demo9-22.html

```
1  <!DOCTYPE html>
2  <html>
3  <head lang="en">
4    <meta charset="UTF-8">
5    <meta name="viewport" content="initial-scale=1, maximum-scale=1,
                 user-scalable=no, width=device-width">
6    <title>图标选项卡</title>
7    <link href="lib/ionic/css/ionic.css" rel="stylesheet">
```

```
8    </head>
9    <body>
10   <div class="tabs tabs-top tabs-dark tabs-icon-top">
11        <a class="tab-item active tab-item-balanced" href="#">
12             <i class="icon ion-chatbubble-working"></i>
13             消息
14        </a>
15        <a class="tab-item" href="#">
16             <i class="icon ion-person-stalker"></i>
17             联系人
18        </a>
19        <a class="tab-item" href="#">
20             <i class="icon ion-social-tux"></i>
21             动态
22        </a>
23   </div>
24   <div class="tabs tabs-color-assertive tabs-icon-only">
25        <a class="tab-item active" href="#">
26             <i class="icon ion-home"></i>
27             主页
28        </a>
29        <a class="tab-item" href="#">
30             <i class="icon ion-star"></i>
31             收藏
32        </a>
33        <a class="tab-item" href="#">
34             <i class="icon ion-gear-a"></i>
35             设置
36        </a>
37   </div>
38   </body>
39   </html>
```

在上述代码中,定义了两个选项卡:第 1 个选项卡使用. tabs-top 类设置页面置顶,并且使用. tabs-icon-top 类设置图标显示在文字的上方;第 2 个选项卡使用. tabs-icon-only 类设置只显示图标。使用 Chrome 浏览器访问 demo9-22. html,页面效果如图 9-35 所示。

从图 9-35 中可以看出,选项卡置顶后距离页面顶部还有一段距离,这块区域通常用来放置定高条块,也可以通过设置选项卡的 top 值,将其完全置顶。

图 9-35　demo9-22. html 页面效果

9.4　栅格系统类样式

与 Bootstrap 类似,ionic 也提供了栅格系统类样式。Bootstrap 的栅格系统是通过媒体查询的方式实现的。而 ionic 栅格系统是基于 CSS3 的弹性盒模型(Flexible Box Model)实现的。弹性盒布局的主要思想是让容器能够改变其子元素的宽度、高度甚至先后顺序,从而以最佳方式填充可用空间,让页面适应所有类型的显示设备和屏幕大小。所以,相比 Bootstrap 的栅格系统,ionic 的栅格系统更为灵活。

9.4.1　基本行与列

ionic 的栅格系统的主要结构分为行与列,主要使用两个类来指定行与列在布局中的排列方式。关于行与列相关类的介绍如下。

- .row(行):在容器元素上添加.row 类,表示将其设置为弹性容器,即 Flexible Box。
- .col(列):在子元素上添加.col 类,其扩展系数和收缩系数都被设置为 1,这意味着所有的子元素将平分容器的宽度。

在 ionic 的栅格中,每一行的各列默认是等宽的。接下来通过一个案例来演示该效果,如 demo9-23. html 所示。

demo9-23. html

```
1   <!DOCTYPE html>
2   <html>
3   <head lang="en">
4       <meta charset="UTF-8">
5       <meta name="viewport" content="initial-scale=1, maximum-scale=1,
        user-scalable=no, width=device-width">
6       <title>基本行与列</title>
7       <link href="lib/ionic/css/ionic.css" rel="stylesheet">
8   </head>
9   <body>
10  <div class="row">
11      <div class="col royal-bg">.col</div>
12      <div class="col dark-bg">.col</div>
13      <div class="col energized-bg">.col</div>
14      <div class="col calm-bg">.col</div>
15      <div class="col positive-bg">.col</div>
16  </div>
17  </body>
18  </html>
```

在上述代码中,使用.row 类来定义行的排列方式,使用.col 类定义列的排列方式,并且为每一列设置了不同的背景色。该栅格系统为 1 行 5 列。

使用 Chrome 浏览器访问 demo9-23. html,页面效果如图 9-36 所示。

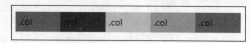

图 9-36　demo9-23. html 页面效果

从图 9-36 中可以看出,栅格中每列的宽度都是相同的,这样的效果适合做一些每列等宽的列表展示功能。

9.4.2　指定列宽

在实际开发中,有时要求栅格系统采用不同的列宽展示形式。为此,ionic 中提供了一些类,用于指定栅格系统中列宽占行的百分比,如表 9-12 所示。

表 9-12　指定列宽类

类　　名	描　　　述	类　　名	描　　　述
.col-10	占容器 10％的宽度	.col-67	占容器 66.6666％的宽度
.col-20	占容器 20％的宽度	.col-75	占容器 75％的宽度
.col-25	占容器 25％的宽度	.col-80	占容器 80％的宽度
.col-33	占容器 33.3333％的宽度	.col-90	占容器 90％的宽度
.col-50	占容器 50％的宽度		

接下来通过一个案例来演示如何指定栅格系统的列宽,如 demo9-24.html 所示。

demo9-24. html

```
1   <!DOCTYPE html>
2   <html>
3   <head lang="en">
4       <meta charset="UTF-8">
5       <meta name="viewport" content="initial-scale=1, maximum-scale=1,
                    user-scalable=no, width=device-width">
6       <title>指定列宽</title>
7       <link href="lib/ionic/css/ionic.css" rel="stylesheet">
8   </head>
9   <body>
10  <div class="row">
11      <div class="col col-50 balanced-bg">.col.col-50</div>
12      <div class="col positive-bg">.col</div>
13      <div class="col assertive-bg">.col</div>
14  </div>
15  <div class="row">
16      <div class="col col-75 energized-bg">.col.col-75</div>
17      <div class="col dark-bg">.col</div>
18  </div>
19  <div class="row">
20      <div class="col calm-bg">.col</div>
21      <div class="col royal-bg">.col</div>
22  </div>
23  </body>
24  </html>
```

在上述代码中,使用.row 类定义了一个 3 行的栅格系统。

第 1 行分为 3 列,使用.col-50 指定了第 1 列占该行 50％的宽度,没有指定列宽的后两列会平分剩余部分的宽度,各占 25％。

第 2 行分为两列,使用.col-75 指定了第 1 列占该行 75％的宽度,第 2 列占剩余宽度的 25%。

第 3 行分为两列，没有指定列宽，所以两列各占 50%的宽度。

使用 Chrome 浏览器访问 demo9-24.html，页面效果如图 9-37 所示。

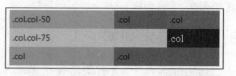

图 9-37   demo9-24.html 页面效果

9.4.3   指定列偏移

ionic 栅格系统中除了可以指定列宽外，还可以指定列的偏移。ionic 预置了一些 CSS 类用于快速设置列偏移，如表 9-13 所示。

表 9-13   指定列偏移类

类 名	描 述	类 名	描 述
.col-offset-10	偏移默认位置 10%的容器宽度	.col-offset-67	偏移默认位置 66.6666%的容器宽度
.col-offset-20	偏移默认位置 20%的容器宽度	.col-offset-75	偏移默认位置 75%的容器宽度
.col-offset-25	偏移默认位置 25%的容器宽度	.col-offset-80	偏移默认位置 80%的容器宽度
.col-offset-33	偏移默认位置 33.3333%的容器宽度	.col-offset-90	偏移默认位置 90%的容器宽度
.col-offset-50	偏移默认位置 50%的容器宽度		

实际上，ionic 预定义的偏移类是通过设置元素的 margin-left 实现的，示例代码如下。

```
.col-offset-10{
    margin-left:10% ;
}
```

接下来通过一个案例来演示栅格系统列偏移的指定方法，如 demo9-25.html 所示。
demo9-25.html

```
1    <!DOCTYPE html>
2    <html>
3    <head lang="en">
4        <meta charset="UTF-8">
5        <meta name="viewport" content="initial-scale=1, maximum-scale=1,
                user-scalable=no, width=device-width">
6        <title>指定列偏移</title>
7        <link href="lib/ionic/css/ionic.css" rel="stylesheet">
8    </head>
9    <body>
10   <div class="row">
11       <div class="col col-33 positive-bg">.col</div>
12       <div class="col calm-bg col-offset-10">.col</div>
13   </div>
14   </body>
15   </html>
```

在上述代码中，定义了一个 1 行 2 列的栅格，使用.col-offset-10 来制定第 2 列的偏移量为向右偏移 10%。使用 Chrome 浏览器访问 demo9-25.html,页面效果如图 9-38 所示。

在 demo9-25.html 的第 11 行添加类.col-offset-33,第 1 列和第 2 列会同时向右偏移 33%的距离,页面效果如图 9-39 所示。

图 9-38　demo9-25.html 页面效果　　　　图 9-39　两列同时向右偏移

9.4.4　列表纵向对齐

使用 ionic 栅格类样式时,如果一行中各元素的高度不一样,那么比较"矮"的元素将自动被拉伸以适应整行的高度。这时,如果需要让那些元素不被拉伸,保持自身的高度,可以使用 ionic 的列表纵向对齐类来设置,如表 9-14 所示。

表 9-14　列表纵向对齐类

类　名	描　述	类　名	描　述
.col-top	让元素顶部对齐	.row-top	让行内所有元素顶部对齐
.col-center	让元素纵向居中对齐	.row-center	让行内所有元素纵向居中对齐
.col-bottom	让元素底部对齐	.row-bottom	让行内所有元素底部对齐

接下来通过一个案例来演示列表纵向对齐类的用法,如 demo9 26.html 所示。

demo9-26.html

```
1    <!DOCTYPE html>
2    <html>
3    <head lang="en">
4        <meta charset="UTF-8">
5        <meta name="viewport" content="initial-scale=1, maximum-scale=1,
                    user-scalable=no, width=device-width">
6        <title>指定列纵向对齐</title>
7        <link href="lib/ionic/css/ionic.css" rel="stylesheet">
8    </head>
9    <style>
10       div{
11           border: darkgreen 1px solid;
12       }
13   </style>
14   <body>
15       <div class="row">
16           <div class="col balanced-bg">默认效果<br> * <br> * <br> * </div>
17           <div class="col">.col</div>
18           <div class="col">.col</div>
19           <div class="col">.col</div>
20       </div>
21       <div class="row">
22           <div class="col balanced-bg">元素对齐<br> * <br> * <br> * </div>
```

```
23          <div class="col col-top">.col-top</div>
24          <div class="col col-center">.col-center</div>
25          <div class="col col-bottom">.col-bottom</div>
26      </div>
27      <div class="row row-top">
28          <div class="col balanced-bg">.row-top<br> * <br> * <br> * </div>
29          <div class="col">.col</div>
30          <div class="col">.col</div>
31          <div class="col">.col</div>
32      </div>
33      <div class="row row-center">
34          <div class="col balanced-bg">.row-center<br> * <br> * <br> * </div>
35          <div class="col">.col</div>
36          <div class="col">.col</div>
37          <div class="col">.col</div>
38      </div>
39      <div class="row row-bottom">
40          <div class="col balanced-bg">.row-bottom<br> * <br> * <br> * </div>
41          <div class="col">.col</div>
42          <div class="col">.col</div>
43          <div class="col">.col</div>
44      </div>
45  </body>
46  </html>
```

在上述代码中,定义了一个 4 行 4 列的栅格,每行的第 1 列内容高于后 3 列,其中第 1 列的内容是说明文字。

栅格的第 1 行为默认效果;栅格的第 2 行使用 .col-top、.col-center 和 .col-bottom 类声明了每个列的对齐方式都不同;栅格的后 3 行分别使用 .row-top、.row-center 和 .row-bottom 类声明了行内所有元素的对齐方式。使用 Chrome 浏览器访问 demo9-26.html,页面效果如图 9-40 所示。

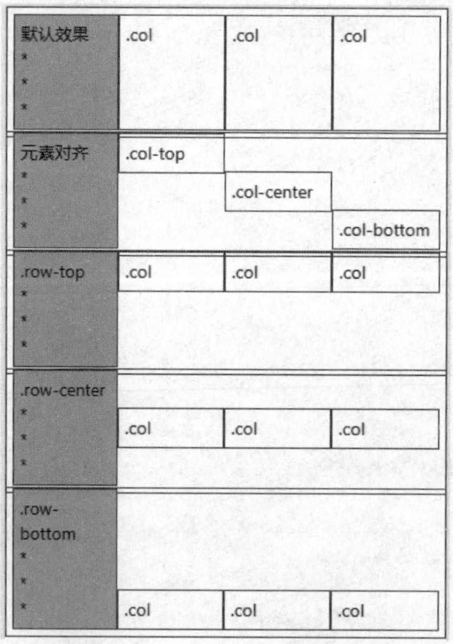

图 9-40   demo9-26.html 页面效果

9.4.5　响应式栅格

手持设备屏幕在切换时(例如横屏、竖屏等),需要设置每行的网格根据不同屏幕宽度自适应大小,为此 ionic 提供了响应式栅格。不同设备提供的响应式栅格类的样式如表 9-15 所示。

表 9-15　响应式栅格类

类　　名	描　　述	类　　名	描　　述
. responsive-sm	宽度小于手机横屏(568px)	. responsive-lg	宽度小于平板横屏(1024px)
. responsive-md	宽度小于平板竖屏(768px)		

使用响应式栅格类样式时,为了更好地显示页面效果,当屏幕的宽度小于指定的响应式栅格类样式的宽度时,会将原本在同一行上显示的列显示在不同行上,这样可以让元素在设备的横屏和竖屏上呈现不同的排列方式。

接下来通过一个案例来演示响应式栅格类的使用效果,如 demo9-27. html 所示。

demo9-27. html

```
1    <!DOCTYPE html>
2    <html>
3    <head lang="en">
4        <meta charset="UTF-8">
5        <meta name="viewport" content="initial-scale=1, maximum-scale=1,
                   user-scalable=no, width=device-width">
6        <title>响应式栅格</title>
7        <link href="lib/ionic/css/ionic.css" rel="stylesheet">
8    </head>
9    <style>
10       div{
11           border: darkgreen 1px solid;
12       }
13   </style>
14   <body>
15   <div class="row">
16       <div class="col">col-1</div>
17       <div class="col">col-2</div>
18       <div class="col">col-3</div>
19       <div class="col">col-4</div>
20   </div>
21   <div class="row responsive-sm">
22       <div class="col">col-1</div>
23       <div class="col">col-2</div>
24       <div class="col">col-3</div>
25       <div class="col">col-4</div>
26   </div>
27   </body>
28   </html>
```

在上述代码中，定义了一个 2 行 4 列的栅格，在第 2 行上使用了响应式栅格类.responsive-sm。使用 Chrome 浏览器模拟设备 Galaxy S5 访问 demo9-27.html，竖屏和横屏页面效果如图 9-41 和图 9-42 所示。

Galaxy S5 360 × 640 100%
col-1
col-2
col-3
col-4
col-1
col-2
col-3
col-4

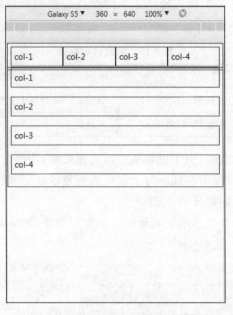

图 9-41 Galaxy S5 竖屏页面效果

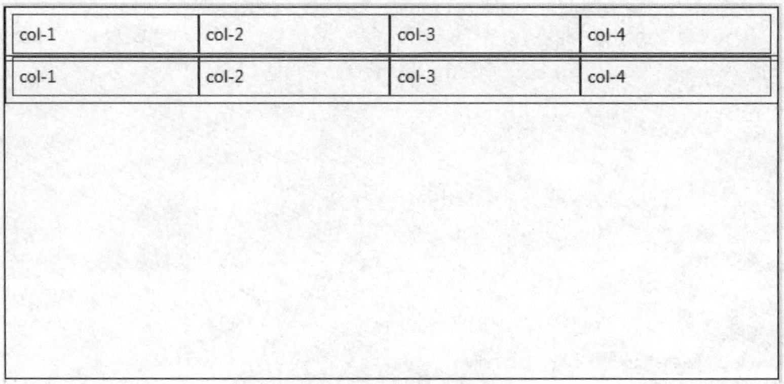

col-1
col-2
col-3
col-4
col-1
col-2
col-3
col-4

图 9-42 Galaxy S5 横屏页面效果

从图 9-41 和图 9-42 可以看出，使用响应式栅格后，栅格的第 2 行在移动设备的横屏和竖屏上实现了以不同方式排列的效果。

9.5 本章小结

本章介绍了在不使用任何 ionic 指令的条件下应用 ionic CSS 样式进行页面布局和开发的方法，将 ionic 预定义的 CSS 样式分为 4 大类，包括基本布局类样式、颜色和图标类样式、界面组件类样式、栅格系统类样式。

学完本章后,要求读者了解手机 App 的常用布局方式,掌握 ionic CSS 中基本布局类样式的使用、颜色和图标类样式的使用、界面组件类样式的使用以及栅格系统类样式的使用。

【思考题】

1. 简述 ionic 如何在任意 HTML 元素上定义图标。
2. 简述 ionic 中针对布局中不同的区域可以如何声明。

第 10 章
ionic JavaScript（上）

本书第 1 章中提到过 ionic 框架的组成部分，分为 ionic CSS、ionic JavaScript 和 ionic CLI。前文中已经讲解了 ionic CLI 和 ionic CSS，从本章开始讲解 ionic JavaScript 部分的内容。

ionic JavaScript 中提供了许多组件，按照功能可大致分为 5 类，包括基本布局组件、ionic 路由、界面组件、动态组件和手势事件。本章将针对 ionic JavaScript 中的基本布局组件、ionic 路由和界面组件进行详细的讲解。

【教学导航】

学习目标	1. 了解 ionic JavaScript 中指令组件和服务组件的使用 2. 掌握 ionic JavaScript 的基本布局 3. 掌握 ionic JavaScript 的导航组件的使用 4. 掌握 ionic JavaScript 的界面组件的使用
教学方式	本章内容以理论讲解、案例和过程演示为主
重点知识	1. ionic JavaScript 的基本布局 2. ionic JavaScript 的导航组件的使用 3. ionic JavaScript 的界面组件的使用
关键词	滚动条、滚动刷新、下拉刷新、路由、列表、幻灯片、侧边栏菜单、选项卡

10.1 ionic JavaScript 概述

ionic 对 AngularJS 进行了扩展，将移动端开发中常见的 UI 组件抽象成 AngularJS 的指令与服务，便于我们在开发中快速构建移动 App 界面。ionic JavaScript 是对 AngularJS 的扩展，其内置的 JavaScript 组件与 AngularJS 组件类似。按照使用方式可以将 ionic JavaScript 组件分为两大类：指令式组件和服务式组件。

10.1.1 ionic 指令式组件

ionic JavaScript 的指令式组件通常以元素、属性或 CSS 类的形式在 HTML 文件使用。

1. 元素形式

以元素形式使用的指令都带有“ion-”前缀，例如使用 ion-tabs 指令实现一个功能完备的选项卡，示例代码如下。

```
<ion-tabs>
    <ion-tab title="本周热卖">...</ion-tab>
    <ion-tab title="销量最高">...</ion-tab>
    <ion-tab title="评分最高">...</ion-tab>
</ion-tabs>
```

ionic 中以元素形式使用的指令覆盖了移动端大部分的开发需求，包含基本布局、视图路由、列表、表单输入、选项卡、侧边栏、幻灯片等。

2. 属性形式

ionic 中以属性形式使用的指令没有固定前缀，而是使用多个单词来描述组件功能，多个单词之间使用“-”符号连接，例如 nav-direction（导航描述）。

ionic 的手势事件功能也是通过属性形式使用的，例如长按事件 on-hold，读者可以采用
<any on-hold="...">...</any>的方式在任何元素上使用这个指令挂载监听函数。

3. CSS 类形式

目前官方以 CSS 类形式使用的指令只有 1 个，即 hide-on-keyboard-open（键盘打开时隐藏元素），使用方式是<any class="hide-on-keyboard-open">...</any>。

10.1.2　ionic 服务式组件

ionic 的服务式组件通常带有 $ionic 前缀，例如 $ionicLoading。ionic 服务式组件本质上是 AngularJS 服务对象，可以在 AngularJS 代码中以依赖注入的方式被应用，用于直接创建页面视图组件或执行与页面视图组件交互的任务。

ionic 服务式组件中包含如下几个常用的动态组件。

- 模态对话框：$ionicModal
- 上拉菜单：$ionicActionSheet
- 弹出框：$ionicPopup
- 浮动框：$ionicPopover
- 载入指示器：$ionicLoading
- 背景幕：$ionicBackdrop

如果 ionic 服务组件名称带有后缀 delegate，那么它的类型为代理类服务组件，例如 $ionicTabsDelegate。代理类服务组件在使用上与普通服务组件有所差别，这类组件通常含有 $getByHandle(delegateHandle)方法——该方法可以用来获取页面上对应指令式组件的操作对象，继而达到使用代码控制这些组件外观和行为的目的。

10.2　基本布局组件

ionic 的基本布局组件用于搭建移动 App 基本的单页面框架,包括固定标题栏、内容展示、内容滚动和下拉刷新等功能。

10.2.1　固定标题栏

在移动 App 界面中,固定标题栏经常位于页面的头部区域或底部区域。ionic JavaScript 提供了两个指令(ion-header-bar 和 ion-footer-bar),分别用于声明头部固定标题栏和底部固定标题栏。

1. ion-header-bar

在 ionic 中,ion-header-bar 指令用于定义固定在屏幕顶部的 header 标题栏,基本格式如下。

```
<ion-header-bar>...</ion-header-bar>
```

如果在<ion-header-bar>标签上添加. bar-subheader 样式,便可以作为头部标签栏下面的次级顶栏,示例代码如下。

```
<ion-header-bar  class="bar-subheader">次级顶栏</ion-header-bar>
```

ion-header-bar 指令有两个可选的属性,如表 10-1 所示。

表 10-1　ion-header-bar 指令的属性

属　　性	取值类型	描　　述
align-title	字符串	用于设置标题的对齐方式;属性值:left｜right｜center,分别对应左对齐、右对齐和居中
no-tap-scroll	布尔值	当单击标题时,是否将内容区域自动滚动到最起始位置;属性值:true｜false,默认为 true

2. ion-footer-bar

ion-footer-bar 指令用于定义固定在屏幕底部的 footer 标题栏,基本格式如下。

```
<ion-footer-bar>...</ion-footer-bar>
```

如果在<ion-footer-bar>标签上添加. bar-subfooter 样式,便可以作为底部标签栏上面的次级底栏,示例代码如下。

```
<ion-footer-bar  class="bar-subfooter">次级底栏</ion-footer-bar>
```

ion-footer-bar 指令也支持表 10-1 中的 align-title 属性。

接下来通过一个案例来演示 ion-header-bar 和 ion-footer-bar 指令的使用,具体步骤如下。

① 创建 chapter10 目录,将 chapter09 目录下的 lib 文件夹复制到该目录下。

② 在 chapter10 目录下创建 js 目录,在该目录下创建 app.js 文件,并且在 app.js 文件中添加如下代码。

```
//定义 starter 模块,并注入 ionic 模块
angular.module("starter", ["ionic"]);
```

上述代码用于定义页面入口模块,ionic 页面与 AngularJS 相同,需要使用 ng-app 指定根元素才能运行 AngularJS 代码。如果是使用命令行方式下载的 ionic 项目模板,则项目模板中已经包含上述功能代码,读者可直接使用项目模板中的代码。

③ 在 chapter10 目录下创建 demo10-1.html,在 demo10-1.html 中添加如下代码。

demo10-1. html

```
1   <!DOCTYPE html>
2   <html>
3     <head>
4       <meta charset="utf-8">
5       <meta name="viewport" content="initial-scale=1, maximum-scale=1,
                  user-scalable=no, width=device-width">
6       <title>头部和底部</title>
7       <link href="lib/ionic/css/ionic.css" rel="stylesheet">
8       <script src="lib/ionic/js/ionic.bundle.js"></script>
9       <script src="js/app.js"></script>
10    </head>
11    <body ng-app="starter">
12      <ion-header-bar align-title="left" class="bar-positive">
13          <button class="button">消息</button>
14          <h4 class="title">这里是顶部</h4>
15          <button class="button">签到</button>
16      </ion-header-bar>
17          <ion-header-bar class="bar-subheader bar-energized">
18              <h4>次级顶栏</h4>
19          </ion-header-bar>
20            <!--添加内容的位置-->
21          <ion-footer-bar class="bar-subfooter  bar-energized">
22              <h4>次级底栏</h4>
23          </ion-footer-bar>
24      <ion-footer-bar align-title="right" class="bar-positive">
25          <button class="button">推荐</button>
26          <h4 class="title">这里是底部</h4>
27          <button class="button">设置</button>
28      </ion-footer-bar>
29    </body>
30  </html>
```

在上述代码中,将页面分为 4 个区域,包括头部、底部、次级顶栏和次级底栏,并且使用
align-title 为头部和底部设置了不同的标题位置。

第 7～9 行引入了 3 个依赖文件,其中 ionic.css 和
ionic.bundle.js 文件是使用 ionic JavaScript 功能需要引
入的基本文件,app.js 文件的作用是使 ionic 组件中的
AngularJS 代码生效。第 11 行使用 ng-app 指令绑定
body 元素,这样可以保证 body 元素的子元素能够使用
ionic JavaScript 组件。

使用 Chrome 浏览器访问 demo10-1.html,页面效果
如图 10-1 所示。

图 10-1   demo10-1.html 页面效果

10.2.2　内容区域

ionic 使用 ion-content 指令来声明内容展示容器,基本格式如下。

```
<ion-content>...</ion-content>
```

ion-content 提供了一些可选的属性和事件,其中常用属性和事件如表 10-2 所示。

表 10-2   ion-content 常用属性和事件

类型	名　　称	取值类型	描　　述
属性	delegate-handle	字符串	用于标识带有 $ionicScrollDelegate 的滚动视图
	padding	布尔值	用于设置是否在内容上添加内边距。iOS 默认是 true,Android 是 false
	scroll	布尔值	用于设置是否允许内容滚动,默认值为 true
	overflow-scroll	布尔值	用于设置是否使用浏览器本身内置的溢出滚动功能代替 ionic 滚动。默认值为 false
	has-bouncing	布尔值	用于设置是否允许内容滚动反弹到边缘。iOS 默认是 true,Android 默认为 false
事件	on-scroll	表达式	当内容滚动时触发该事件,对表达式求值
	on-scroll-complete	表达式	一个滚动动作完成时触发该事件,触发事件时可以通过传入 scrollLeft 和 scrollTop 两个变量来获取当前滚动位置

在表 10-2 中,最常用的两个事件是 on-scroll 和 on-scroll-complete。接下来通过一个案
例来演示这两个事件的用法,如 demo10-2.html 所示。

demo10-2.html

```
1    <!DOCTYPE html>
2    <html>
3      <head>
4        <meta charset="utf-8">
```

```
5        <meta name="viewport" content="initial-scale=1, maximum-scale=1,
                   user-scalable=no, width=device-width">
6        <title>内容区域:ion-content</title>
7        <link href="lib/ionic/css/ionic.css" rel="stylesheet">
8        <script src="lib/ionic/js/ionic.bundle.js"></script>
9      </head>
10     <body ng-app="starter">
11       <ion-header-bar  class="bar-positive">
12          <h4 class="title">这里是顶部</h4>
13       </ion-header-bar>
14     <ion-content ng-controller="myCtrl"  on-scroll="onScroll()"
         on-scroll-complete="onScrollComplete(scrollLeft,scrollTop)">
15               <h1>美丽的海岛</h1>
16               <img src="img/demo10-2/海岛.jpg">
17       </ion-content>
18       <ion-footer-bar class="bar-positive">
19               <h4 class="title">这里是底部</h4>
20       </ion-footer-bar>
21     </body>
22   <script>
23   angular.module("starter",["ionic"]).controller("myCtrl",function($scope){
24          $scope.onScroll=function(){
25              console.log("正在滚动");
26          }
27          $scope.onScrollComplete=function(scrollLeft,scrollTop){
28              console.log("当前滚动位置"+scrollLeft+","+scrollTop);
29          }
30      });
31   </script>
32   </html>
```

在上述代码中,使用内嵌的 AngularJS 代码定义了控制器 myCtrl,并在该控制器中定义了两个函数 onScroll() 和 onScrollComplete(),分别用于绑定 on-scroll 和 on-scroll-complete 事件。滚动页面时,将触发 on-scroll 事件,调用 onScroll() 函数,在控制台输出"正在滚动";滚动结束时,将触发 on-scroll-complete 事件,调用 onScrollCompete() 函数,在控制台输出当前的滚动位置。

使用 Chrome 浏览器访问 demo10-2.html,页面效果如图 10-2 所示。

在图 10-2 的页面中,内容区域包含一个标题和一张图片。图片大于浏览器窗口,因此没有展示完全,这样做的目的是方便测试 ionic 的滚动事件。使用鼠标滚轮将页面向上滚动,然后单击屏幕(通知浏览器滚动结束),这时查看控制台输出效果,如图 10-3 所示。

从图 10-3 的输出结果可以看出,当页面开始滚动时,控制台输出了"正在滚动";当滚动结束时,控制台输出了当前滚动位置。需要注意的是,滚动结束时,控制台输出当前位置后还会再调用一次 onScroll() 函数,输出"正在滚动"。

图 10-2　demo10-2.html 页面效果

图 10-3　控制台输出结果

10.2.3　滚动条

ion-scroll 指令用来创建一个包含所有内容的滚动容器,支持同一页面放置多个滚动容器和控制缩放等功能,也可以嵌入 ion-content 指令中只让页面实现部分滚动,基本格式如下。

```
<ion-scroll>...</ion-scroll>
```

ion-scroll 中提供了一些可选的属性和事件,如表 10-3 所示。

表 10-3　ion-scroll 属性和事件

类型	名　　称	取值类型	描　　述
属性	delegate-handle	字符串	用于标识带有 $ionicScrollDelegate 的滚动视图
	direction	字符串	用于设置滚动的方向,取值为'x'或'y',默认为'y';其中'x'代表水平方向坐标值,'y'代表垂直方向坐标值
	paging	布尔值	用于设置滚动是否限制分页
	scrollbar-x	布尔值	是否显示水平滚动条,默认为 true
	scrollbar-y	布尔值	是否显示垂直滚动条,默认为 true
	zooming	布尔值	是否支持双指缩放
	min-zoom	数值	允许的最小缩放量(默认为 0.5)
	max-zoom	数值	允许的最大缩放量(默认为 3)

类型	名　称	取值类型	描　述
事件	on-refresh	表达式	下拉刷新时触发事件，由 ionRefresher 触发，与 ion-refresher 配合使用
	on-scroll	表达式	当内容滚动时触发该事件，对表达式求值

ion-scroll 指令组件可以指定组件高度和内部内容元素的高度。接下来通过一个案例来演示 ion-scroll 的具体用法，如 demo10-3. html 所示。

demo10-3. html

```
1   <!DOCTYPE html>
2   <html>
3    <head>
4      <meta charset="utf-8">
5      <meta name="viewport" content="initial-scale=1, maximum-scale=1,
                  user-scalable=no, width=device-width">
6      <title>滚动条:ion-scroll</title>
7        <link href="lib/ionic/css/ionic.css" rel="stylesheet">
8        <script src="lib/ionic/js/ionic.bundle.js"></script>
9    </head>
10   <body ng-app="starter">
11      <ion-header-bar  class="bar-positive">
12          <h4>这里是头部</h4>
13      </ion-header-bar>
14         <ion-content>
15             <div>
16                 <h4 class="title">中国地图展示</h4>
17                 <p style="width: 300px; height: 150px">
18                     中国陆地面积约 960 万平方公里,在世界各国中,
19                     仅次于俄罗斯、加拿大,居第三位,差不多同整个欧洲面积相等。
20                 </p>
21             </div>
22         <ion-scroll direction="xy" scrollbar-y="true"
                        style="width: 500px; height: 300px">
23         <div style="width: 1005px; height: 568px;
                 background: url('img/demo10-3/map.jpg') no-repeat">
           </div>
24         </ion-scroll>
25         </ion-content>
26      <ion-footer-bar class="bar-positive">
27          <h4>这里是底部</h4>
28      </ion-footer-bar>
29   </body>
30   <script>angular.module("starter", ["ionic"]);</script>
31  </html>
```

在上述代码中,首先在 ion-content 中嵌入了一个 div 作为描述区域,该区域固定显示在屏幕上半部分。然后在 ion-conten 中嵌入了 ion-scroll 滚动条,在该滚动条中添加了一个带有背景的 div,背景为中国地图。设置滚动条的宽高时,要小于背景图的宽高,并使用direction＝"xy"设置滚动条可以水平和垂直方向滚动。使用 Chrome 浏览器访问 demo10-3.html,页面效果如图 10-4 所示。

在图 10-4 中,按住鼠标左键上下左右拖动,可以查看地图的不同位置,如图 10-5 所示。

图 10-4   demo10-3. html 页面效果

图 10-5   滚动效果

10.2.4   滚动刷新

滚动刷新在移动 App 中的应用十分广泛。例如实现商品列表时,由于移动 App 页面大小有限,不能一次性将所有商品全部展示,如果想浏览更多商品,可以通过滚动刷新的方式来加载数据;当没有更多商品时,对用户做出提示说明没有更多商品。

ionic 中提供了 ion-infinite-scroll 指令用于滚动刷新功能,该功能适用于瀑布流式(无限数据查询)页面,示例代码如下。

```
<ion-infinite-scroll on-infinite="loadMore()" distance="1% ">
    ...
</ion-infinite-scroll>
```

使用 ion-infinite-scroll 指令时,当容器滚动到或接近页面底部会触发获取数据的事件on-infinite。事件处理函数完成新内容数据的加载后,需要调用 scroll. infiniteScrollComplete 事件广播来通知页面更新滚动视图。该事件的功能类似于 AngularJS 中的 $scope. $apply()脏数据检查,作用是通知页面中所有组件数据已经加载完成,可以更新到页面。

ion-infinite-scroll 指令组件中提供的属性和事件,如表 10-4 所示。

表 10-4　ion-infinite-scroll API

类型	名　　称	取值类型	描　　述
属性	distance	字符串	可选,从底部滚动到触发 on-infinite 表达式的距离,默认为 1%
	icon	字符串	可选,当加载时显示的图标,默认值为'ion-loading-d';该属性已不推荐使用,建议用 spinner 属性代替
	spinner	字符串	可选,加载时显示轮转等待指示框
事件	on-infinite	表达式	必选,当滚动到底部时触发的事件

接下来通过一个案例来演示 ion-infinite-scroll 的使用方法,如 demo10-4. html 所示。

demo10-4. html

```
1   <!DOCTYPE html>
2   <html>
3     <head>
4       <meta charset="utf-8">
5       <meta name="viewport" content="initial-scale=1, maximum-scale=1,
            user-scalable=no, width=device-width">
6       <title>滚动刷新:ion-infinite-scroll</title>
7       <link href="lib/ionic/css/ionic.css" rel="stylesheet">
8       <script src="lib/ionic/js/ionic.bundle.min.js"></script>
9     </head>
10    <body ng-app="starter">
11        <ion-header-bar  class="bar-positive">
12            <h4>这里是头部</h4>
13        </ion-header-bar>
14        <ion-content ng-controller="myCtrl">
15            <ul class="list">
16            <li class="item" ng-repeat="item in items">{{item}}</li>
17             <li class="item" ng-if="!moreDataCanBeLoaded()">没有更多数据喽</li>
18            </ul>
19        <ion-infinite-scroll ng-if="moreDataCanBeLoaded()"
20                          on-infinite="loadMore()" distance="1% ">
21        </ion-infinite-scroll>
22        </ion-content>
23        <ion-footer-bar class="bar-positive">
24            <h4>这里是底部</h4>
25        </ion-footer-bar>
26    </body>
27    <script>
28        //定义控制器
29      angular.module ("starter",["ionic"])
                      .controller("myCtrl",function($scope,$timeout){
30          //初始化加载更多数据的次数
31          $scope.loadTimes=1;
32          //定义判断是否可以加载更多数据的函数
33          $scope.moreDataCanBeLoaded=function(){
34              return $scope.loadTimes>0;
35          }
36          //初始化数据
```

```
37              $scope.items=[];
38              for(var i=1;i<=20;i++){
39                  $scope.items.push("第"+i+"条数据");
40              }
41              //页面滚动到底部需要调用的方法
42              $scope.loadMore=function() {
43                  //定义定时器,延时加载可以看到加载图标效果
44                  $timeout(function () {
45                      $scope.loadTimes=$scope.loadTimes-1;
46                      //加载完毕通知容器更新滚动视图(收起图标)
47                      $scope.$broadcast('scroll.infiniteScrollComplete');
48                  }, 1000);
49              }
50          });
51      </script>
52  </html>
```

在上述代码中,使用模拟延时加载数据的效果来演示 ion-infinite-scroll 组件的使用方法。ion-infinite-scroll 组件必须嵌套在 ion-content 中。

第 31 行定义的 loadTimes 属性代表加载次数,第 37~40 行用于定义初始化数据。本案例定义了 20 条数据,共加载两次,每次加载 10 条数据。

第 42 行定义了 loadMore() 函数,在第 20 行为该函数绑定 on-infinite 事件,当页面滚动到底部时,调用 loadMore() 函数。在 loadMore() 函数中添加定时器是为了实现延时加载,看到加载图标的效果。

使用 Chrome 浏览器访问 demo10-4.html,页面默认加载了 10 条数据,如图 10-6 所示。在图 10-6 的页面中向下滑动鼠标,可以看到加载时显示图标效果,如图 10-7 所示。

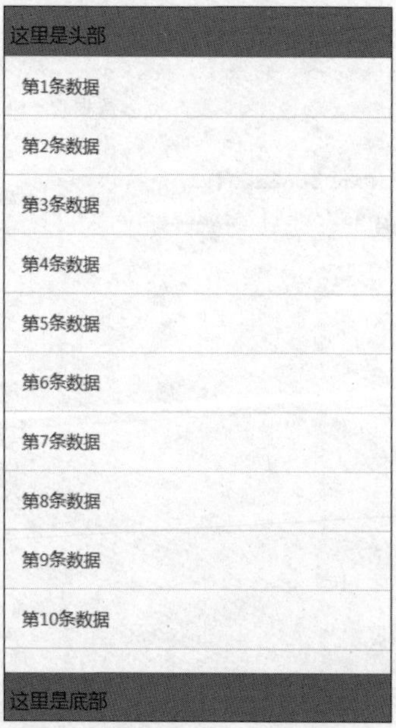

图 10-6   demo10-4.html 页面效果

图 10-7   加载图标

加载完后,页面底部会提示没有更多数据。该效果为自定义设置,页面效果如图 10-8

所示。

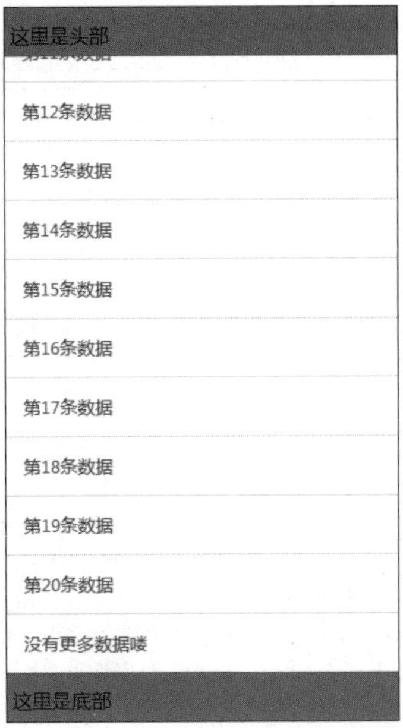

图 10-8　加载完后隐藏图标

10.2.5　下拉刷新

下拉刷新功能即用户通过向下拉动页面,实现重新加载、刷新页面的内容。该功能适用于新闻类页面,例如今日头条等。

ion-refresher 指令可以实现内容区域的下拉刷新功能,该指令可以作为 ion-content 或 ion-scroll 的第一个子元素,示例代码如下。

```
<ion-content>
    <ion-refresher pulling-text="下拉刷新..." on-refresh="doRefresh()">
    </ion-refresher>
</ion-content>
```

在上述代码中,on-refresh 的事件处理函数 doRefresh()完成内容数据的加载后,需要调用 scroll. refreshComplete 事件,通知包含 ion-refresher 的内容容器更新滚动视图。

ion-refresher 指令组件中提供了一些可选的属性和事件,如表 10-5 所示。

表 10-5　ion-refresher 属性和事件

类型	名　　称	取值类型	描　　　述
属性	pulling-icon	字符串	当用户向下拉动数据时显示的图标。默认值：'ion-arrow-down-c'
	pulling-text	字符串	当用户向下拉动数据时显示的文字
	refreshing-icon	字符串	当用户向下拉动数据松开后显示的图标,该属性已不推荐使用,建议用 spinner 属性代替
	spinner	字符串	加载时显示轮转等待指示框

类型	名　　称	取值类型	描　　述
事件	on-refresh	表达式	当用户向下拉动数据到一定程度松开后开始刷新时触发
	on-pulling	表达式	当用户开始向下拉动内容区域时触发

　　为了读者有更好的理解,接下来通过一个案例来演示 ion-refresher 指令组件的具体使用方法,如 demo10-5.html 所示。

demo10-5.html

```
1   <!DOCTYPE html>
2   <html>
3     <head>
4       <meta charset="utf-8">
5       <meta name="viewport" content="initial-scale=1, maximum-scale=1,
                 user-scalable=no, width=device-width">
6       <title>下拉刷新:ion-refresh</title>
7        <link href="lib/ionic/css/ionic.css" rel="stylesheet">
8        <script src="lib/ionic/js/ionic.bundle.min.js"></script>
9     </head>
10    <body ng-app="starter">
11        <ion-header-bar  class="bar-positive">
12           <h4>下拉刷新功能</h4>
13        </ion-header-bar>
14        <ion-content ng-controller="myCtrl">
15            <!--添加下拉刷新的组件 -->
16            <ion-refresher  pulling-text="正在刷新页面数据..."
17                 on-refresh="doRefresh()">
18            </ion-refresher>
19          <ul class="list">
20            <li class="item" ng-repeat="item in items">{{item}}</li>
21          </ul>
22        <ion-content>
23    </body>
24    <script>
25        //定义控制器
26  angular.module ("starter",["ionic"])
                   .controller("myCtrl",function($scope,$timeout){
27          //初始化数据
28          $scope.items=[];
29          for(var i=1;i<=10;i++){
30              $scope.items.push("首页第"+i+"条数据");
31          }
32        //on-refresh 事件调用函数
33          $scope.doRefresh=function () {
34              $timeout(function () {
35              //下拉载入数据
36              $scope.items=[];
37              for(var i=1;i<=10;i++){
38                  $scope.items.push("下拉载入第"+i+"条数据");
39              }
```

```
40                //停止广播 ion-refresher
41                $scope.$broadcast('scroll.refreshComplete');
42              }, 1000);
43          }
44        });
45      </script>
46    </html>
```

在上述代码中,将下拉组件 ion-refresher 作为第一个子元素嵌入 ion-content 组件中,使用 pulling-text 设置向下拉动页面要显示的文字,在没有自定义图标的情况下,会显示默认的图标效果。使用 on-refresh 事件绑定 doRefresh()函数,在该函数中实现重新载入数据的效果。需要注意的是,doRefresh()函数中添加定时器是为了看到页面刷新前显示的图标,默认与向下拉动的图标样式不同。

使用 Chrome 浏览器访问 demo10-5.html,页面默认加载了 10 条初始数据,如图 10-9 所示。

在图 10-9 中,使用鼠标轻轻向下拉动页面,可以看到提示文字和箭头朝下的图标,如图 10-10 所示。

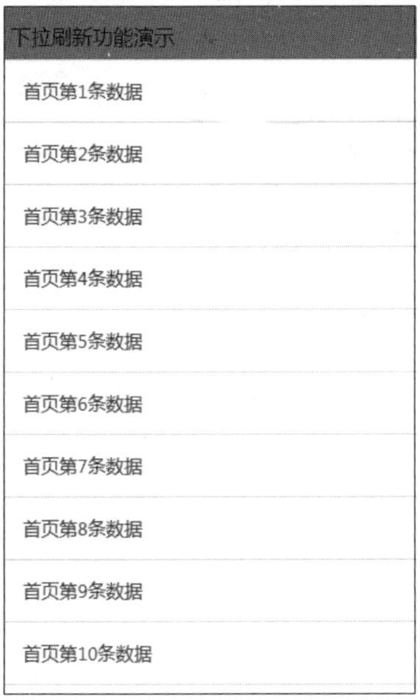

图 10-9　demo10-5.html 页面效果

图 10-10　拉动效果

看到箭头朝下的图标后,再向下拉会看到图标箭头变为朝上,这时松开鼠标,会看到加载数据的图标。加载完成后,会显示下拉加载的数据效果,如图 10-11~图 10-13 所示。

10.2.6　手动控制滚动视图

使用 ion-content 或 ion-scroll 指令时,如果容器内部的内容是可动态更新的,那么在更新内容后,需要调用$ionicScrollDelegate 服务代理的 resize()方法重新计算滚动容器的大小并更新滚动视图。通过$ionicScrollDelegate 服务代理还可以手动控制滚动视图的滚动位置。

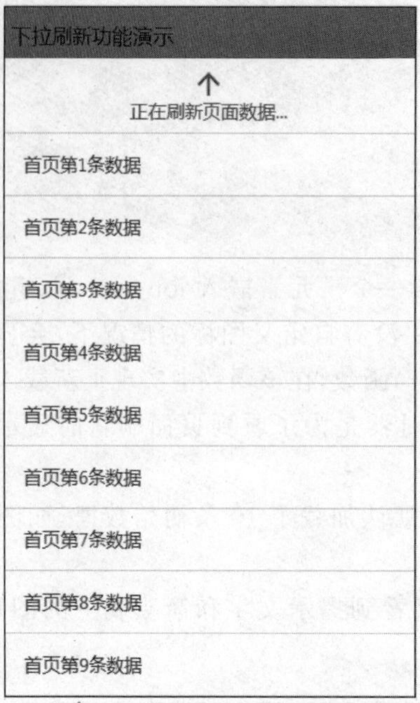

图 10-11　图标箭头朝上

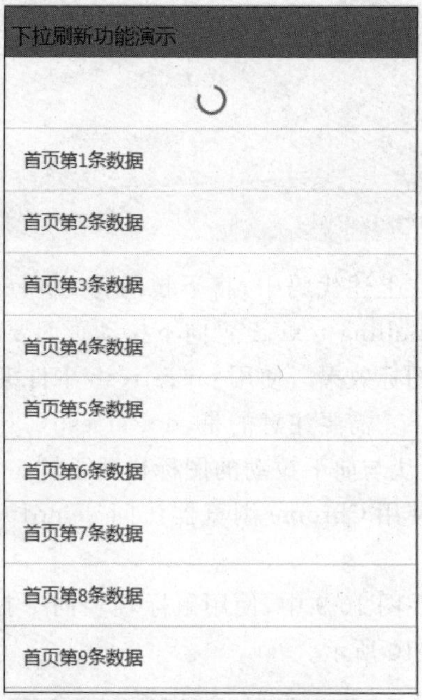

图 10-12　显示加载图标

图 10-13　下拉载入数据

作为 ion-content 或 ion-scroll 指令的代理服务，$ionicScrollDelegate 提供了很多方法用来手动控制滚动视图，常用方法如表 10-6 所示。

表 10-6　$ionicScrollDelegate 的常用方法

方　　法	取值类型	描　　述
resize()	无	通知滚动视图由于内容更新,当前滚动容器的大小需要重新计算
scrollTop([shouldAnimate])	布尔值	滚动到内容顶部,参数 shouldAnimate 表示是否应用滚动动画
scrollBottom([shouldAnimate])	布尔值	滚动到内容底部,参数 shouldAnimate 表示是否应用滚动动画
scrollTo(left,top,[shouldAnimate])	数值 布尔值	滚动到指定位置,left 和 top 分别表示要滚动到的 x 坐标和 y 坐标。参数 shouldAnimate 表示是否应用滚动动画
scrollBy(left,top,[shouldAnimate])	数值 布尔值	滚动到指定偏移量,let 和 top 分别表示要滚动到的 x 和 y 偏移量。参数 shouldAnimate 表示是否应用滚动动画
$getByHandle(handle)	字符串	返回匹配 handle 的字符串所指定的滚动视图实例。在滚动视图上,使用 delegate-handle 属性绑定该字符串

接下来将通过一个案例为读者演示使用$getByHandle(handle)方法控制特定滚动视图的效果,如 demo10-6. html 所示。

demo10-6. html

```
1   <!DOCTYPE html>
2   <html>
3     <head>
4       <meta charset="utf-8">
5       <meta name="viewport" content="initial-scale=1, maximum-scale=1,
                user-scalable=no, width=device-width">
6       <title>$getByHandle()</title>
7       <link href="lib/ionic/css/ionic.css" rel="stylesheet">
8       <script src="lib/ionic/js/ionic.bundle.min.js"></script>
9     </head>
10   <body ng-app="starter">
11     <ion-header-bar  class="bar-positive">
12        <h4>$getByHandle()功能演示</h4>
13     </ion-header-bar>
14     <ion-content ng-controller="myCtrl" delegate-handle="mainScroll">
15        <ul class="list">
16           <li class="item royal-bg">整个内容区域顶部</li>
17           <li class="item" ng-repeat="item in items">{{item}}</li>
18        </ul>
19        <ion-scroll delegate-handle="small" style="height: 300px;">
20           <ul class="list">
21            <li class="item royal-bg">小区域顶部</li>
22           <li class="item calm-bg" ng-repeat="item in items">{{item}}</li>
23           </ul>
24        </ion-scroll>
25        <div class="bar">
26        <button ng-click="scrollSmallToTop()">滚动小区域到顶部</button>
27        <button ng-click="scrollMainToTop()">滚动整个内容区域到顶部</button>
```

```
28            </div>
29         </ion-content>
30     </body>
31     <script>
32         //定义控制器
33         angular.module("starter",["ionic"])
                            .controller("myCtrl",function($scope, $ionicScrollDelegate){
34             //初始化数据
35             $scope.items=[];
36             for(var i=1;i<=10;i++){
37                 $scope.items.push("第"+i+"条数据");
38             }
39             //滚动整个内容区域到顶部
40             $scope.scrollMainToTop=function() {
41                 $ionicScrollDelegate.$getByHandle('mainScroll').scrollTop();
42             };
43             //滚动小区域到顶部
44             $scope.scrollSmallToTop=function() {
45                 $ionicScrollDelegate.$getByHandle('small').scrollTop();
46             };
47         });
48     </script>
49 </html>
```

在上述代码中,使用 ion-content 定义了一个内容区域,在该区域中包含一个数据列表和一个 ion-scroll 滚动小区域,该小区域中包含另外一个数据列表。

第 40～46 行代码定义了 scrollSmallToTop() 和 scrollMainToTop() 函数,使用 $ionicScrollDelegate.$getByHandle()方法来指定滚动视图名称,然后调用 scrollTop()方法。第 14 行和第 19 行分别使用 delegate-handle 属性绑定了视图名称。

第 26 行和第 27 行定义了两个按钮,使用 ng-click 指令分别绑定 scrollSmallToTop() 和 scrollMainToTop()函数。单击"滚动小区域到顶部"按钮后,将调用 scrollSmallToTop()函数,视图滚动小区域到顶部;单击"滚动整个内容区域到顶部"按钮后,将调用 scrollMainToTop()函数,视图滚动到整个内容区域顶部。

使用 Chrome 浏览器访问 demo10-6.html,页面初始效果如图 10-14 所示。

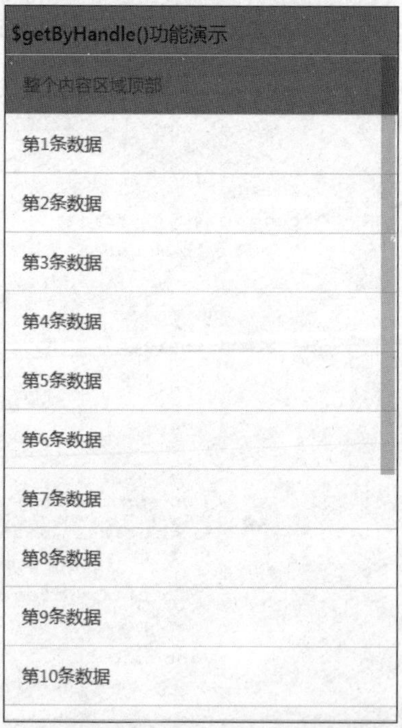

在图 10-14 中,列表数据条数较多,因此滚动小区域在列表的下方,滚动到页面底部便可以看到小区域和两个按钮。为了方便测试按钮效果,需要将小区域的数据也拉到最下方,页面效果如图 10-15 所示。

图 10-14　demo10-6.html 页面效果

在图 10-15 中，单击"滚动小区域到顶部"按钮，页面效果如图 10-16 所示。

图 10-15　两个区域视图拉到最下方

图 10-16　滚动小区域到顶部

在图 10-16 中，单击"滚动整个内容区域到顶部"按钮，可以看到视图回到整个区域的最顶部，效果同图 10-14。到这里该案例的效果演示完毕，关于 $ionicScrollDelegate 服务提供的更多方法，可以查看 ionic 官方文档。

10.3　ionic 路由

本书第 5 章中讲解的 AngularJS 路由是 AngularJS 官方的 ngRoute 模块提供的，通过学习 ngRoute，读者了解了实现路由的基本思路。ionic 路由没有基于 ngRoute 模块实现，而是选择了 AngularUI 项目的 angular-ui-router 模块。ionic.bundle.js 中打包了 angular-ui-route 模块，因此在使用 ionic 路由时不需要单独引入依赖文件，本节将为读者介绍 ionic 框架路由的使用方法。

10.3.1　路由状态机

在 angular ui-router 中有 3 个关键词：状态（state）、URL 和 HTML 模板（template）；也就是说，angular-ui-router 在 ngRoute 的基础之上增加了"状态"的概念，将动态加载的 HTML 模板集合抽象为一个状态机，通过状态的切换来实现路由的导航功能。一个完整的路由状态机如图 10-17 所示。

在图 10-17 中，angular-ui-router 的 $state 服务用于定义一个状态机实例，home、contact、option 和 about 代表 HTML 模板。每一个 HTML 模板存在于一个特定的 URL 上，同时也对应于一个独一无二的状态。在不同的状态下，ionic 渲染

图 10-17　路由状态机

对应的 HTML 模板就实现了路由导航的功能。

10.3.2　模板视图与视图容器

ionic 路由中有两个重要组成部分——模板视图与视图容器,其中模板视图用于渲染 HTML 模板,视图容器作为 HTML 模板的最外层容器,用于存放 HTML 代码片段。

ionic 中使用 ion-nav-view 指令来定义模板视图,示例代码如下。

```
<ion-nav-view><!--模板内容将被插入此处--></ion-nav-view>
```

尽管在模板视图中可以随便写 HTML,但是在 ionic 中,为了代码的规范性,需要使用 ion-view 指令来定义视图容器,示例代码如下。

```
<script id="templates/index.html" type="text/ng-template">
    <ion-view>
       <!--模板内容-->
    </ion-view>
</script>
```

在上述代码中,AngularJS 将 script 元素的 type 属性定义为 text/ng-template,该 script 代码块则被称为内联模板。使用内联模板,可以把这些零散的 HTML 片段模板都集中在一个文件里,方便维护和开发。

10.3.3　路由的实现

了解了路由状态机、模板视图和视图容器后,接下来介绍 ionic 路由的实现步骤。

1. 配置路由状态机

首先配置路由状态机。状态的划分以及每个状态的元信息(例如模板、URL 等)是在配置阶段通过 $stateProvider 完成的,示例代码如下。

```
angular.module("starter",["ionic"])
    .config(function($stateProvider){
            $stateProvider.state("state1",{
                    url: '/url1',
                templateUrl: 'page1.html'
        })
        .state("state2",{
           url: '/url2',
               templateUrl: 'page2.html'
        })
        .state("state3",{
            url: '/url3',
         templateUrl: 'page3.html'
    });
});
```

在上述代码中,$stateProvider 的 state()方法用于声明一个状态。state()方法的第 1

个参数为状态名称,第 2 个参数为该状态的元信息。

2. 触发状态迁移

在 angular-ui-router 中定义的 ui-sref 指令用于触发状态迁移,示例代码如下。

```
<a ui-sref="url1">Go State 1</a>
```

当用户单击上述链接时,ui-sref 的值对应的是状态的 url 值。$state 服务将根据状态名(如 url1)找到对应的元信息,提取、编译模板 page1.html,并将其显示在 ui-view 指令指定的视图窗口中。

ionic 使用 ion-nav-view 指令代替了 ui-view 指令。与 ui-view 类似,$state 服务根据状态的变化来提取对应的 HTML 模板,将其显示在 ion-nav-view 中。

ion-nav-view 指令有一个属性 name,用于指定视图容器的名称。相同状态下的所有视图容器的名称都是唯一的,不同状态下可以有相同名称的视图容器。通过设置 ion-view 指令的属性,可以定制因状态变化而被动态载入的 HTML 模板视图。

ion-view 指令的常用可选属性如表 10-7 所示。

表 10-7　ion-view 常用属性

属　　性	取值类型	描　　述
title	字符串	显示在父 ion-nav-bar 中的标题
hide-back-button	布尔值	默认情况下,是否在父 ion-nav-bar 中隐藏后退按钮
hide-nav-bar	布尔值	默认情况下,是否隐藏父 ion-nav-bar
cache-view	布尔值	设置视图是否会被缓存。有关详细信息,请参阅 ionNavView 中的缓存部分。默认值为 true
can-swipe-back	布尔值	是否允许视图使用滑动手势返回上一级。如果正在运行的平台不支持滑动返回功能或者没有之前的视图,则不会被滑动返回。默认值为 true

在 ionic 中,视图是可以被缓存的(最多可以缓存 10 个视图),这意味着控制器通常只加载一次。为了监听视图何时进入或离开,ion-view 指令组件中提供了一些事件,这些事件包含有关视图的数据,如表 10-8 所示。

表 10-8　ion-view 事件

事　　件	描　　述
$ionicView.loaded	视图加载完毕。这个事件只会在每次创建视图并添加到 DOM 时发生一次。如果视图离开但缓存,则事件不会在后续查看时再次触发。加载事件通常用于放置视图的设置代码,不推荐用于视图变为活动时监听
$ionicView.enter	视图进入完毕,现在是活动视图。无论是第一次加载还是缓存视图,此事件将触发
$ionicView.leave	视图离开完毕,并且不再是活动视图。无论是缓存还是销毁,此事件将会触发

事　件	描　述
$ionicView. beforeEnter	视图即将进入,并且成为活动视图
$ionicView. beforeLeave	视图即将离开,不再是活动视图
$ionicView. afterEnter	视图进入完毕,现在是活动视图
$ionicView. afterLeave	视图离开完毕,并且不再是活动视图
$ionicView. unloaded	视图的控制器已被销毁,元素已从 DOM 中删除

接下来通过一个案例来演示使用 ion-nav-view 和 ion-view 实现 ionic 路由的方法,如 demo10-7. html 所示。

demo10-7. html

```
1    <html>
2    <head>
3        <meta charset="utf-8">
4        <meta name="viewport" content="initial-scale=1, maximum-scale=1,
                user-scalable=no, width=device-width">
5        <title>模板视图与视图容器</title>
6        <link href="lib/ionic/css/ionic.css" rel="stylesheet">
7        <script src="lib/ionic/js/ionic.bundle.min.js"></script>
8    </head>
9    <body ng-app="starter">
10       <ion-nav-view><i>模板内容将会加载到此处</i></ion-nav-view>
11       <script id="templates/page1.html" type="text/ng-template">
12           <ion-view>
13               <ion-content class="calm-bg">
14                   <p>   This is page 1.   </p>
15                   <a class="button" ui-sref="two">go to page2</a>
16               </ion-content>
17           </ion-view>
18       </script>
19       <script id="templates/page2.html" type="text/ng-template">
20           <ion-view>
21               <ion-content   class="royal-bg">
22                   <p>    This is page 2 </p>
23                   <a class="button" ui-sref="three">go to page3</a>
24               </ion-content>
25           </ion-view>
26       </script>
27       <script id="templates/page3.html" type="text/ng-template">
28           <ion-view>
29               <ion-content class="energized-bg">
30                   <p>    This is page 3.</p>
31                   <a class="button" ui-sref="one">go to page1</a>
32               </ion-content>
33           </ion-view>
34       </script>
```

```
35    </body>
36        <script type="text/javascript">
37            var app=angular.module('starter', ['ionic']);
38        app.config(function($stateProvider,$urlRouterProvider) {
39            //$stateProvider用来配置状态路由
40            $stateProvider
41                .state('one', {        //"one"是页面1的状态
42                    url: '/one',       //"/one"是页面1的Url
43                templateUrl: 'templates/page1.html'    //"page1.html"是页面1的模板
44                })
45                .state('two', {
46                    url: '/two',
47                templateUrl: 'templates/page2.html'
48                })
49                .state('three', {
50                    url: '/three',
51                templateUrl: 'templates/page3.html'
52                });
53            //以上匹配都失败的情况下,进行下面的匹配
54            $urlRouterProvider.otherwise('/one');
55        });
56    </script>
57 </html>
```

在上述代码中,第 11~34 行定义了三个不同的页面模板;第 10 行的 ion-nav-view 指令的位置用于加载页面模板;第 38~52 行代码用于定义视图状态;$urlRouterProvider.otherwise('/one');用于页面重定向,当没有匹配的 URL 时会重定向到"/one"。使用 Chrome 浏览器访问 demo10-7.html,页面效果如图 10-18 所示。

在图 10-18 中,页面下半部分为空,因此只截取页面上半部分的效果。单击按钮 go to page2 会跳转到第 2 页,页面效果如图 10-19 所示。

图 10-18　demo10-7.html 页面效果　　　　　　　图 10-19　page2

同样,在图 10-19 中单击按钮 go to page3,便会跳转到第 3 页。到这里,一个基本的 ionic 路由功能已经完成了。

10.4　界面组件

前文介绍了 ionic JavaScript 组件中的基本布局组件和导航组件,本节开始介绍 ionic 中基本的界面组件,包括顶部导航栏、列表、表单输入、幻灯片、侧边栏菜单、选项卡等。

10.4.1　顶部导航栏

在移动 App 中,顶部导航栏位于页面的最顶部,通常包含本页面的标题、页面间的跳转按钮等。

本节将为读者介绍顶部导航栏的使用方法,包括声明导航栏、嵌入后退按钮、声明按钮组、定制导航栏标题以及如何使用$ionicNavBarDelegate 代理服务来控制顶部导航栏。

1．声明导航栏

在 ionic 中可以使用 ion-nav-bar 指令为页面添加顶部导航栏。顶部导航栏通常与路由配合使用,它会根据视图状态的变化来更新导航栏显示的内容。ion-nav-bar 组件的可选属性如表 10-9 所示。

表 10-9　ion-nav-bar 组件的属性

属　　性	取值类型	描　　述
delegate-handle	字符串	定义一个用$ionicNavBarDelegate 获取本地组件对象的句柄名称
align-title	字符串	导航栏标题对齐的位置。可用 'left'、'right'或'center',默认为 'center'

2．嵌入后退按钮

顶部导航栏内部可以嵌入 ion-nav-back-button 指令作为后退按钮,该按钮只有在当前导航能够后退时才会显示出来,示例代码如下。

```
<ion-nav-bar class="bar-positive">
    <ion-nav-back-button>返回</ion-nav-back-button>
</ion-nav-bar>
```

将上述代码添加到 demo10-7.html 中第 10 行的 ion-nav-view 指令上面。访问该页面后,单击 go to page2 按钮跳转到第 2 页,便会显示"返回"按钮,如图 10-20 所示。

在图 10-20 中,按钮的图标为预定义效果。单击"返回"按钮后,会跳转到上一个页面,如图 10-21 所示。

图 10-20　"返回"按钮

图 10-21　page1

在图 10-21 中,由于跳转到 page1 后,页面不能再后退,因此按钮被隐藏。

3．声明按钮组

移动 App 的导航栏有时需要随着视图的切换显示不同的内容,为此 ionic 提供了 ion-nav-buttons 指令,用于在不同状态下显示不同的按钮组。该指令提供一个 side 属性,其作用是设置导航栏中按钮组的位置,取值范围包括 primary、secondary、left、right。

如果 ion-bar-buttons 指令组件作为 ion-nav-bar 或 ion-view 的直接后代元素,那么定义的按钮会依次根据 side 属性创建。

4. 定制导航栏标题

ion-nav-titile 指令用于定制顶部导航栏的内容,该内容可以是任意的 HTML 代码片段。需要注意的是,ion-nav-title 必须是 ion-nav-bar 或 ion-view 的直接后代元素。

5. $ ionicNavBarDelegate 代理服务

$ionicNavBarDelegate 服务是用于控制顶部导航栏的服务组件。App 中只能有一个顶部导航栏,因此不需要通过$getByHandle 方法获取导航栏对象,只要访问$ionicNavBarDelegate 即可。

该组件中提供的方法如表 10-10 所示。

表 10-10　$ionNavBarDelegate 方法

方　　法	参数类型	描　　述
title(title)	字符串	用于设置 ion-nav-bar 显示的标题文本
align([direction])	字符串	用于设置标题文字对齐的方向。可用'left'、'right'或'center'。默认为'center'
showBar(show)	布尔值	用于设置导航栏是否显示
showBackButton([show])	布尔值	用于设置是否显示后退按钮

接下来通过一个案例来演示定制顶部导航栏的效果,如 demo10-8. html 所示。

demo10-8. html

```
1   <html>
2   <head>
3       <meta charset="utf-8">
4       <meta name="viewport" content="initial-scale=1, maximum-scale=1,
                   user-scalable=no, width=device-width">
5       <title>定制顶部导航栏</title>
6       <link href="lib/ionic/css/ionic.css" rel="stylesheet">
7       <script src="lib/ionic/js/ionic.bundle.min.js"></script>
8   </head>
9   <body ng-app="starter" ng-controller="myCtrl">
10  <ion-nav-bar class="bar-positive">
11      <ion-nav-back-button>返回</ion-nav-back-button>
12  </ion-nav-bar>
13  <ion-nav-view>
14      <i>模板内容将会加载到此处</i>
15  </ion-nav-view>
```

```
16    <script id="templates/page1.html" type="text/ng-template">
17        <ion-view>
18            <ion-nav-title>page1</ion-nav-title>
19            <ion-nav-buttons side="secondary">
20                <a class="button">收藏</a>
21                <a class="button" ui-sref="two">下一页</a>
22            </ion-nav-buttons>
23            <ion-content class="calm-bg">
24                <p>    This is page 1.  </p>
25            </ion-content>
26        </ion-view>
27    </script>
28    <script id="templates/page2.html" type="text/ng-template">
29        <ion-view>
30            <ion-content   class="royal-bg">
31                <p>   This is page 2.  </p>
32                <a class="button" ng-click="setTitle()">设置标题</a>
33            </ion-content>
34        </ion-view>
35    </script>
36    </body>
37     <script type="text/javascript">
38          var app=angular.module('starter', ['ionic']);
39          app.config(function($stateProvider,$urlRouterProvider) {
40              //$stateProvider 用来配置状态路由
41              $stateProvider
42                      .state('one', {
43                          url: '/one',
44                          templateUrl: 'templates/page1.html'
45                      })
46                      .state('two', {
47                          url: '/two',
48                          templateUrl: 'templates/page2.html'
49                      });
50
51              //以上匹配都失败的情况下,进行下面的匹配
52              $urlRouterProvider.otherwise('/one');
53          });
54          app.controller("myCtrl",function($scope,$ionicNavBarDelegate) {
55              $scope.setTitle=function () {
56                  $ionicNavBarDelegate.title("我是 page2");
57              }
58          });
59      </script>
60    </html>
```

在上述代码中,定义了两个 HTML 模板(page1.html 和 page2.html),并且使用 ionic
路由配置了导航。page1.html 模板中使用 ion-nav-title 定义了导航栏显示的标题内容;使
用 ion-nav-buttons 定义了按钮组,side 属性取值为 secondary,代表按钮组显示在导航栏的
右侧。page2.html 中的"设置标题"按钮绑定了事件,单击按钮后调用第 55~57 行定义的

setTitle()方法;该方法中使用了 $ionicNavBarDelegate 服务代理的 title()方法,用于设置
page2 的标题。使用 Chrome 浏览器访问 demo10-8.html,页面效果如图 10-22 所示。

图 10-22　demo10-8.html 页面效果

在图 10-22 中单击"下一页"按钮,页面效果如图 10-23 所示。

在图 10-23 中单击"设置标题"按钮,可以看到导航栏显示标题"我是 page2",页面效果
如图 10-24 所示。

图 10-23　page2

图 10-24　显示标题

10.4.2　列表

本书第 9 章讲解过 ionic CSS 定义列表的方式,本节介绍可动态配置的 ionic 列表。该
列表通过 ionic JavaScript 组件来实现,支持多种多样的交互模式,例如移除列表的某一项、
拖动列表项重新排序、滑动编辑列表项等。

本节介绍 ionic JavaScript 列表的使用方法,包括声明列表、嵌入成员按钮以及用于控
制列表元素的代理服务 $ionicListDelegate。

1. 声明列表

ionic JavaScript 使用 ion-list 和 ion-item 这两个指令来声明列表,示例代码如下。

```
<ion-list>
    <ion-item ng-repeat="item in items">
        {{item}}
    </ion-item>
</ion-list>
```

ion-list 指令中提供了一些可选的属性,如表 10-11 所示。

表 10-11　ion-list 属性

属　　性	取值类型	描　　述
delegate-handle	字符串	用于定义带有 $ionicListDelegate 的列表
show-delete	布尔值	如果在成员内有 delete 按钮(ion-delete-button),则使用这个属性来通知列表是否显示元素删除按钮。允许值为 true | false

属　　性	取值类型	描　　述
show-reorder	布尔值	如果在成员内有 reorder 按钮(ion-reorder-button),则使用这个属性来通知列表是否显示元素重排序按钮。允许值为 true | false
can-swipe	布尔值	如果在成员内有 option 按钮(ion-option-button),则使用这个属性来允许或禁止通过向左滑动成员来打开 option 按钮。允许值为 true | false,默认为 true
type	字符串	可用来设置列表的种类:list-inset | card。这两种列表都产生内嵌的效果,区别在于 card 列表有边框的阴影效果

2. 嵌入成员按钮

在移动 App 中,列表的操作通常需要一些按钮的支持,例如删除某个列表项或者列表项重新排序等。ionic 中提供了三个指令来为列表项添加按钮功能。

- ion-option-button:选项按钮。

一个 ion-item 内可以包含多个选项按钮。选项按钮是隐藏的,需要用户向左滑动成员以显示按钮。ion-tabs 的 can-swipe 属性用于设置允许或禁止滑动开启选项按钮。

- ion-delete-button:删除按钮。

一个 ion-item 内最多有一个删除按钮。删除按钮在显示时总是位于成员的最左端。ion-tabs 的 show-delete 属性用于显示或隐藏删除按钮。

- ion-reorder-button:重排按钮。

一个 ion-item 内最多有一个重排按钮。重排按钮在显示时总是位于成员的最右端。ion-tabs 的 show-reorder 属性用于显示或隐藏重排按钮。

3. $ ionicListDelegate 服务代理

在 ionic 中,如果需要在脚本中控制列表元素,那么可以使用 $ ionicListDelegate 服务。该服务中提供的方法如表 10-12 所示。

表 10-12　$ ionicListDelegate 方法

方　　法	描　　述
showReorder([showReorder])	显示/关闭排序按钮。showReorder 的允许值为 true | false。可以使用一个作用域上的表达式
showDelete([showDelete])	显示/关闭删除按钮。showDelete 的允许值为 true | false。可以使用一个作用域上的表达式
canSwipeItems([canSwipeItems])	是否允许通过滑动方式来显示成员选项按钮。canSwipeItems 的允许值为 true | false。可以使用一个作用域上的表达式
closeOptionButtons()	关闭所有选项按钮

接下来通过一个案例来演示 ionic JavaScript 列表的使用方法,如 demo10-9. html 所示。

demo10-9. html

```
1   <html>
2   <head>
3       <meta charset="utf-8">
4       <meta name="viewport" content="initial-scale=1, maximum-scale=1,
                    user-scalable=no, width=device-width">
5       <title>ionic JS 列表</title>
6       <link href="lib/ionic/css/ionic.css" rel="stylesheet">
7       <script src="lib/ionic/js/ionic.bundle.min.js"></script>
8   </head>
9   <body ng-app="starter" ng-controller="myCtrl">
10  <ion-header-bar class="bar-positive">
11      <div class="buttons">
12          <button class="button button-icon icon ion-ios-minus-outline"
                ng-click="data.showDelete=
                !data.showDelete; data.showReorder=false"></button>
13      </div>
14      <h1 class="title">通讯录</h1>
15      <div class="buttons">
16          <button class="button"
                ng-click="data.showDelete=false;
                data.showReorder=!data.showReorder">排序 </button>
17      </div>
18  </ion-header-bar>
19  <ion-content>
20      <ion-list show-delete="data.showDelete"
                show-reorder="data.showReorder">
21          <ion-item ng-repeat="item in items" item="item"
                href="#/item/{{item.id}}" class="item-remove-animate">
22              
23              好友{{ item.id }}
24              <ion-delete-button class="ion-minus-circled"
                                ng-click="onItemDelete(item)">
25              </ion-delete-button>
26              <ion-option-button class="button-assertive">
27                  星标朋友
28              </ion-option-button>
29              <ion-option-button class="button-balanced">
30                  修改备注
31              </ion-option-button>
32              <ion-reorder-button class="ion-navicon"
                on-reorder="moveItem(item, $fromIndex, $toIndex)">
33                  </ion-reorder-button>
34          </ion-item>
35      </ion-list>
36  </ion-content>
37  </body>
38  <script type="text/javascript">
39          var app=angular.module('starter', ['ionic']);
40          app.controller('myCtrl', function($scope) {
41              $scope.data={
42                  showDelete: false
43              };
44              //排序
```

```
45                          $scope.moveItem=function(item, fromIndex, toIndex) {
46                              $scope.items.splice(fromIndex, 1);
47                              $scope.items.splice(toIndex, 0, item);
48                          };
49                          //删除好友
50                          $scope.onItemDelete=function(item) {
51                              $scope.items.splice($scope.items.indexOf(item), 1);
52                          };
53      $scope.items=[{ id: 0 }, { id: 1 }, { id: 2 }, { id: 3 },
                       { id: 4 }, { id: 5 }, { id: 6 }, { id: 7 }, { id: 8 },
                       { id: 9 }, { id: 10 }  ];
54      });
55      </script>
56      </html>
```

在上述代码中，使用 ion-list 和 ion-item 定义了一个列表，模拟通讯录的功能。

第 10～18 行定义了页面的头部区域并在头部区域添加了两个按钮，其中第 12 行的按钮用于控制每个列表项前面的删除按钮的显示和隐藏，第 16 行定义的按钮用于排序功能。

第 24、25 行使用 ion-delete-button 在每个列表项上定义删除按钮，该按钮显示在列表项的前方，默认隐藏。

第 26～31 行使用两个 ion-option-button 定义星标朋友和修改备注功能的按钮，向左滑动列表项会显示这两个按钮。该案例中的两个按钮没有绑定事件。

第 32、33 行使用 ion-reorder-button 定义排序拖动按钮。当单击"排序"按钮时显示拖动按钮，拖动按钮可以实现列表项的重新排序。

使用 Chrome 浏览器访问 demo10-9.html，页面效果如图 10-25 所示。

在图 10-25 中，单击左上角的⊖按钮，可以显示列表项前面的删除按钮，再次单击隐藏删除按钮。单击删除按钮删除前两项后，页面效果如图 10-26 所示。

图 10-25　demo10-9.html 页面效果　　　　图 10-26　删除列表项

在图 10-26 中,单击"排序"按钮,会显示列表项后面的拖动按钮(再次单击隐藏)。将前两项拖到最后,如图 10-27 所示。

在任意列表项上单击并向左滑动,会显示"修改备注"和"星标朋友"两个按钮,如图 10-28 所示。

图 10-27　列表项排序

图 10-28　左滑动显示按钮

10.4.3　表单输入

HTML5 中提供的表单控件在移动设备上的显示已趋于完善,因此 ionic 并没有大量地包装定制表单输入组件。

ionic JavaScript 中主要提供三个表单输入组件。

① ion-checkbox:用于定义复选框。

与 HTML5 的 checkbox 相比,通过 ionic 的 ion-checkbox 可以使用如下属性。

- ng-model:使用可选的 ng-model 属性,可以直接将选中状态绑定到作用域上的变量。

② ion-radio:用于定义单选按钮。

与 HTML5 的 radio 相比,ion-radio 的改进也是明显的,可以使用如下属性。

- ng-model:使用可选的 ng-model 属性,实现与作用域变量的数据绑定。
- ng-value:使用可选的 ng-value 属性,可以使用作用域变量设置单选按钮对应的值。

③ ion-toggle:用于定义开关。

ion-toggle 有两个可选的属性。

- ng-model:和复选按钮一样,开关按钮也可以使用可选的 ng-model 属性实现与作用域变量的双向绑定。
- toggle-class:同样可以使用可选的 toggle-class 属性为开关按钮声明额外的样式,例如 toggle-{color}用来声明配色方案。

使用上述组件定义表单输入组件与使用 ionic CSS 定义的表单输入功能基本一致,只是除开关外,复选框和单选按钮在样式上更接近原生输入控件。

接下来通过一个案例来演示 ionic JavaScript 表单输入组件的用法,如 demo10-10. html 所示。

demo10-10. html

```
1   <html>
2   <head>
3       <meta charset="utf-8">
4       <meta name="viewport" content="initial-scale=1, maximum-scale=1,
                     user-scalable=no, width=device-width">
5       <title>ionic JS 表单输入</title>
6       <link href="lib/ionic/css/ionic.css" rel="stylesheet">
7       <script src="lib/ionic/js/ionic.bundle.min.js"></script>
8   </head>
9   <body ng-app="starter" ng-controller="myCtrl">
10  <ion-content>
11      <div class="list">
12          <div class="item item-divider calm-bg">复选框</div>
13          <ion-checkbox ng-repeat="item in checkList"
14                      ng-model="item.checked"
15                      ng-checked="item.checked">
16              {{ item.text }}
17          </ion-checkbox>
18          <div class="item">
19              <pre ng-bind="checkList | json"></pre>
20          </div>
21          <div class="item item-divider calm-bg">
22              单选按钮选中的值为: {{ data.clientSide }}
23          </div>
24          <ion-radio ng-repeat="item in clientSideList"
25                  ng-value="item.value"
26                  ng-model="data.clientSide">
27              {{ item.text }}
28          </ion-radio>
29      <div class="item item-divider calm-bg">开关</div>
30      <ion-toggle ng-repeat="item in settingsList"
31              ng-model="item.checked"
32              ng-checked="item.checked">
33              {{ item.text }}
34      </ion-toggle>
35          <div class="item">
36              <pre ng-bind="settingsList | json"></pre>
37          </div>
38      </div>
39  </ion-content>
40  </body>
```

```
41   <script type="text/javascript">
42        var app=angular.module('starter',['ionic']);
43          app.controller('myCtrl', function($scope) {
44              //复选框数据
45              $scope.checkList=[
46                  { text: "Angular", checked: true },
47                  { text: "Backbone", checked: false }
48              ];
49              //单选按钮数据
50              $scope.clientSideList=[
51                  { text: "Angular", value: "Angular" },
52                  { text: "Backbone", value: "Backbone" }
53              ];
54              $scope.data={
55                  clientSide: 'Backbone'
56              };
57              //开关数据
58              $scope.settingsList=[
59                  { text: "Angular", checked: true },
60                  { text: "Backbone", checked: false }
61              ];
62          });
63      </script>
64  </html>
```

在上述代码中,定义了复选框、单选按钮和开关三个组件,将三个组件放入了列表中,并使用列表分隔符进行分隔。

为了更直观地展示组件和数据的关系,在第 19 行和第 36 行定义复选框和开关按钮的代码中,使用 list | json 方法在页面输出组件对象的数据结构,这样在选中某项时,checked 属性会变为 true;在单选按钮的代码中,使用 data. clientSide 属性绑定选中的值,并在页面上输出,可以直接看到单选按钮选中的值。使用 Chrome 浏览器访问 demo10-10. html,页面效果如图 10-29 所示。

10.4.4　幻灯片

幻灯片也是一种常见的 UI 表现方式,它从一组元素中选择一个投射到屏幕可视区域,用户可以通过滑动方式(向左或向右)进行切换。幻灯片一般作为移动 App 的启动页面,效果如图 10-30 所示。

图 10-29　demo10-10. html 页面效果

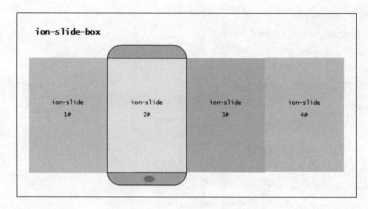

图 10-30   幻灯片效果

在 ionic 中,使用 ion-slide-box 指令声明幻灯片元素,使用 ion-slide 指令声明幻灯页元素,示例代码如下。

```
<ion-slide-box>
    <ion-slide>...</ion-slide>
    <ion-slide>...</ion-slide>
    ...
</ion-slide-box>
```

ion-slide-box 指令有一些可选属性可以定制其播放行为,如表 10-13 所示。

表 10-13   ion-slide-box 属性

属 性	取值类型	描 述
delegate-handle	字符串	该句柄用$ionicSlideBoxDelegate 来标识这个滑动框
does-continue	布尔值	是否循环切换。开头的幻灯页只能向左滑动,最后的幻灯页只能向右滑动,因此将 does-continue 属性值设为 true 就可以让幻灯页组首尾连接起来,循环切换
auto-play	布尔值	是否自动播放。通过将 auto-play 属性设置为 true,可以让幻灯片自动切换。切换的间隔默认是 4000ms,可以通过属性 slide-interval 进行调整
slide-interval	数值	自动播放的间隔时间,默认为 4000ms
show-pager	布尔值	是否显示分页器。分页器用来指示幻灯页的选中状态,位于幻灯片的底部。允许值为 true	false

ion-slide-box 指令还提供了可选事件,如表 10-14 所示。

表 10-14   ion-slide-box 事件

事 件	取值类型	描 述
pager-click	表达式	当单击页面时,触发该表达式(如果 shou-pager 为 true),传递一个'索引'变量
on-slide-changed	表达式	当滑动时,触发该表达式,传递一个'索引'变量
active-slide	表达式	将模型绑定到当前滑动框

　　读者可以使用服务＄ionicSlideBoxDelegate 在脚本中操作幻灯片对象，该服务中提供的方法如表 10-15 所示。

表 10-15　＄ionicSlideBoxDelegate 方法

方　　法	描　　述
update()	重绘幻灯片。当容器尺寸发生变化时，需要调用 update()方法重绘幻灯片
slide(to[,speed])	切换到指定幻灯页。参数 to 表示切换的目标幻灯页序号，参数 speed 是可选的，表示以毫秒为单位的切换时间
enableSlide([shouldEnable])	幻灯片能使参数 shouldEnable 的允许值为 true｜false
previous()	切换到前一张幻灯页
next()	切换到后一张幻灯页
currentIndex()	获得当前幻灯页的序号
slideCount()	获得全部幻灯页的数量

　　接下来通过一个案例来演示幻灯片的使用方法，如 demo10-11.html 所示。

demo10-11.html

```
1   <html>
2   <head>
3     <meta charset="utf-8">
4     <meta name="viewport" content="initial-scale=1, maximum-scale=1,
                user-scalable=no, width=device-width">
5     <title>ionic JS幻灯片</title>
6     <link href="lib/ionic/css/ionic.css" rel="stylesheet">
7     <script src="lib/ionic/js/ionic.bundle.min.js"></script>
8     <style>
9        .blue {
10          background-color: deepskyblue;
11       }
12       .yellow {
13          background-color: yellow;
14       }
15       .pink {
16          background-color: pink;
17       }
18       .box{
19          height:100%;
20       }
21       .box h1{
22          text-align: center;
23          position: relative;
24          top:50%;
25       }
26    </style>
27  </head>
28  <body ng-app="starter" ng-controller="myCtrl">
```

```
29   <ion-slide-box auto-play="true">
30      <ion-slide>
31         <div class="box blue"><h1>全世界的好东西</h1></div>
32      </ion-slide>
33      <ion-slide>
34         <div class="box yellow"><h1>天天五折起</h1></div>
35      </ion-slide>
36      <ion-slide>
37         <div class="box pink"><h1>立即开启</h1></div>
38      </ion-slide>
39   </ion-slide-box>
40   </body>
41   <script>angular.module('starter',['ionic']);</script>
42   </html>
```

在上述代码中,第 29～39 行定义了一个幻灯片,该幻灯片中包含三个 ion-slide 元素。第 29 行使用 auto-play 属性设置了幻灯片自动播放;第 8～26 行设置了幻灯片的样式,包括满屏(只需设置高度)、文字居中显示、三个元素不同的背景色等。使用 Chrome 浏览器访问 demo10-11. html,页面效果如图 10-31 所示。

该幻灯片默认 4000ms 自动播放一次,也可滑动播放,如图 10-32 所示。

图 10-31　demo10-11. html 页面效果　　　　图 10-32　幻灯片播放

10.4.5　侧边栏菜单

侧边栏菜单是一个最多包含三个子容器的元素:左边栏、右边栏和主内容区域。通过把主要内容区域从一边滑动到另一边来让左侧或右侧的侧边栏菜单进行切换,如图 10-33 所示。

默认情况下,侧边栏菜单只显示 ion-side-menu-content 容器的内容。向左滑动时,显示右边栏 ion-side-menu 容器的内容;向右滑动时,显示左边栏 ion-side-menu 容器的内容。

接下来介绍侧边栏菜单的具体使用方法,包括声明侧边栏菜单、侧边栏菜单的显示设置

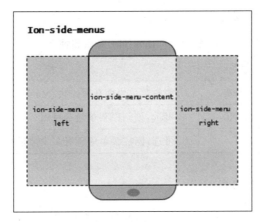

图 10-33　侧边栏结构

以及如何使用 $ionicSideMenuDelegate 代理服务来控制侧边栏菜单。

1. 声明侧边栏菜单

在 ionic 中声明侧边栏菜单，需要添加一个父元素 ion-side-menus、一个中间内容 ion-side-menu-content 和一个或更多 ion-side-menu 指令，示例代码如下。

```
<ion-side-menus>
    <!--中间内容 -->
    <ion-side-menu-content ng-controller="ContentController">
    </ion-side-menu-content>
    <!--左侧菜单 -->
    <ion-side-menu side="left">
    </ion-side-menu>
    <!--右侧菜单 -->
    <ion-side-menu side="right">
    </ion-side-menu>
</ion-side-menus>
```

在上述代码中，ion-side-menu-content 用于设置侧边栏菜单的主内容区域，ion-side-menu 指令用于声明侧边栏区域容器。ion-side-menu-content 指令中有一些可选的属性，如表 10-16 所示。

表 10-16　ion-side-menu-content 属性

属　　性	取值类型	描　　述
drag-content	布尔值	是否允许拖动内容打开侧栏菜单，默认为 true。当设置为 false 时，将禁止通过拖动内容打开侧栏菜单
edge-drag-threshold	布尔值	是否启用边距检测，默认为 false • 如果设置为一个正数，那么只有当拖动发生在距离边界小于这个数值的情况下，才触发侧栏显示
	数值	• 当设置为 true 时，使用默认的 25px 作为边距阈值。如果设置为 false 或 0，则意味着禁止边距检测，可以在内容区域的任何地方拖动来打开侧栏

ion-side-menu 指令的属性如表 10-17 所示。

表 10-17　ion-side-menu 属性

属　　性	取值类型	描　　述
side	字符串	侧栏菜单当前在哪一边。可选的值有'left' 或 'right'
is enabled	布尔值	可选,该侧栏菜单是否可用
width	数值	可选,侧栏菜单应该有多少像素的宽度,默认为 275

2. 侧边栏菜单的显示设置

(1) 显示状态设置。menu-toggle 指令用来给元素增加切换侧栏内容显示状态的功能,示例代码如下。

```
<!--切换左侧栏显示状态-->
<any menu-toggle="left"></any>
<!--切换右侧栏显示状态-->
<any menu-toggle="right"></any>
```

(2) 关闭侧栏内容。menu-close 指令用来给元素增加关闭侧栏内容的功能,示例代码如下。

```
<any menu-close=""></any>
```

与 menu-toggle 指令不同,menu-close 不需要指定要关闭的侧栏位置,而是直接将当前打开的侧栏关闭。

(3) 侧边栏自动显示条件表达式。默认情况下,侧边栏是隐藏的,需要用户向左或向右拖动内容或者通过一个切换按钮来打开。但是在有些场景下(如横放的平板),当屏幕宽度足够大时,页面自动地显示侧边栏内容会更合理。

为此,ionic 提供了 expose-aside-when 属性,用来处理这种情况。与 CSS3 的媒体查询类似,expose-aside-when 的取值通常是一个 CSS 表达式;例如 expose-aside-when＝"(min-width:768px)",这意味着当屏幕宽度大于 768px 时,将自动显示侧栏菜单。ionic 为 expose-aside-when 提供了一个快捷选项:large,所以 expose-aside-when＝"large"等同于 expose-aside-when＝"(min-width:768px)"。

3. $ ionicSideMenuDelegate 代理服务

如果需要在脚本中控制侧边栏菜单,可以使用 $ionicSideMenuDelegate 服务代理。$ionicSideMenuDelegate 提供了很多组件方法,常用方法如表 10-18 所示。

表 10-18　$ionicSideMenuDelegate 方法

方　　法	描　　述
toggleLeft([isOpen])	是否打开左侧栏菜单。参数 isOpen 是可选的,默认为 true,表示打开左侧栏菜单

续表

方　　法	描　　述
toggleRight([isOpen])	是否打开右侧栏菜单。参数 isOpen 是可选的,默认为 true,表示打开右侧栏菜单
getOpenRatio()	侧栏菜单打开的宽度占其总宽度的比例。例如,一个 100px 宽的侧栏菜单,如果打开 50px,那么其比例为 50%,getOpenRatio()将返回 0.5
isOpen()	当前侧栏菜单是否打开。不管是左侧栏菜单还是右侧栏菜单,只要处于打开状态,isOpen()都返回 true
isOpenLeft()	左侧栏菜单是否打开。当左侧栏菜单处于打开状态时,isOpenLeft()返回 true
isOpenRight()	右侧栏菜单是否打开。当右侧栏菜单处于打开状态时,isOpenRight()返回 true
canDragContent([canDrag])	是否允许拖曳内容以打开侧栏菜单。canDrag 参数是可选的,如果 canDrag 为 true,表示允许通过拖曳内容打开侧栏菜单
edgeDragThreshold(value)	设置边框距离阈值。当参数 value 为 false 或 0 时,意味着在内容区域的任何位置进行拖曳都可以打开侧栏菜单。如果参数 value 为一个数值,意味着只有当拖曳发生的位置距边框不大于此数值时,才能打开侧栏菜单。参数 value 为 true 等同于将 value 设置为 25
$getByHandle(handle)	返回匹配 handle 字符串的所指定的侧栏菜单实例

接下来通过一个案例来演示侧边栏菜单的使用方法,如 demo10-12.html 所示。

demo10-12.html

```
1   <html>
2   <head>
3     <meta charset="utf-8">
4     <meta name="viewport" content="initial-scale=1, maximum-scale=1,
               user-scalable=no, width=device-width">
5     <title>侧边栏菜单</title>
6     <link href="lib/ionic/css/ionic.css" rel="stylesheet">
7     <script src="lib/ionic/js/ionic.bundle.min.js"></script>
8   </head>
9   <body ng-app="starter">
10  <ion-side-menus>
11    <!--中间内容 -->
12    <ion-side-menu-content ng-controller="myCtrl">
13      <ion-header-bar align-title="left" class="bar-positive">
14          <button  class="button button-icon icon ion-navicon"
                    ng-click="toggleLeft()"></button>
15        <h1 class="title" style="text-align: center;">小蓝书</h1>
16      <button  class="button button-icon icon ion-android-cart"></button>
17      </ion-header-bar>
18      <ion-content>
19          商品展示区域
20      </ion-content>
```

```
21        </ion-side-menu-content>
22        <!--左侧菜单 -->
23        <ion-side-menu side="left" width="180">
24            <header class="bar bar-header bar-stable">
25                <h1 class="title">个人中心</h1>
26            </header>
27            <ion-content class="has-header">
28                <ion-list>
29                    <ion-item nav-clear menu-close class="item-avatar" href="#">
30                        <img src="img/demo10-12/abby.jpg">Abby
31                    </ion-item>
32                    <ion-item nav-clear menu-close href="#">
33                        我的收货地址
34                    </ion-item>
35                    <ion-item nav-clear menu-close href="#">
36                        账户与安全
37                    </ion-item>
38                    <ion-item nav-clear menu-close href="#">
39                        隐私
40                    </ion-item>
41                    <ion-item nav-clear menu-close href="">
42                        通用
43                    </ion-item>
44                </ion-list>
45            </ion-content>
46        </ion-side-menu>
47    </ion-side-menus>
48    </body>
49    <script type="text/javascript">
50        angular.module('starter',['ionic'])
51            .controller('myCtrl',function($scope, $ionicSideMenuDelegate){
52                $scope.toggleLeft=function() {
53                    $ionicSideMenuDelegate.toggleLeft();
54                };
55            });
56    </script>
57    </html>
```

在上述代码中,定义了一个侧边栏菜单,模拟购物类 App 的个人中心效果。中间的主内容区域头部包含左侧按钮、标题和右侧按钮,内容区域添加了"商品展示区域"文字提示。

左侧按钮的 ng-click 事件绑定了 toggleLeft()函数,该函数中调用$ionicSideMenuDelegate.toggleLeft()方法实现菜单显示,读者还可以尝试在按钮上添加 menu-toggle="left"来实现同样的效果。使用 Chrome 浏览器访问 demo10-12.html,页面效果如图 10-34 所示。

在图 10-34 中单击左侧图标按钮,便会显示左侧菜单,如图 10-35 所示。

需要注意的是,以上页面内容没有满屏,因此都是截取了页面的上半部分。

图 10-34　demo10-12. html 页面效果

图 10-35　左侧菜单

10.4.6　选项卡

本书第 9 章讲解过 ionic CSS 定义的选项卡,读者了解了选项卡的外观以及通过预定义的 CSS 类进行选项卡的外观定制。然而,通过 ionic CSS 定义的选项卡无法完成选项卡之间切换的功能,该功能需要通过 ionic JavaScript 实现的选项卡结合路由的功能来实现。

本节介绍 ionic 选项卡的使用,包括声明选项卡以及如何使用$ionicTabsDelegate 代理服务来控制选项卡。

1. 声明选项卡

ionic 中使用 ion-tabs 指令声明选项卡,使用 ion-tab 声明选项页,示例代码如下。

```
<ion-tabs>
    <ion-tab title="...">...</ion-tab>
    <ion-tab title="...">...</ion-tab>
        ...
</ion-tabs>
```

在上述代码中,每个 ion-tab 元素的 title 属性值将作为选项页的标题。可以使用 CSS 类.tabs-top 和. tabs-bottom 来定义选项卡位于页面的顶部还是底部;也可以通过 $ionicConfigProvider 在配置阶段设置选项卡的位置,示例代码如下。

```
app.config(function($ionicConfigProvider){
    $ionicConfigProvider.tabs.position("top");
    //参数可以是: top | bottom
});
```

需要注意的是,不要把 ion-tabs 指令放在 ion-content 之内,应当将其放入 ion-view 指令内,否则 ionic 在计算布局时可能出错。

ion-tab 指令中提供了一些可选的属性用于选项卡的基本操作,如表 10-19 所示。

表 10-19　ion-tab 属性

属　　性	取值类型	描　　　　述
href	字符串	当用户触碰时,该选项卡将会跳转的链接
icon	字符串	该属性用来在标题文字旁边添加一个指定的图标。该属性的值将被作为 icon-on 和 icon-off 的默认值
icon-on	字符串	被选中的图标。如果一个选项页被选中,ion-tabs 将使用 icon-on 属性的值绘制图标。如果 icon-on 没有设置,那么 ion-tabs 就使用 icon 属性的值绘制图标
icon-off	字符串	没被选中的图标。如果一个选项页没有被选中,ion-tabs 将使用 icon-off 属性的值绘制图标。如果 icon-off 没有设置,那么 ion-tabs 就使用 icon 属性的值绘制图标
badge	表达式	选项卡上的徽章。通常是一个数字,可以是一个具体的值,也可以是当前作用域上的一个变量
badge-style	表达式	选项卡上徽章的样式(例如 tabs-positive)
on-select	表达式	选项卡被选中时触发
on-deselect	表达式	选项卡取消选中时触发
ng-click	表达式	通常,单击时选项卡会被选中。如果设置了 ng-click,它将不会被选中。可以用 $ionicTabsDelegate.select()来指定切换标签
hidden	表达式	隐藏标签页。hidden 属性是当前作用域上的表达式。当其值为 true 时,选项页将不可见
disabled	表达式	禁用标签页。disabled 属性是当前作用域上的表达式。当值为 true 时,选项页将不响应用户的单击

2．$ ionicTabsDelegate 代理服务

使用 $ionicTabsDelegate 服务可以在脚本中控制选项卡对象,该服务中提供的方法如表 10-20 所示。

表 10-20　$ionicTabsDelegate 方法

方　　法	描　　　　述
select(index)	选中指定的选项页。index 参数从 0 开始,第一个选项页的 index 为 0,第二个为 1,依此类推
selectedIndex()	返回当前选中选项页的索引号。如果当前没有选中的选项页,则返回-1
$getByHandle(handle)	返回匹配 handle 的字符串所指定的选项卡栏实例

接下来通过一个案例来演示 ionic JavaScript 选项卡的具体用法,如 demo10-13. html
所示。

demo10-13. html

```
1   <html>
2   <head>
3       <meta charset="utf-8">
4       <meta name="viewport" content="initial-scale=1, maximum-scale=1,
                    user-scalable=no, width=device-width">
5       <title>选项卡</title>
6       <link href="lib/ionic/css/ionic.css" rel="stylesheet">
7       <script src="lib/ionic/js/ionic.bundle.min.js"></script>
8   </head>
9   <body ng-app="starter">
10  <ion-nav-bar class="bar-stable">
11      <ion-nav-back-button>
12      </ion-nav-back-button>
13  </ion-nav-bar>
14  <ion-tabs class="tabs-icon-top tabs-color-active-positive">
15      <!--Dashboard Tab -->
16      <ion-tab title="Status" icon-off="ion-ios-pulse"
                icon-on="ion-ios-pulse-strong" href="#/dash">
17          <ion-nav-view name="tab-dash"></ion-nav-view>
18      </ion-tab>
19      <!--Chats Tab -->
20      <ion-tab title="Chats" icon-off="ion-ios-chatboxes-outline"
                icon-on="ion-ios-chatboxes" href="#/chats">
21          <ion-nav-view name="tab-chats"></ion-nav-view>
22      </ion-tab>
23      <!--Account Tab -->
24      <ion-tab title="Account" icon-off="ion-ios-gear-outline"
                icon-on="ion-ios-gear" href="#/account">
25          <ion-nav-view name="tab-account"></ion-nav-view>
26      </ion-tab>
27  </ion-tabs>
28  <!--模板-->
29  <script id="templates/tab-dash.html" type="text/ng-template">
30      <ion-view view-title="Dashboard">
31          <ion-content class="calm-bg"></ion-content>
32      </ion-view>
33  </script>
34  <script id="templates/tab-chats.html" type="text/ng-template">
35      <ion-view view-title="Chats">
36          <ion-content  class="royal-bg"></ion-content>
37      </ion-view>
38  </script>
39  <script id="templates/tab-account.html" type="text/ng-template">
40      <ion-view view-title="Account">
```

```
41          <ion-content class="energized-bg"></ion-content>
42        </ion-view>
43    </script>
44    </body>
45    <script type="text/javascript">
46      var app=angular.module('starter',['ionic']);
47      app.config(function($stateProvider, $urlRouterProvider) {
48          $stateProvider
49                .state('dash', {
50                    url: '/dash',
51                    views: {
52                        'tab-dash': {
53                            templateUrl: 'templates/tab-dash.html',
54                        }
55                    }
56                })
57                .state('chats', {
58                    url: '/chats',
59                    views: {
60                        'tab-chats': {
61                            templateUrl: 'templates/tab-chats.html',
62                        }
63                    }
64                })
65                .state('account', {
66                    url: '/account',
67                    views: {
68                        'tab-account': {
69                            templateUrl: 'templates/tab-account.html',
70                        }
71                    }
72                });
73          $urlRouterProvider.otherwise('/dash');
74      });
75    </script>
76    </html>
```

在上述代码中,结合 ionic 路由完成了选项卡的切换功能,其中第 14～27 行为选项卡代码。该段代码是通过修改 ionic 项目代码中 www\templates\tabs.html 的代码完成的,需要注意选项卡图标的使用。第 29～43 行定义了三个选项卡页对应加载的 HTML 模板,其中使用 view-title 属性定义的标题会显示在 ion-nav-bar 元素中。使用 Chrome 浏览器访问 demo10-13.html,页面效果如图 10-36 所示。

在图 10-36 中,单击图标可以切换选项卡,同时顶栏显示的内容会随之切换,如图 10-37 所示。

图 10-36　demo10-13. html 页面效果　　　　图 10-37　选项卡切换效果

多学一招：使用 $ionicHistory 服务管理历史记录

　　浏览器的历史记录是按照用户访问顺序存储的，因此在 Web 页面中可以利用这个特点定制返回上一页面的功能。但是在移动 App 中，有些情况是浏览器历史记录无法满足的，例如选项卡内嵌套侧边栏。选项卡和侧边栏切换了多次后，顶部导航栏的返回按钮应该返回到上一个选项卡的视图，而不是侧边栏管理的视图，这时就需要使用 ionic 的 $ionicHistory 服务对历史记录进行管理。

　　ionic 的导航框架会自动维护用户的访问历史栈，$ionicHistory 服务可以让选项卡间单独维护自己的浏览历史记录。这样在一个选项卡中，如果访问了多个页面，那么单击导航栏的返回按钮后，页面还将属于该选项卡。

　　$ionicHistory 服务中提供的一些方法需要读者了解，如表 10-21 所示。

表 10-21　$ionicHistory 方法

方　　法	描　　述
viewHistory()	返回视图访问历史数据
currentView()	返回当前视图对象
currentHistoryId()	返回历史 ID
currentTitle([val])	设置或读取当前视图的标题，参数 val 是可选的。无参数调用 currentTile() 方法则返回当前视图的标题
backView()	返回历史栈中的前一个视图对象。如果从视图 A 导航到视图 B，那么视图 A 就是视图 B 的前一个视图对象
backTitle()	返回历史栈中前一个视图的标题

续表

方　法	描　述
forwardView()	返回历史栈中的下一个视图对象
currentStateName()	返回当前所处状态名
goBack()	切换到历史栈中的前一个视图(存在的情况下)
clearHistory()	清空历史栈。除了当前的视图记录,将清空应用的全部访问历史
clearCache()	清空视图缓存。将每一个 ion-nav-view 缓存的视图都清空,包括移除 DOM 及绑定的作用域对象
nextViewOptions (options)	设置后续视图切换的选项。options 参数是一个 JSON 对象,目前支持的选项字段如下。 • disableAnimate:true　在后续的转场中禁止动画 • disableBack:true　后续的视图将不能回退 • historyRoot:true　下一个视图将作为历史栈的根节点

10.5　本章小结

　　本章首先按照使用方式分类,介绍了 ionic JavaScript 中的指令式组件和服务式组件。然后按照功能分类,讲解了基本布局组件、导航组件和界面组件的使用。

　　学完本章后,要求读者了解 ionic JavaScript 的指令式组件和服务式组件,掌握基本布局组件、导航组件和界面组件的使用,能够参考 API 完成书中案例代码。

【思考题】

　　1. 列举 ionic JavaScript 中主要提供的三个表单输入组件。

　　2. 列举 ionic 中提供的为列表项添加按钮功能的指令,并简要描述其作用。

第 11 章

ionic JavaScript（下）

上一章讲解了 ionic JavaScript 的基本布局组件、导航组件和界面组件，其实 ionic JavaScript 中还有一些动态组件和手势事件，本章将针对 ionic JavaScript 的动态组件和手势事件进行详细讲解。另外，第 12 章的综合项目中应用了客户端数据存储的功能，它是通过 IndexedDB 实现的，因此本章将 IndexedDB 作为扩展内容，为读者介绍 IndexedDB 的基本使用。

【教学导航】

学习目标	1. 掌握 ionic JavaScript 动态组件的使用方法 2. 掌握 ionic JavaScript 常用手势事件的使用方法 3. 了解 IndexedDB 的基本概念 4. 熟悉 IndexedDB 基本的增删改查方法
教学方式	本章内容以理论讲解、案例和过程演示为主
重点知识	1. ionic JavaScript 的动态组件 2. ionic JavaScript 的手势事件
关键词	$ionicModal、$ionicActionSheet、$ionicPopup、$ionicPopover、$ionicBackdrop、 $ionicLoading

11.1 动态组件

ionic JavaScript 的动态组件用于实现移动 App 的动态页面效果，包括模态对话框、上拉菜单、弹出框、浮动框、背景幕和载入指示器等，本节将一一介绍。

11.1.1 模态对话框

在移动 App 中，当用户对某项内容进行选择或编辑时，常常需要应用模态对话框。模态对话框被调用时会临时占用屏幕的全部空间，所以在模态对话框关闭之前，其他的用户交互行为会被阻止。

在 ionic 中使用模态对话框的步骤如下。

① 声明模态对话框模板。

② 创建模态对话框控制器对象。

③ 获取模态对话框对象。

④ 操作模态对话框对象。

接下来针对上述步骤介绍模态对话框的具体用法。

1. 声明模态对话框模板

ion-modal-view 指令用于声明模态对话框模板,该指令作为容器元素,包含模态对话框所有的内容。模态对话框模板可以是单独的 HTML 文件或者置入 script 元素内构造的内联模板。使用内联模板方式声明模态对话框模板的基本格式如下。

```
<script id="index.html" type="text/ng-template">
  <ion-modal-view>
  <!--模态对话框内容-->
  </ion-modal-view>
</script>
```

2. 创建模态对话框控制器

在 ionic 中,模态对话框对象是通过 ionicModal 模态对话框控制器对象(后文简称为模态对话框控制器)来获取的;也就是说,创建模态对话框对象之前,要先创建模态对话框控制器。

$ionicModal 服务提供了两种创建模态对话框控制器的方式。

① 通过 fromTemplate()方法可以使用字符串模板创建模态对话框控制器,基本格式如下:

```
fromTemplate (templateString, options)
```

上述方法包含两个参数(templateString 和 options),关于这两个参数的相关说明如表 11-1 所示。

表 11-1　fromTemplate(templateString, options)参数说明

参　数	取值类型	描　述
templateString	字符串	模板的字符串作为模态对话框的内容
options	对象	options 会被传递到 $ionicModal 组件的 initialize(options)方法中。initialize(options)方法被执行后,返回一个 ionicModal 对象(promise 对象)

② 通过 fromTemplateUrl 方法可以使用内联模板创建模态对话框控制器,基本格式如下:

```
fromTemplateUrl(templateUrl,options)
```

上述方法包含两个参数(templateUrl 和 options),关于这两个参数的相关说明如表 11-2 和表 11-3 所示。

表 11-2　**fromTemplateUrl(templateUrl,options)参数说明**

参　　数	取值类型	描　　述
templateUrl	字符串	载入模板的 URL
options	对象	options 会传递到 $ionicModal 组件的 initialize(options)方法中。initialize(options)方法被执行后,返回一个 ionicModal 对象(promise 对象)

initialize(options)方法的 options 参数包含的可选属性如表 11-3 所示。

表 11-3　**options 属性**

属　　性	取值类型	描　　述
scope	对象	模态对话框使用的作用域对象,默认将创建一个 $rootScope 的子作用域
animation	字符串	模态对话框显示与隐藏时的切换动画方式,默认为 slide-in-up
focusFirstInput	布尔值	模态对话框显示时是否第一个输入控件获取焦点,默认为 false
hardwareBackButtonClose	布尔值	用户在 Android 平台下单击系统回退按钮时是否关闭模态对话框,默认为 true

3．获取模态对话框对象

$ionicModal 服务用于载入静态的模态对话框模板,并返回模态对话框控制器。模态对话框控制器实际上是一个 promise 对象,该对象被解析后,便可以在其 then()方法中获取模态对话框对象,示例代码如下。

```
$ionicModal.fromTemplate('templates/demo.html', {
        scope: $scope
    }).then(function(modal) {
      // modal 参数代表模态对话框对象
    });
```

在上述代码中,$ionicModal.fromTemplate()方法返回的对象就是模态对话框控制器。模态对话框控制器的 then()方法可以接收一个函数作为参数,该函数的 modal 参数便是模态对话框对象。

注意：

promise 是 ES6 提供的处理异步操作的对象,目的是为异步编程提供统一接口,它比传统的解决方案(回调函数和事件)更合理、更强大,示例代码如下。

```
var promise = new Promise(function(resolve, reject) {
 if (/* 异步操作成功 */){
 resolve(value);
 } else {
 reject(error);
 }
});
```

```
promise.then(function(value) {
 // success
}, function(value) {
 // failure
});
```

在上述代码中，Promise 构造函数接收一个函数作为参数，该参数中可以接收两个参数，分别是 resolve 方法和 reject 方法。如果异步操作成功，则调用 resolve 方法将 promise 对象的状态从"未完成"变为"成功"；如果异步操作失败，则调用 reject 方法将 promise 对象的状态从"未完成"变为"失败"。promise.then()方法接收两个参数，第 1 个参数用作异步操作成功的回调函数，第 2 个参数为异步操作失败的回调函数。

使用了 promise 对象之后，可以用一种链式调用的方式来组织代码，让代码更加直观。关于 promise 对象的更多内容可以查询相关资料，这里了解其作用即可。

4. 操作模态对话框对象

获取模态对话框对象后，便可以使用模态对话框控制器的一些方法来操作模态对话框对象，包括显示、隐藏或删除模态对话框等。模态对话框控制器的方法如表 11-4 所示。

表 11-4　模态对话框控制器的方法

方　法	描　述
show()	显示模态对话框，返回值是动画效果完成时将被解析完成的 promise 对象
hide()	隐藏模态对话框，返回值是动画效果完成时将被解析完成的 promise 对象
remove()	移除模态对话框，从 DOM 中清除模态对话框实例
isShown()	返回一个布尔类型的值，表示模态对话框是否显示

接下来通过一个案例来演示模态对话框的基本使用方法，如 demo11-1. html 所示。
demo11-1. html

```
1   <html>
2   <head>
3       <meta charset="utf-8">
4       <meta name="viewport" content="initial-scale=1, maximum-scale=1, user-scalable
            =no, width=device-width">
5       <title>模态对话框</title>
6       <link href="lib/ionic/css/ionic.css" rel="stylesheet">
7       <script src="lib/ionic/js/ionic.bundle.min.js"></script>
8   </head>
9   <body ng-app="starter" ng-controller="myCtrl">
10  <ion-header-bar class="bar-royal">
11      <h2 class="title">联系人</h2>
12      <div class="buttons">
13      <button class="button button-icon ion-person-add"
                ng-click="modal.show()">
14          </button>
```

```
15        </div>
16    </ion-header-bar>
17    <ion-content>
18        <ion-list>
19            <ion-item ng-repeat="contact in contacts">
20                {{contact.name}}
21            </ion-item>
22        </ion-list>
23    </ion-content>
24    <script id="templates/modal.html" type="text/ng-template">
25        <ion-modal-view>
26            <ion-header-bar class="bar bar-header bar-royal">
27                <h2 class="title">添加联系人</h2>
28                <button class="button button-clear bar-balanced"
                        ng-click="modal.hide()">取消</button>
29            </ion-header-bar>
30            <ion-content class="padding">
31                <div class="list">
32                    <label class="item item-input">
33                        <span class="input-label">请输入姓名：</span>
34                        <input ng-model="user.name" type="text">
35                    </label>
36                    <button class="button button-full bar-balanced"
                            ng-click="addContact(user)">添加</button>
37                </div>
38            </ion-content>
39        </ion-modal-view>
40    </script>
41    </body>
42    <script>
43        angular.module('starter', ['ionic'])
44            .controller('myCtrl', function($scope, $ionicModal) {
45                $scope.contacts =[{ name: '小红' }];
46                //使用内联模板创建模态对话框对象
47                $ionicModal.fromTemplateUrl('templates/modal.html', {
48                    scope: $scope
49                }).then(function(modal) {
50                    $scope.modal =modal;
51                });
52                //添加联系人的方法
53                $scope.addContact =function(user) {
54                    $scope.contacts.push({ name: user.name });
55                    $scope.modal.hide();
56                };
57            });
58    </script>
59    </html>
```

上述代码完成了一个添加联系人的功能。主界面为联系人列表，当单击主界面的添加联系人的按钮时，页面会弹出用于收集联系人信息的模态对话框。

第 24～40 行代码定义了模态对话框模板；第 47～51 行用于载入模态对话框模板，返回 ionicModal 对象。ionicModal 对象被解析后，在第 50 行获取模态对话框对象 modal，将 modal 对象绑定在作用域上，方便页面上的按钮调用其方法。使用 Chrome 浏览器访问 demo11-1.html，页面效果如图 11-1 所示。

在图 11-1 中，单击右上角图标按钮调用模态对话框，添加联系人，页面效果如图 11-2 所示。

图 11-1   demo11-1.html 页面效果

图 11-2   模态对话框

在图 11-2 中，为了体现模态对话框对主界面的遮盖效果，本案例对模态对话框与主界面使用了不同的颜色。关闭模态对话框有两种方式。

① 单击图 11-2 中的"取消"按钮会关闭模态对话框。

② 在图 11-2 的输入框内输入"小粉"后，单击"添加"按钮，模态对话框关闭；新添加的联系人会显示在主界面的列表中，如图 11-3 和图 11-4 所示。

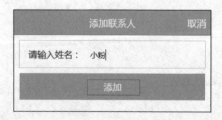

图 11-3   输入内容

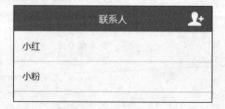

图 11-4   联系人列表

11.1.2   上拉菜单

在移动 App 中，当用户对多个选项做出选择时，常常需要使用上拉菜单。上拉菜单是一个自屏幕底部向上滑出的菜单，ionic 的上拉菜单由三种按钮组成，单击任何按钮都将自动关闭上拉菜单。三种按钮的描述如下。

- 取消按钮：取消按钮总是位于菜单的底部，单击该按钮将关闭上拉菜单。一个上拉菜单只有一个取消按钮。
- 危险选项按钮：危险选项按钮的文字被标红以明显提示。一个上拉菜单只有一个危险选项按钮。
- 自定义按钮：自定义按钮为用户自己定义功能的按钮。一个上拉菜单可以有多个自定义按钮。

在 ionic 中使用 $ionicActionSheet 服务的 show(options)方法来显示上拉菜单，示例代码如下。

```
var hideSheet= $ionicActionSheet.show(options);
    hideSheet();
```

在上述代码中，show(options)方法返回一个函数对象 hideSheet，调用 hideSheet 函数对象将关闭此上拉菜单。show()方法的参数 options 是一个 JSON 对象，用于定义上拉菜单的选项。该对象中包含了一些属性，通过设置这些属性的值可以对上拉菜单进行设置，如表 11-5 所示。

表 11-5　options 对象属性

属　　　性	取值类型	描　　　述
titleText	字符串	上拉菜单的标题文本
buttons	对象数组	Object 类型的数组。每个按钮需要一个描述对象，text 属性用于按钮显示
cancelText	字符串	取消按钮的文本。如果不设置此字段，则上拉菜单中不出现取消按钮
destructiveText	字符串	危险选项按钮的文本。如果不设置此字段，则上拉菜单中不出现危险选项按钮
buttonClicked	表达式	自定义按钮的回调函数，当单击时触发
cancel	表达式	取消按钮的回调函数，当单击时触发
destructiveButtonClicked	表达式	危险选项按钮的回调函数，当单击时触发
cancelOnStateChange	布尔值	当切换到新的视图时是否关闭此上拉菜单，默认为 true
cssClass	字符串	附加的 CSS 样式类名称

了解上述属性后，接下来通过一个案例来演示上拉菜单的使用方法，如 demo11-2. html 所示。

demo11-2. html

```
1  <html>
2  <head>
3      <meta charset="utf-8">
4      <meta name="viewport" content="initial-scale=1, maximum-scale=1, user-scalable
   =no, width=device-width">
```

```
5        <title>上拉菜单</title>
6        <link href="lib/ionic/css/ionic.css" rel="stylesheet">
7        <script src="lib/ionic/js/ionic.bundle.min.js"></script>
8    </head>
9    <body ng-app="starter" ng-controller="myCtrl">
10   <ion-pane>
11     <ion-content >
12         <button class="button button-positive" ng-click="show()">
                 单击显示上拉菜单</button>
13     </ion-content>
14   </ion-pane>
15   </body>
16   <script>
17       angular.module('starter', ['ionic'])
18        .controller( 'myCtrl',function($scope,$ionicActionSheet,$timeout){
19            $scope.show =function() {
20                var hideSheet =$ionicActionSheet.show({
21                    buttons: [
22                        { text: '分享' },
23                        { text: '举报' }
24                    ],
25                    destructiveText: '删除',
26                    cancelText: '取消',
27                    cancel: function() {
28                        // 取消操作
29                    },
30                    buttonClicked: function() {
31                        console.log("上拉菜单关闭");
32                    },
33                    destructiveButtonClicked:function(){
34                        console.log("单击删除按钮");
35                    }
36                });
37                $timeout(function() {
38                    hideSheet();
39                }, 2000);
40            };
41        });
42   </script>
43   </html>
```

在上述代码中，第12行在内容区域定义了一个按钮。一旦触发该按钮，就会调用 show()方法，显示上拉菜单。show()方法为自定义方法，在 AngularJS 代码中实现。

第20~36行定义了$ionicActionSheet. show()方法用于创建下拉菜单对象；第21行的 show()方法的参数对象用于定义下拉菜单按钮的文本内容；第37~39行通过定时器设置了上拉菜单显示后会在2000ms 后隐藏。使用 Chrome 浏览器访问 demo11-2. html，可以看到主界面的按钮，如图11-5所示。

图 11-5 主界面按钮

单击该按钮后，会在页面底部显示上拉菜单，页面效果如图 11-6 所示。

图 11-6　上拉菜单

在图 11-6 中可以看到，主界面被遮罩了。选择上拉菜单中的任意选项将关闭上拉菜单，如果不做任何操作，将在 2000ms 后自动关闭上拉菜单。

11.1.3　弹出框

在移动 App 中，需要实现提醒、警告等功能时，通常会应用到弹出框。在关闭弹出框之前，其他交互行为都会被禁止。与模态对话框覆盖整个屏幕空间不同，弹出框通常仅占据一部分屏幕空间。

在 ionic 中，使用 $ionicPopup 服务的 show(options) 方法来显示弹出框，示例代码如下。

```
$ionicPopup.show(options)
  .then(function(){
    //这个函数在弹出框关闭时被调用
});
```

在上述代码中，调用 show() 方法后返回的是一个 promise 对象。当弹出框关闭后，该对象被解析，这意味着 promist 对象的 then() 方法指定的参数函数此时将被调用。show() 方法的参数 options 是一个 JSON 对象，该对象中可以包含的属性如表 11-6 所示。

表 11-6　options 对象属性

属　　　性	取值类型	描　　　述
titleText	字符串	弹出框的标题文本
subTitle	字符串	弹出框的副标题文本

属　　性	取值类型	描　　述
template	字符串	弹出框内容的字符串模板
templateUrl	字符串	弹出框内容的内联模板 URL
scope	对象	要关联的作用域对象
buttons	对象数组	自定义按钮数组。按钮总是被置于弹出框底部
cssClass	字符串	附加的 CSS 样式类名称,该映射将被作用在弹出框的最外层容器上

除 show()方法外,$ionicPopup 服务还针对一些特定场景提供了简化设置弹出框的方法。这些方法不需要自定义按钮,只需设置标题和模板即可,包括警告弹出框、确认弹出框、输入提示弹出框,具体如下。

1. 警告弹出框

$ionicPopup 服务的 alert(options)方法用于创建警告弹出框。警告弹出框中仅包含一个关闭按钮,单击该按钮可以关闭弹出框,alert()方法的 options 参数对象的可选属性及说明如表 11-7 所示。

表 11-7　alert()方法的 options 对象属性

属　　性	取值类型	描　　述
titleText	字符串	弹出框的标题文本
subTitle	字符串	弹出框的副标题文本
template	字符串	弹出框内容的字符串模板
templateUrl	字符串	弹出框内容的内联模板 URL
cssClass	字符串	附加的 CSS 样式类名称,该映射将被作用在弹出框的最外层容器上
okText	字符串	关闭按钮的显示文本,默认为 OK
okType	字符串	关闭按钮的 CSS 样式,默认为 button-positive

2. 确认弹出框

$ionicPopup 服务的 confirm(options)方法用于创建确认弹出框,其中包含一个取消按钮和一个确认按钮。该弹出框比警告弹出框多了一个取消按钮,因此除包含 alert(options)方法中 options 参数对象的所有属性外,confirm(options)方法的 options 参数对象中增加了两个操作取消按钮的可选属性,如表 11-8 所示。

表 11-8　confirm()方法的 options 对象属性

属　　性	取值类型	描　　述
cancelText	字符串	取消按钮的显示文本,默认为 Cancel
cancelType	字符串	取消按钮的 CSS 样式,默认为 button-default

3. 输入提示弹出框

$ionicPopup 服务的 prompt(options)方法用于创建输入提示弹出框,其中包含一个文本输入框、一个取消按钮和一个确认按钮。该弹出框比确认弹出框多了一个文本输入框,因此除包含 confirm(options)方法中 options 参数对象的所有属性外,prompt(options)方法的 options 参数对象中增加了 4 个用于控制输入控件的可选属性,如表 11-9 所示。

表 11-9　prompt()方法的 options 对象属性

属　　性	取值类型	描　　述
inputType	字符串	input 输入控件类型,默认为 text
defaultText	字符串	input 输入控件的初始值
maxLength	数值	input 输入控件可输入文本的最大长度
inputPlaceholder	字符串	用于设置 input 输入控件 placeHolder 属性值

为了读者有更好的理解,接下来通过一个案例来演示弹出框的用法,如 demo11-3. html 所示。

demo11-3. html

```
1   <html>
2   <head>
3       <meta charset="utf-8">
4       <meta name="viewport" content="initial-scale=1, maximum-scale=1, user-scalable
    =no, width=device-width">
5       <title>弹出框</title>
6       <link href="lib/ionic/css/ionic.css" rel="stylesheet">
7       <script src="lib/ionic/js/ionic.bundle.min.js"></script>
8   </head>
9   <body ng-app="starter" ng-controller="myCtrl">
10  <button class="button button-balanced" ng-click="showPopup()">
11      自定义
12  </button>
13  <button class="button button-dark" ng-click="showConfirm()">
14      确认
15  </button>
16  <button class="button button-assertive" ng-click="showAlert()">
17      警告
18  </button>
19  </body>
20  <script type="text/javascript">
21      angular.module('starter', ['ionic'])
22          .controller('myCtrl',function($scope, $ionicPopup) {
23              $scope.showPopup =function() {
24                  $scope.data ={}
25                  // 自定义弹出框
26                  var myPopup =$ionicPopup.show({
27                      template: '<input type="password" ng-model="data.pass">',
```

```
28                      title: '请输入密码',
29                      subTitle: '8 位数字和字母组合',
30                      scope: $scope,
31                      buttons: [
32                          { text: '取消' },
33                          {
34                              text: '<b>保存</b>',
35                              type: 'button-positive',
36                              onTap: function(e) {
37                                  if (!$scope.data.pass) {
38                                      // 输入密码前,不允许关闭
39                                      e.preventDefault();
40                                      console.log(!$scope.data.pass);
41                                  } else {
42                                      myPopup.close();
43                                  }
44                              }
45                          },
46                      ]
47                  });
48                  myPopup.then(function() {
49                      console.log('自定义弹出框关闭了');
50                  });
51              };
52              //确认弹出框
53              $scope.showConfirm = function() {
54                  var confirmPopup = $ionicPopup.confirm({
55                      title: '提示',
56                      template: '您是否同意用户协议'
57                  });
58                  confirmPopup.then(function(res) {
59                      if(res) {
60                          console.log('同意');
61                      } else {
62                          console.log('不同意');
63                      }
64                  });
65              };
66              //警告弹出框
67              $scope.showAlert = function() {
68                  var alertPopup = $ionicPopup.alert({
69                      title: '提示',
70                      template: '电量不足'
71                  });
72                  alertPopup.then(function(res) {
73                      console.log('警告弹出框关闭了');
74                  });
75              };
76          });
77  </script>
78  </html>
```

在上述代码中,定义了 3 个按钮。单击按钮后调用不同功能的弹出框,包括自定义弹出框、确认弹出框和警告弹出框。

第 10~18 行定义了 3 个按钮,分别为自定义、确认和警告按钮。这 3 个按钮分别绑定第 26~76 行代码中定义的 showPopup()、showConfirm() 和 showAlert() 方法,这 3 个方法都调用了 $ionicPopup 服务中提供的初始化弹出框的方法。

需要注意的是,第 36 行的 onTap() 方法中设置了当输入框输入内容后,弹出框才能关闭,其中 e.preventDefault() 方法用于阻止弹出框关闭。使用 Chrome 浏览器访问 demo11-3.html,可以看到主界面的 3 个按钮,如图 11-7 所示。

图 11-7　主界面按钮

单击图 11-7 中的按钮后会显示对应的弹出框,如图 11-8~图 11-10 所示。

图 11-8　自定义弹出框　　　图 11-9　确认弹出框　　　图 11-10　警告弹出框

11.1.4　浮动框

浮动框是一个可以浮动在 App 主界面上的视图框,例如单击主界面按钮后,提供一个浮动的操作列表。浮动框与模态对话框、弹出框等的区别在于浮动框不会遮盖主界面中的其他内容,当用户单击到浮动框以外的主界面区域时,浮动框将会关闭,用户可以继续做其他操作。

在 ionic 中使用浮动框的方法与使用模态对话框的方法类似,步骤如下。

① 声明浮动框模板。

② 创建浮动框控制器。

③ 获取浮动框对象。

④ 操作浮动框对象。

接下来针对上述步骤,为读者介绍模态对话框的具体用法。

1. 声明浮动框模板

使用 ion-popover-view 指令声明一个浮动框模板,示例代码如下。

```
<script id="index.html" type="text/ng-template">
  <ion-popover-view >
  <!-浮动框内容-->
  </ion-popover-view >
</script>
```

2. 创建浮动框控制器

在 ionic 中,没有提供直接创建浮动框对象的方法,而是需要借助 ionicPopover 浮动框控制器对象(后文简称为浮动框控制器)来获取对象。

$ionicPopover 服务提供了两种创建浮动框控制器的方式,具体如下:

① 通过 fromTemplate()方法可以使用字符串模板创建浮动框控制器,基本格式如下:

```
fromTemplate(templateString, options);
```

上述方法包含两个参数(templateString 和 options),关于这两个参数的相关说明如表 11-10 所示。

表 11-10　fromTemplate(templateString,options)参数

参　　数	类　　型	描　　述
templateString	字符串	模板的字符串作为浮动框的内容
options	对象	options 会被传递到$ionicPopover 服务的 initialize(options)方法中。initialize (options)方法被执行后,返回一个 ionicPopover 对象(promise 对象)

② 通过 fromTemplateUrl()方法可以使用内联模板创建浮动框控制器,基本格式如下:

```
fromTemplateUrl(templateUrl,options);
```

上述方法包含两个参数(templateUrl 和 options),关于这两个参数的相关说明如表 11-11 和表 11-12 所示。

表 11-11　fromTemplateUrl(templateUrl,options)参数

参　数	类　型	描　述
templateUrl	字符串	载入模板的 URL
options	对象	options 会被传递到 $ionicPopover 服务的 initialize(options)方法中。initialize(options)方法被执行后,返回一个 ionicPopover 对象(promise 对象)

initialize(options)方法的 options 参数包含的可选属性如表 11-12 所示。

表 11-12　options 属性

属　性	取值类型	描　述
scope	对象	浮动框使用的作用域对象,默认创建一个 $rootScope 的子作用域
focusFirstInput	布尔值	浮动框显示时是否第一个输入控件获取焦点,默认为 false
backdropClickToClose	布尔值	单击背景幕布时是否关闭浮动框,默认为 true
hardwareBackButtonClose	布尔值	用户在 Android 平台下单击系统回退按钮时是否关闭浮动框,默认为 true

3. 获取浮动框对象

$ionicPopover 服务用于载入静态的浮动框模板并返回浮动框控制器,浮动框控制器实际上是一个 promise 对象。浮动框控制器被解析后,便可以在其 then()方法中获取浮动框对象,示例代码如下。

```
$ionicPopover. fromTemplateUrl('templates/demo.html', {
        scope: $scope
        }).then(function(popover){
         //popover 参数代表浮动框对象
        });
```

在上述代码中,$ionicPopover.fromTemplateUrl()方法返回的对象就是浮动框控制器。浮动框控制器的 then()方法可以接收一个函数作为参数,该函数的 popover 参数便是浮动框对象。

4. 操作浮动框对象

获取浮动框对象后,便可以使用浮动框控制器的一些方法来操作浮动框对象,包括显示、隐藏或删除浮动框等。浮动框控制器的方法说明如表 11-13 所示。

表 11-13　浮动框控制器方法说明

参　数	描　述
show($event)	显示浮动框,$event 触发浮动框显示的事件对象或者是浮动框需要对齐显示的视图元素。返回值是动画效果完成时将被解析完成的 promise 对象
hide()	隐藏浮动框,返回值是动画效果完成时将被解析完成的 promise 对象

参　　数	描　　述
remove()	移除浮动框,从 DOM 中清除浮动框实例
isShown()	返回一个布尔类型的值,表示浮动框是否显示

为了读者有更好的理解,接下来通过一个案例来演示浮动框的使用方法,如 demo11-4. html 所示。

demo11-4. html

```html
1   <html>
2   <head>
3       <meta charset="utf-8">
4       <meta name="viewport" content="initial-scale=1, maximum-scale=1, user-scalable
        =no, width=device-width">
5       <title>浮动框</title>
6       <link href="lib/ionic/css/ionic.css" rel="stylesheet">
7       <script src="lib/ionic/js/ionic.bundle.min.js"></script>
8   </head>
9   <body ng-app="starter"ng-controller="myCtrl">
10  <ion-header-bar class="positive-bg">
11      <button class="button" ng-click="showPopover($event)">
12          显示浮动框
13      </button>
14  </ion-header-bar>
15  <script id="template.html" type="text/ng-template">
16      <ion-popover-view class="has-header">
17          <ion-content>
18              <ion-list>
19  <ion-item   class="icon icon-left ion-person-stalker">发起群聊</ion-item>
20  <ion-item   class="icon icon-left ion-person-add">添加朋友</ion-item>
21  <ion-item   class="icon icon-left ion-qr-scanner">扫一扫</ion-item>
22  <ion-item   class="icon icon-left ion-social-yen">收付款</ion-item>
23              </ion-list>
24          </ion-content>
25      </ion-popover-view>
26  </script>
27  </body>
28  <script type="text/javascript">
29      angular.module('starter', ['ionic'])
30          .controller('myCtrl',function($scope, $ionicPopover) {
31                  // 自定义弹出框
32                  $ionicPopover. fromTemplateUrl('template.html', {
33                      scope: $scope
34                  }).then(function(popover) {
35                          $scope.popover =popover;
36                      });
37                  //显示浮动框
38                  $scope.showPopover =function($event) {
```

```
39                         $scope.popover.show($event);
40                     };
41             });
42 </script>
43 </html>
```

在上述代码中，主界面定义了一个顶部栏和一个按钮，然后使用内联模板的方式创建了浮动框。

第 15～26 行代码用于定义浮动框的内联模板；为了让显示的浮动框不遮盖到顶部栏，第 16 行使用了 has-header 样式。

第 32～36 行代码使用 $ionicPopover 服务组件创建 ionicPopover 对象并获取了浮动框对象。

第 38～40 行定义了显示浮动框的方法并将该方法绑定到顶部栏按钮的 ng-click 指令上，单击顶部栏的按钮便可显示浮动框。

使用 Chrome 浏览器访问 demo11-4.html，可以看到主界面的顶部栏和按钮，如图 11-11 所示。

单击图 11-11 中的"显示浮动框"按钮，便可显示浮动框，如图 11-12 所示。

图 11-11　demo11-4.html 页面效果　　　图 11-12　浮动框显示效果

浮动框显示后，单击浮动框以外的任意区域便可关闭浮动框。

11.1.5　背景幕

背景幕是一个覆盖全屏的半透明图层，用来阻止用户的交互行为。前文讲解的上拉菜单、弹出框等都是通过背景幕来阻止用户对主界面操作的。

ionic 中可以通过 $ionicBackdrop 服务提供的两个方法单独地使用背景幕。

- retain()：保持背景幕。
- release()：释放背景幕。

在 UI 界面中可能有多个组件元素需要使用背景幕，为每个组件创建单独的背景幕会产生代码的耦合。ionic 中，应用 $ionicBackdrop 服务时在 DOM 中只保留一个背景幕。每次使用 retain() 方法时，只是给背景幕加一次锁；使用 release() 方法时，只是给背景幕解一次锁。如果 retain() 被调用三次，背景幕将一直显示，直到 release() 也被调用三次后才隐藏；也就是说，只有当 release() 的调用次数大于 retain() 的调用次数时才会隐藏背景幕。

接下来通过一个案例来演示背景幕的使用方法，如 demo11-5.html 所示。

demo11-5.html

```
1   <html>
2   <head>
3       <meta charset="utf-8">
4       <meta name="viewport" content="initial-scale=1, maximum-scale=1, user-scalable
    =no, width=device-width">
5       <title>背景幕</title>
6       <link href="lib/ionic/css/ionic.css" rel="stylesheet">
7       <script src="lib/ionic/js/ionic.bundle.min.js"></script>
8   </head>
9   <body ng-app="starter"ng-controller="myCtrl">
10      <button class="button button-dark" ng-click="showBackdrop()">
11          显示背景幕
12      </button>
13  </body>
14  <script type="text/javascript">
15      angular.module('starter', ['ionic'])
16          .controller('myCtrl',function($scope,$ionicBackdrop,$timeout) {
17              // 显示背景幕
18              $scope.showBackdrop=function(){
19                  $ionicBackdrop.retain();
20                  //2000ms 后消失
21                  $timeout(function() {
22                      $ionicBackdrop.release();
23                  }, 2000);
24              }
25          });
26  </script>
27  </html>
```

在上述代码中，为主界面定义了一个按钮，单击该按钮后，显示背景幕。

第 18～25 行代码定义了用于显示背景幕的 showBackdrop() 方法，在第 10 行使用 ng-click 指令将 showBackdrop() 方法绑定在 button 元素上。第 21～23 行使用定时器定义背景幕显示 2000ms 后被释放。

使用 Chrome 浏览器访问 demo11-5.html，可以看到主界面的"显示背景幕"按钮；单击按钮将显示背景幕，2000ms(2 秒)后背景幕消失，如图 11-13 和图 11-14 所示。

图 11-13　demo11-5.html 背景幕效果　　　　图 11-14　背景幕消失

11.1.6　载入指示器

在移动 App 中,当页面进行耗时操作时,可以使用载入指示器提示用户操作正在进行中。载入指示器通常会叠加一个半透明的背景幕来阻止用户的其他页面交互。

在 ionic 中,使用$ionicLoading 服务提供的两个方法操作载入指示器。

- show(options)：显示载入指示器。
- hide()：隐藏载入指示器。

在上述方法中,show()方法的 options 参数是一个 JSON 对象,该对象中可以包含的属性如表 11-14 所示。

表 11-14　options 对象属性

属　　性	取值类型	描　　述
template	字符串	载入指示器的字符串模板
templateUrl	字符串	载入指示器的内联模板 URL
scope	对象	要关联的作用域对象
noBackdrop	布尔值	是否隐藏背景幕,默认为 false
hideOnStateChange	布尔值	当切换到新的视图时,是否隐藏载入指示器
delay	数值	显示载入指示器之前要延迟的时间,以毫秒为单位,默认为 0,即不延迟
duration	数值	载入指示器持续时间,以毫秒为单位,时间到后载入指示器自动隐藏;默认情况下,载入指示器保持显示状态,直到调用 hide()方法

接下来通过一个案例来演示载入指示器的具体用法,如 demo11-6.html 所示。

demo11-6.html

```
1   <html>
2   <head>
3       <meta charset="utf-8">
4       <meta name="viewport" content="initial-scale=1, maximum-scale=1, user-scalable
    =no, width=device-width">
5       <title>载入指示器</title>
6       <link href="lib/ionic/css/ionic.css" rel="stylesheet">
7       <script src="lib/ionic/js/ionic.bundle.min.js"></script>
8   </head>
9   <body ng-app="starter" ng-controller="myCtrl">
```

```
10  <ion-view>
11      <ion-header-bar class="royal-bg">
12          <h1 class="title">菜品种类</h1>
13      </ion-header-bar>
14      <ion-content has-header="true">
15          <ion-list>
16              <ion-item ng-repeat="item in foods"
                        href="#">{{item.name}}</ion-item>
17          </ion-list>
18      </ion-content>
19  </ion-view>
20  </body>
21  <script type="text/javascript">
22      angular.module('starter', ['ionic'])
23          .controller('myCtrl',function($scope, $timeout,$ionicLoading) {
24              // 显示载入指示器
25              $ionicLoading.show({
26                  content: 'Loading',
27                  animation: 'fade-in',
28                  showBackdrop: true,
29                  maxWidth: 200,
30                  showDelay: 0
31              });
32              // 定时器设置加载列表内容后隐藏载入指示器
33          $timeout(function () {
34              $scope.foods =[{name: '鱼丸'}, {name: '肥牛'}, {name: '菠菜'}];
35                  $ionicLoading.hide();
36                      }, 2000);
37          });
38  </script>
39  </html>
```

在上述代码中，在主界面定义了一个菜品列表。通过定时器来模拟延时加载菜品列表的效果，在列表加载完毕前显示载入指示器。

第 25～31 行定义的 show()方法用于显示载入指示器；第 33～37 行使用定时器设置 2000ms 后为列表添加数据，显示数据后隐藏载入指示器。

使用 Chrome 浏览器访问 demo11-6.html，可以看到载入指示器（一个载入图标显示在背景幕上），如图 11-15 所示。

2000ms 后，列表显示列表数据，隐藏载入指示器，如图 11-16 所示。

📖 多学一招：$ionicLoadingConfig 服务组件

如果在程序的多处使用载入指示器，可以使用 $ionicLoadingConfig 服务组件统一对 options 参数做配置，通过定义一个常量来实现，示例代码如下。

```
angular.module('starter', ['ionic'])
.constant('$ionicLoadingConfig',{
    template : 'default loading template ... '
})
```

图 11-15　载入指示器效果　　　　　　图 11-16　加载完毕

　　这样在应用载入指示器时直接调用 show（）方法，而不必传递参数 options。$ionicLoading 服务会通过注入器查找上述代码中定义的常量$ionicLoadingConfig，如果该常量存在，就使用其值作为 show()方法的参数。

11.2　手势事件

11.2.1　常用的手势事件

　　在实际开发中，可以在任意的元素上添加手势事件。每个手势都会挂载一个监听函数，因此可通过该监听函数来实现手势操作。例如，在一个元素上添加长按手势事件，基本格式如下。

```
<any on-hold="...">...</any>
```

　　ionic 中提供的常用手势事件如表 11-15 所示。

表 11-15　ionic 常用手势事件

事　　件	描　　述
on-hold	在屏幕同一位置按住超过 500ms，将触发 on-hold 事件
on-tap	在屏幕上单击(停留时间不超过 250ms)，将触发 on-tap 事件
on-double-tap	在屏幕上双击，将触发 on-double-tap 事件
on-touch	在屏幕上按下手指时，会立即触发 on-touch 事件
on-release	当手指抬起时，会立即触发 on-release 事件

续表

事　件	描　述
on-drag	在屏幕上按住某个元素并移动时,触发 on-drag 拖曳事件
on-drag-up	向上拖动元素时触发 on-drag-up 事件
on-drag-down	向下拖动元素时触发 on-drag-down 事件
on-drag-left	向左拖动元素时触发 on-drag-left 事件
on-drag-right	向右拖动元素时触发 on-drag-right 事件
on-swipe	向任何方向的滑动都触发 on-swipe 事件
on-swipe-up	向上滑动时触发 on-swipe-up 事件
on-swipe-down	向下滑动时触发 on-swipe-down 事件
on-swipe-left	向左滑动时触发 on-swipe-left 事件
on-swipe-right	向右滑动时触发 on-swipe-right 事件

上述事件的使用比较简单,因此这里不做案例演示,读者可以自行尝试具体的使用效果。

11.2.2　手动注册与解除手势事件

除了前文介绍的常用手势事件外,ionic 中也可以使用 $ionicGesture 服务组件手动地注册与解除手势事件监听。

在 $ionicGesture 服务中,on()方法用于注册手势事件的监听函数。使用 on()方法的基本格式如下。

```
on(eventType,callback,$element)
```

关于 on()方法的参数说明如表 11-16 所示。

表 11-16　on()方法的参数说明

参　数	取值类型	描　述
eventType	字符串	注册监听的手势事件,该参数可选的值有 hold、tap、doubletap、drag、dragstart、dragend、dragup、dragdown、dragleft、dragright、swipe、swipeup、swipedown、swipeleft、swiperight、transform、transformstart、transformend、rotate、pinch、pinchin、pinchout、touch、release
callback	函数	参数 callback 用于指定手势事件的监听函数
$element	元素	AngularJS 元素监听的事件,用于指定要绑定事件的 jqLite 元素

在 $ionicGesture 服务中,off()方法用于移除手势事件的监听函数。使用 off()方法的基本格式如下。

```
off(gesture,eventType,callback)
```

关于 off()方法的参数说明如表 11-17 所示。

表 11-17　off( )方法的参数说明

参　　数	取值类型	描　　述
gesture	对象	on( )方法返回的 gesture 结果对象
eventType	字符串	移除监听的手势事件，可选的值有 hold、tap、doubletap、drag、dragstart、dragend、dragup、dragdown、dragleft、dragright、swipe、swipeup、swipedown、swipeleft、swiperight、transform、transformstart、transformend、rotate、pinch、pinchin、pinchout、touch、release
callback	函数	要移除的监听函数

11.3　IndexedDB

随着互联网的发展，浏览器性能不断提高，目前已经可以在浏览器端存储和操作应用程序的数据。因此，很多网站开始考虑将一部分数据（例如购物车中的商品信息）储存在本地客户端，这样可以减少用户从服务器端获取数据的等待时间。IndexedDB 数据库支持在客户端（浏览器）中存储大量结构化的数据，本节介绍 IndexedDB 基本概念和使用方法。

11.3.1　IndexedDB 简介

目前很多浏览器端数据存储方案都不适合存储大量数据，例如 Cookies 容量不超过4KB，且每次请求都会发送回服务器端；localStorage 容量在 2.5～10MB 之间，且需要以字符串形式进行存储。为此，浏览器端的数据存储需要一种新的技术方案，IndexedDB 应运而生。

在了解 IndexedDB 之前，首先了解以下两种不同类型的数据库：关系型和文档型（也称为 NoSQL 或对象）。

- 关系型数据库：如 SQL Server、MySQL、Oracle，此类数据库将数据存储在表中。
- 文档型数据库：如 MongoDB、CouchDB、Redis，此类数据库将数据集作为个体对象存储。

IndexedDB 是 HTML5 提供的内置于浏览器中的数据库，它可以通过网页脚本程序创建和操作。IndexedDB 允许储存大量数据，并且提供查询接口建立索引的功能。就数据库类型而言，IndexedDB 不属于关系型数据库（不支持 SQL 查询语句），更接近文档型数据库。

IndexedDB 具备以下几个特点：

（1）键值对储存

IndexedDB 内部采用对象仓库（Object Store）存放数据，所有类型的数据都可以直接存入，包括 JavaScript 对象。在对象仓库中，数据以"键值对"的形式保存，每一个数据都有对应的键名且键名必须是唯一的，否则会抛出错误。

（2）异步 API

IndexedDB 数据库在执行增、删、改、查操作时不会锁死浏览器，用户依然可以进行其他操作。与 localStorage 的同步设计相比，IndexedDB 的异步设计可以防止大量数据读写时拖慢网页加载速度，而影响用户的网站体验。

（3）支持事务

事务的概念在关系型数据库中应用比较广泛，这里读者只需要简单理解它的作用即可。举个例子，一次操作需要在一个数据表中同时插入两条数据，第 1 条数据插入成功，第 2 条数据插入失败。那么，对于整个操作来说，两条数据都插入成功才算成功，失败时便需要事务的回滚，将已经插入的第 1 条数据清除。

IndexedDB 支持事务意味着在一系列操作步骤之中，只要有一步失败，整个事务就都取消，数据库回到事务发生之前的状态，不存在只改写一部分数据的情况。

在 IndexedDB 中，事务会自动提交或回滚。当请求一个事务时，必须指定事务的请求访问模式。

（4）同域限制

IndexedDB 也受到同域限制，每一个数据库对应创建该数据库的域名，来自不同域名的网页只能访问自身域名下的数据库，而不能访问其他域名下的数据库。

（5）存储空间大

IndexedDB 的存储空间比 localStorage 大得多，一般来说不少于 250MB。不同浏览器的限制不同，IE 的储存上限是 250MB，Chrome 和 Opera 浏览器的存储上限是硬盘剩余空间的某个百分比，Firefox 浏览器则没有上限。

（6）支持二进制储存

IndexedDB 不仅可以储存字符串，还可以储存二进制数据。

根据上述特点，IndexedDB 适用于以下场景：

• 用户通过浏览器访问应用程序。
• 开发人员需要在客户端存储大量的数据。
• 开发人员需要在一个大型的数据集合中快速定位单个数据点。
• 客户端数据存储需要事务支持。

浏览器的更新速度较快，因此关于浏览器对 IndexedDB 的支持，读者可以到 http：//caniuse. com/#search＝indexdb 这个网址查看最新的支持情况。编写本书时，该网址的页面效果如图 11-17 所示。

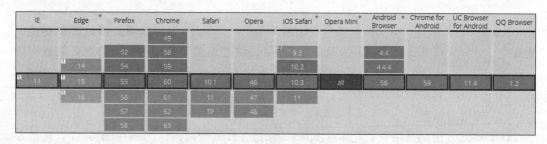

图 11-17　浏览器支持情况

11.3.2　Object Store

Object Store 是 IndexedDB 数据库的基础，如果读者使用过关系数据库，那么可以将 Object Store 看作一个用来存储数据的数据库表。Object Store 包括一个或多个索引，按照键值对操作，这样可以达到快速定位数据的目的。

在 Chrome 浏览器中查看 Object Store 的方式是，打开 Chrome 的开发者工具，选择 Application 菜单，在左侧的导航栏中找到 Storage，可以看到 Local Storage、Session Storage、IndexedDB 等。默认情况下，IndexedDB 一项是空的，因为数据库和 Object Store 都是需要手动创建的，并且创建数据库并不会直接创建 Object Store。这里为了演示已经将 Object Store 提前创建好，在后面的小节中会演示数据库和 Object Store 的创建方法，已经创建好的数据库（aptdb）和 Object Store（cart）如图 11-18 所示。

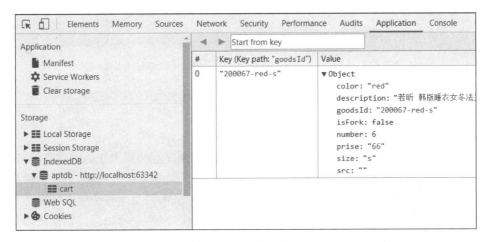

图 11-18　Object Store

创建 Object Store 时，必须为它选择一个键。键在 Object Store 中以 in-line 或 out-of-line 方式存在，关于这两个键的介绍如下。

① in-line 键通过在数据对象上引用 keyPath 来保障它在 Object Store 中的唯一性。例如在图 11-18 中，键对应的 keyPath 就是 goodsId（商品编号），这样能保证持久化对象中的数据的唯一性。

② out-of-line 键通过独立于数据的值识别唯一性。在这种情况下，可以把 out-of-line 键比作一个整数值，使用自动递增的整数作为键名。

11.3.3　请求的生命周期

IndexedDB API 是基于请求的，对数据库执行的每次操作都必须首先为这个操作创建一个请求。操作数据的过程可以描述为通过一个请求打开数据库，访问一个 Object Store，当请求完成时，继续响应由请求结果产生的事件和错误处理。

所有与数据库的交互开始于一个打开的请求，IndexedDB 使用事件生命周期管理数据库的打开和配置操作。例如，打开请求在一定的环境下产生 upgradeneeded 事件的效果如图 11-19 所示。

在图 11-19 中，当试图打开数据库时，首先传递一个被请求数据库的版本号的整数值。在打开请求时，浏览器会对比打开请求的版本号与实际数据库的版本号，如果所请求的版本号高于浏览器中当前的版本号或者现在没有存在的数据库，upgradeneeded 事件将被触发。在 upradeneeded 事件期间，可以添加或移除 Object Store，或者通过键和索引来操作 Object Store；如果所请求的数据库版本号和浏览器的当前版本号一致或者升级过程完成，那么将

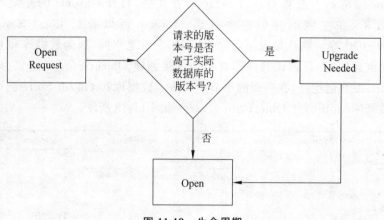

图 11-19   生命周期

会把打开的数据库返回给调用者。

如果请求能按预期完成,IndexedDB API 将通过错误冒泡功能来帮助跟踪和管理错误。如果一个特定的请求遇到错误,开发人员可以尝试在请求对象上处理错误,或者可以允许错误通过调用栈冒泡向上传递。错误冒泡机制使得开发人员不需要为每个请求实现特定的错误处理操作,而是可以选择只在一个更高级别上添加错误处理,它可以保持错误处理代码的简洁。

11.3.4   IndexedDB 的基本使用

前文提到过,IndexedDB 可以通过网页脚本语言来操作,这是由于浏览器中提供了 IndexedDB 对象。接下来介绍通过 IndexedDB API 创建数据库的步骤以及实现数据库基本的增、删、改、查等操作的方法。

1. 打开数据库

读者可以使用 indexedDB. open()方法打开数据库,示例代码如下:

```
var openRequest = indexedDB.open('demo',1);
```

上述代码为 open()方法传入了两个参数,其中第 1 个参数 demo 表示数据库名称,该参数是必需的,不能省略;第 2 个参数 1 表示的是数据库版本号,该参数可以省略(如果省略,那么默认打开的数据库版本号是 1,反之该参数设置的数据库版本号必须是一个大于 0 的正整数)。这里需要说明的是,如果要打开的数据库不存在,那么调用 indexedDB. open()方法时,会创建一个新的数据库。

调用 indexedDB. open()方法后,有可能触发 4 种事件,如表 11-18 所示。

表 11-18   打开数据库可能触发的事件

事　　件	描　　述
onsuccess	数据库打开成功触发该事件
onerror	数据库打开失败触发该事件

事　件	描　述
onupgradeneeded	第一次打开该数据库或者数据库版本发生变化时触发该事件
onblocked	上一次的数据库连接还未关闭时触发该事件

如果是第一次打开数据库,会先触发 upgradeneeded 事件,再触发 onsuccess 事件。根据不同的需要,可以对不同的事件设立回调函数,示例代码如下。

```
var openRequest =indexedDB.open('demo',1);
var db;
openRequest.onupgradeneeded =function(e) {
    console.log('Upgrading... ');
}
openRequest.onsuccess =function(e) {
    console.log('Success!');
    db =e.target.result;
}
openRequest.onerror =function(e) {
    console.log('Error');
    console.dir(e);
}
```

在上述代码中,open()方法返回的是一个对象(IDBOpenDBRequest),事件的回调函数定义在该对象上面。回调函数接收一个事件对象 event 作为参数,event 的 target.result 属性就指向打开的 IndexedDB 数据库。

2. 创建 Object Store

获得数据库实例以后,可以用实例对象的方法操作数据库。数据库对象的 createObjectStore()方法用于创建存放数据的 Object Store,示例代码如下。

```
db.createObjectStore("cart", keyPath||autoIncrement);
```

在上述代码中,db.createObjectStore()方法可以接收两个参数。

第 1 个参数"cart"表示创建了一个名为 cart 的 Object Store,如果该 Object Store 已经存在,就会抛出一个错误。为了避免出错,需要用到下文的 objectStoreNames 属性,检查已有的 Object Store。

第 2 个参数 keyPath||autoIncrement 为对象类型,用来设置 Object Store 的属性。keyPath 属性值对应一个属性名称,表示所存入对象的 keyPath 属性值用作每条记录的键名,默认值为 null;autoIncrement 属性表示是否使用自动递增的整数作为键名,默认为 false。一般来说,keyPath 和 autoIncrement 属性只要使用一个就够了,如果两个同时使用,则表示键名为递增的整数,且 Object Store 对象不得缺少指定的 keyPath 属性。

3. 判断 Object Store 是否存在

在 IndexedDB 中,通过数据库对象的 objectStoreNames 属性来判断数据库是否包含某个 Object Store，示例代码如下。

```
if(!db.objectStoreNames.contains("cart")) {
    db.createObjectStore("cart");
}
```

在上述代码中，db. objectStoreNames 返回一个 DOMStringList 对象，该对象包含了当前数据库所有 Object Store 的名称。使用 DOMStringList 对象的 contains()方法检查数据库是否包含某个 Object Store，如果不包含，就创建这个 Object Store。

4．创建事务

向数据库添加数据之前，必须先创建数据库事务。IndexedDB 中使用数据库对象的 transaction()方法来创建数据库事务，示例代码如下。

```
var trans =_db.transaction(["cart"], "readwrite");
var store =trans.objectStore("cart")
```

在上述代码中，transaction()方法接收两个参数：["cart"]和"readwrite"。

第 1 个参数["cart"]是一个数组，里面是所涉及的对象仓库，通常只有一个。

第 2 个参数"readwrite"是一个表示操作类型的字符串，目前操作类型只有两种：readonly（只读）和 readwrite（读写）；添加数据使用 readwrite，读取数据使用 readonly。transaction 方法返回一个事务对象 trans，trans 对象的 objectStore()方法用于获取指定的 Object Store。

transaction()方法中提供了 3 个事件，用来定义回调函数，如表 11-19 所示。

表 11-19   transaction()方法中提供的事件

事　　件	描　　述
abort	事务中断时触发该事件
complete	事务完成时触发该事件
error	事务出错时触发该事件

如果使用表 11-19 中的事件，则需要在事务对象 trans 上绑定事件，示例代码如下。

```
trans.oncomplete =function(event) {
    // TODO 事件处理代码
};
```

5．数据基本的增、删、改、查操作

在 IndexedDB 中，数据的增、删、改、查操作是通过 Object Store 对象的几个方法来实现的，接下来一一介绍。

（1）使用 add()方法添加数据

获取 Object Store 对象以后，就可以用 add()方法来添加数据了，示例代码如下。

```
var store =trans.objectStore('cart')
    //添加数据
    var req=store.add({
      goodsId:'1237',
      prise:12.3,
       …
    },1);
```

在上述代码中,add()方法可以接收两个参数,第 1 个参数表示所要添加的数据;第 2 个参数是这条数据对应的键名(key),默认值为 1。如果在创建数据仓库时,对键名做了设置,这里也可以不指定键名。

操作数据的方法都是异步的,可以绑定 onsuccess 和 onerror 事件并对这两个事件指定回调函数,add()方法绑定事件的示例代码如下。

```
var req=store.add(...);
req.onsuccess =function(e) {
    console.log('数据添加成功!');
}
req.onerror =function(e) {
    console.log('Error',e.target.error.name);
}
```

(2) 使用 put()方法更新数据

Object Store 对象的 put()方法的用法与 add()方法类似,示例代码如下。

```
var store =trans.objectStore('cart')
    //修改或添加数据
    var req=store.put({
      goodsId:'1237',
      prise:12.3,
       …
    });
```

在上述代码中,假设根据键值 goodsId 来更新数据。如果 Object Store 中包含键值为 1237 的数据,put()方法便会更新这条数据,否则会在 Object Store 中添加一条数据。

(3) 使用 get()方法读取一条数据

Object Store 对象的 get()方法用于读取数据,它的参数是数据的键名,用来确认读取的是哪一条数据,示例代码如下。

```
var store =trans.objectStore('cart')
    //读取键值为 1237 的数据
    var req=store.get('1237');
```

(4) 使用 delete()方法删除数据

Object Store 对象的 delete()方法用于删除某条数据记录,该方法的参数是数据的键名,示例代码如下。

```
var store =trans.objectStore('cart')
    //删除键值为 1237 的数据
    var req=store.delete('1237');
```

除 delete()方法外,IndexedDB 中还可以进行如下删除操作。

- store. clear():删除 Object Store 中的所有记录。
- db. deleteObjectStore('storename'):删除数据库中的某个 Object Store。
- Window. indexedDB. deleteDatabase('dbname'):删除数据库。

(5) 使用 openCursor()方法遍历数据

在前文中提到了获取一条数据的方法,如果想要遍历数据,就要使用 openCursor()方法。该方法在当前对象仓库中建立一个游标(cursor),通过游标可以获取 Object Store 中的所有数据。openCursor 方法也是异步的,返回的游标对象有自己的 onsuccess 和 onerror 事件;可以指定这两个事件的回调函数,数据对象可以在 onsuccess 事件的回调函数中获取,示例代码如下。

```
// 查询所有数据(使用游标)
var data=[];
var cursor=store.openCursor();
    cursor.onsuccess=function(e){
    var result =e.target.result;
    if (result && result !==null) {
     data.push(result.value);
     // 重新执行 onsuccess 句柄
      result.continue();
    }
      console.log(data);
    }
      cursor.onerror=function(){
    }
```

在上述代码中,onsuccess 事件的回调函数接收一个事件对象 e 作为参数,该对象的 target. result 属性指向当前数据对象。当前数据对象的 key 和 value 分别返回键名和键值(即实际存入的数据),如果当前数据对象已经是最后一个数据,则光标指向 null。

到这里,关于 IndexedDB 数据库的基本使用已经介绍完毕,如果读者想了解更多内容,可以访问网址 https://www.w3.org/TR/IndexedDB/。

接下来通过一个案例演示使用 JavaScript 操作 IndexedDB 数据库的基本步骤。IndexedDB 数据库的增、删、改、查操作的步骤类似,而且在一个 HTML 文件内不能同时测试多个数据操作结果,因此本案例只演示了添加方法,如 demo11-7 所示。

demo11-7. html

```
1    <!DOCTYPE html>
2    <html>
3    <head lang="en">
4        <meta charset="UTF-8">
```

```
5        <meta name="viewport" content="initial-scale=1, maximum-scale=1, user-scalable
=no, width=device-width">
6        <title>IndexedDB 基本使用</title>
7        <link href="lib/ionic/css/ionic.css" rel="stylesheet">
8        <script src="lib/ionic/js/ionic.bundle.min.js"></script>
9    </head>
10   <body>
11   IndexedDB 演示
12   </body>
13   <script type="text/javascript">
14        // 1.获取对象(各个浏览器的兼容性代码)
15        window.indexedDB =window.indexedDB || window.mozIndexedDB ||
          window.webkitIndexedDB || window.msIndexedDB;
16        // 事务对象
17        window.IDBTransaction =window.IDBTransaction ||
          window.webkitIDBTransaction || window.msIDBTransaction;
18        // 索引对象
19        window.IDBKeyRange =window.IDBKeyRange ||
          window.webkitIDBKeyRange || window.msIDBKeyRange;
20        // 游标对象
21        window.IDBCursor =window.IDBCursor ||
          window.webkitIDBCursor || window.msIDBCursor;
22        // 2.定义数据库的基本信息
23        var dbInfo ={
24            dbName: 'indexdbDemo',// 数据库名称
25            dbVersion: 2010, // 数据库版本号,用小数会四舍五入,版本号只能越来越大
26            dbInstance: {},
27        };
28        // 3.创建数据库
29      var dbContent =window.indexedDB.open(dbInfo.dbName, dbInfo.dbVersion);
30   // 如果数据库名称和版本号相同,那么该方法只执行一次,执行完之后自动执行 onsuccess 方法
31        dbContent.onupgradeneeded=function(e){
32            // 4.获取数据库对象
33            var _db =e.target.result;
34      var storeNames =_db.objectStoreNames;// 获取数据库中所有的 Object Store
35            if (!storeNames.contains("cart")) {
36                //5.创建一个 Object store
37                _db.createObjectStore("cart", {
38                    keyPath: "goodsId",
39                    autoIncrement: true
40                });
41            }
42        }
43        // 连接成功时候的回调函数(数据库的增删改查操作)
44        dbContent.onsuccess=function(e){
45            console.log("连接成功");
46            // 6.增删改查操作,开启事物,每次只能做一个操作
47            var _db =e.target.result;
48            // 调用数据库的 transaction 方法开启事务,
49            var trans =_db.transaction(["cart"], "readwrite");
```

```
50              // 调用事务的 Object Store 方法获取对象,第一个参数是 Object Store 名称
51              var store =trans.objectStore("cart");
52              // 新添加的数据中必须有一个字段和 keypath 中的名称相同
53              // 添加数据
54              var req=store.add({
55                  goodsId:'1000',
56                  prise:12.3,
57                  name:"衣服",
58                  size:"M",
59                  age:99
60              });
61              //数据添加成功的回调函数
62              req.onsuccess=function(e){
63                  console.log("数据添加成功");
64              }
65              // 数据添加失败的回调函数
66              req.onerror=function(e){
67                  console.log("数据添加失败");
68              }
69          }
70          // 连接失败的回调函数
71          dbContent.onerror=function(e){
72           console.log("连接失败");
73            }
74  </script>
75  </html>
```

上述代码只演示了数据库的添加操作。实际上在获取数据库对象后可以连续执行多个增、删、改、查方法,但是 onsuccess 和 onerror 事件只能监听到最后一次执行方法返回的结果;例如添加一条数据,再删除一条数据,onsuccess 和 onerror 事件只能监听删除方法的返回结果,所以不建议一次执行多个方法。

使用 Chrome 浏览器访问 demo11-7.html,创建数据库并向数据库中添加一条数据,添加成功的效果如图 11-20 所示。

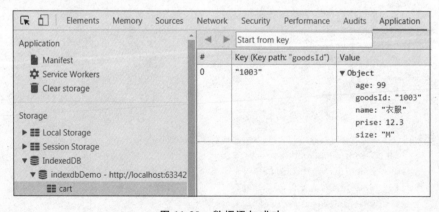

图 11-20　数据添加成功

11.4　本章小结

本章首先介绍了 ionic JavaScript 中的动态组件和手势事件,然后介绍了 IndexedDB 数据库。

学完本章后,要求读者掌握 ionic JavaScript 的动态组件和常用的手势事件,能够在开发中灵活运用。IndexedDB 的内容是为第 12 章项目中的应用打基础,不要求读者完全掌握,但是要求了解基本的增、删、改、查方法,方便理解项目中的代码。

【思考题】

1. 列举 ionic 的上拉菜单由哪三种按钮组成并简要说明。
2. 列举至少 5 种 ionic 的手势事件并简要说明。

第 12 章
项目实战——Mall App

学习了前面 ionic 的开发知识,本章将带领读者进入综合项目实战,使用 ionic 框架结合其他前端技术(如 HTML5、CSS3 等)完成移动商城 Mall App 的制作。

12.1 项目简介

本项目名称为 Mall,是一个类似于"淘宝""京东"等的电商类 App。在实际开发中,一个完整的电商 App 代码过于复杂,涉及与后台管理系统的配合并需要从服务端获取数据,因此为了适合教学,本项目采用模拟从后台返回数据的方式,主要练习的技术点有 ionic 框架的使用、获取后台数据后的渲染和客户端数据存储等。

12.1.1 项目展示

本项目按照主要功能分为几个模块,包括引导页、导航标签、商城首页、商品分类、商品列表、商品详情、购物车和个人中心,如图 12-1 所示。

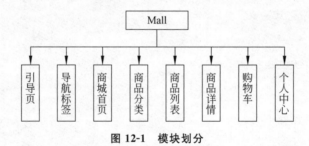

图 12-1 模块划分

下面向读者展示项目中各个模块功能的页面效果。

1. 图标和启动页

Mall App 在移动设备中显示的图标如图 12-2 所示。

访问 App 后,首先会显示启动页,如图 12-3 所示。

需要注意的是,图标和启动页是在执行打包操作后,安装在模拟器或者移动设备中才会显示的,PC 端调试过程中不会显示。

图 12-2 App 图标

2. 引导页

在移动设备中,首次启动 App 会在启动页之后显示引导页;在 PC 端调试时,首次启动

图 12-3　App 启动页

App 会直接显示引导页。本项目的引导页分为三页,前两页的页面效果类似,如图 12-4 所示。

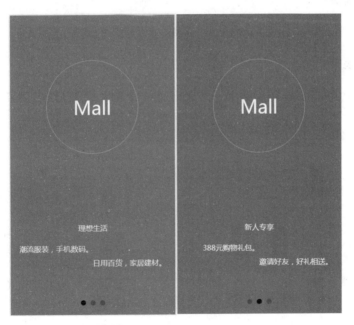

图 12-4　引导页-1 和引导页 2

第 3 页包含"立即体验"按钮,如图 12-5 所示。

3. 商城首页和标签页

在图 12-5 中,单击"立即体验"按钮可以跳转到商城首页。商城首页和导航标签页的页面效果如图 12-6 所示。

图 12-5　引导页-3

图 12-6　商城首页和导航标签页

4. 商品分类页

在商城首页单击导航标签页的"分类"标签,可以跳转到商品分类页面,如图 12-7 所示。

5. 商品列表页

在图 12-7 中,单击右侧热卖分类下方的任意一个分类,可以跳转到商品列表页面,如图 12-8 所示。

图 12-7　商品分类页

图 12-8　商品列表页

6．商品详情页

在图 12-8 中，单击一个商品，会跳转到商品详情页，如图 12-9 所示。

7．购物车

在图 12-9 中，单击"购物车"按钮，会跳转到购物车页面，如图 12-10 所示。

图 12-9　商品详情页

图 12-10　购物车页

需要注意的是，本项目没有做支付功能，在图 12-10 中，单击"去结算"按钮会跳转到项目的商城首页。

8．个人中心

单击导航标签页的"我的"标签，会跳转到个人中心页面，如图 12-11 所示。

12.1.2　项目目录和文件结构

为了方便读者进行项目的搭建，接下来介绍本项目的目录和文件结构，如图 12-12 所示。

ionic 项目中几乎所有的开发工作都是围绕 www 目录进行的，所有模块内容都放在该目录内，所以这里主要介绍 www 目录的结构，如图 12-13 所示。

在图 12-13 中，各个目录和文件的说明如下。

① areas：areas 是自定义的目录，用于存放项目中每个模块所应用到的 HTML 和 JavaScript 文件。

• account：个人中心模块文件目录。

图 12-11　个人中心页

图 12-12　项目根目录结构

图 12-13　www 目录结构

- cart：购物车模块文件目录。

  以购物车目录文件为例，其他模块目录下大概包含以下 4 个文件。

  ◆ cart.html：模块的 HTML 文件。

  ◆ cart_controller.js：模块控制器文件。

  ◆ cart_route.js：模块路由文件。

  ◆ cart_service.js：模块服务文件。

- category：商品分类目录。

- common：公用的 JavaScript 文件目录。

  ◆ common.js：其中定义了公用的功能，例如弹出框。

  ◆ indexdb.js：封装了 IndexedDB 的增删改查操作。

- details：商品详情目录。

- goodsList：商品列表目录。

- guidePage：引导页目录。

- home：商城主页目录。

- tab：导航标签目录。

② css：css 的下级目录用于存放每个模块对应的 css 文件。

③ img：图片文件目录。

④ js：项目启动和配置等 JavaScript 文件目录。

- app.js：项目启动文件。
- config.js：配置项目兼容性文件。
- route.js：全局路由文件。

⑤ lib：第三方文件目录。

⑥ index.html：项目启动文件。

12.2　任务 1——项目结构搭建

12.2.1　任务描述

使用 ionic 开发 App 大致分为以下 5 个步骤，如图 12-14 所示。

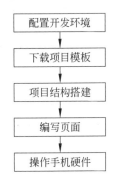

图 12-14　ionic 开发流程

本书的第 7 章和第 8 章介绍过开发环境的配置和 ionic 项目模板的下载等内容，所以本任务直接从第（3）步开始讲解。笔者将第 8 章完成的 myApp 项目复制过来，修改项目根目录名称为 mall，然后开始项目开发。

本项目的第 1 个任务是完成项目整体的结构搭建，即对 mall 项目模板进行改造。首先需要修改 mall\www\js 目录下的内容，修改前的效果如图 12-15 所示。

在图 12-15 中，为了代码结构清晰，方便运维，在后面的模块开发中，会为每个模块配置单独的 controller 和 service 文件。首先需要将 js 目录下的 controllers.js 和 services.js 文件删除，然后将 app.js 启动文件中的内容按照功能抽取成三个 javaScript 文件，修改后的效果如图 12-16 所示。

图 12-15　修改前的 js 目录

图 12-16　修改后的 js 目录

在图 12-16 中，app.js 负责控制项目启动，它存放了项目启动的相关代码；config.js 负责控制不同平台兼容性，例如在不同设备上导航菜单的显示位置；route.js 是项目的总路由文件，负责控制路由跳转、注册每个模块的子路由等。

完成项目结构搭建后，项目是能够运行的。访问 index.html 入口文件，页面效果如图 12-17 所示。

图 12-17　index.html

12.2.2　任务分析

了解了本任务需要实现的功能后，接下来进行任务分析，其实现步骤具体如下。

（1）app.js

在 app.js 中，需要保留 run()方法，在该模块中注入项目中依赖的所有模块。

（2）config.js

① 在 config.js 文件中，通过 angular.module.config()方法定义模块。

② 注入$ionicConfigProvider 服务，该服务用于 ionic 项目中的全局配置。

（3）route.js

① 在 route.js 文件中，通过 angular.module.config()方法定义路由模块。

② 注入$stateProvider 和$urlRouterProvider 服务。

（4）index.html

在 index.html 中引入 app.js、config.js 和 route.js 文件。

（5）修改 config.xml

在 config.xml 中可以修改项目在移动设备中显示的名称和作者信息等，这里主要修改名称。

（6）删除多余的目录和文件

项目结构搭建完后，需要删除一些 ionic 项目模板中 www 目录下原有的目录和文件，因为开发人员重新规划项目后不再需要它们。

12.2.3　代码实现

① 修改 www\js\app.js 文件，修改后的代码如下。

app.js

```
1    /**
2     * 项目启动文件
3     */
4    angular.module('starter',['ionic','route','config'])
5      .run(function($ionicPlatform) {
6        $ionicPlatform.ready(function() {
7          // 下面两个 if 语句是 ionic 项目模板代码，无须修改
8          //表单输入时默认隐藏键盘上的附件栏
9          if(window.cordova && window.cordova.plugins &&
               window.cordova.plugins.Keyboard) {
10           cordova.plugins.Keyboard.hideKeyboardAccessoryBar(true);
11           cordova.plugins.Keyboard.disableScroll(true);
12         }
13         //设置状态栏的默认样式
14         if (window.StatusBar) {
15           // org.apache.cordova.statusbar required
16           StatusBar.styleDefault();
17         }
18       });
19     });
```

在上述代码中，第 4 行定义了模块 starter，并在该模块中注入 ionic、route 和 config 三个模块。除第 4 行代码外，其他代码均为模板自动生成的，无须修改。其中$ionicPlatform

是 ionic 提供的平台服务组件,该组件提供了 ready([callback])方法;当设备准备就绪,该方法将触发回调函数,在该回调函数中可以执行一些操作,例如控制 Android 后退按钮的行为。操作手机硬件需要依赖 ngCordova 插件来完成,在制作个人中心模块时将为读者详细介绍。

② 新建 www\js\config.js,在该文件中添加的代码如下。

config. js

```
1  / * *
2   * 配置模块,控制不同平台的兼容性
3   * /
4  angular.module('config',[])
5    .config(function($ionicConfigProvider){
6      //在安卓平台下,菜单显示在底部
7      $ionicConfigProvider.platform.android.tabs.position("bottom");
8    })
```

在上述代码中,使用了 $ionicConfigProvider 服务组件,该组件用于定制安卓平台下菜单显示在底部。

③ 新建 www\js\route.js,在该文件中添加的代码如下。

route. js

```
1  / * *
2   * 全局路由文件
3   * /
4  angular.module('route',[
5    //在这里注册子路由
6  ]) .config(function($stateProvider, $urlRouterProvider) {});
```

上述代码中定义了全局路由文件,但是这里还没有实现路由功能,所以访问 index. html 只会显示该页面中存在的内容。后面的任务会将每个模块的子路由的模块名称在第 5 行的位置注册,项目运行时子路由便会生效。

④ 修改 www\index. html,修改后的代码如下。

index. html

```
1  <!DOCTYPE html>
2  <html>
3    <head>
4      <meta charset="utf-8">
5      <meta name="viewport" content="initial-scale=1, maximum-scale=1, user-scalable=no, width=device-width">
6      <title>入口文件</title>
7      <link href="lib/ionic/css/ionic.css" rel="stylesheet">
8      <!--ionic/angularjs js -->
9      <script src="lib/ionic/js/ionic.bundle.js"></script>
10     <!--cordova script (this will be a 404 during development) -->
11     <script src="cordova.js"></script>
12     <!--全局 js 文件 -->
```

```
13      <script src="js/app.js"></script>
14      <script src="js/config.js"></script>
15      script src="js/route.js"></script>
16    </head>
17    <body ng-app="starter">
18      <ion-nav-view><h1>index.html</h1></ion-nav-view>
19    </body>
20  </html>
```

在上述代码中,必须引入三个全局 JavaScript 文件。另外,需要注意 ionic 项目模板都会默认引入第 11 行的 cordova.js,该文件是硬件操作中必须引用的文件之一。在 PC 端运行项目时会在控制台输出一条 404 错误,该错误不影响开发和项目打包等。

⑤ 修改 config. xml,该文件中需要修改的关键代码如下。

config. xml

```
1  <name>Mall</name>
2   <description>An awesome Ionic/Cordova app.</description>
3   <author email="hi@ ionicframework"
               href="http://ionicframework.com/">itheima</author>
```

在上面的文件中,name 节点用于添加项目名称,description 节点用于添加项目描述信息,author 节点用于添加作者相关信息。

⑥ 删除 www 目录下多余的文件和目录。

• www\templates 目录
• www\css\style. css 文件
• www\manifest. json 文件
• www\service-worker. js 文件

删除以上目录和文件后,项目结构搭建完毕,测试方法可参考任务描述。

12.3 任务 2——引导页

12.3.1 任务描述

本项目的第 2 个任务是完成项目引导页,首先简单介绍项目引导页和启动页的区别。

1. App 启动页

App 启动页是在 App 未加载完之前显示的图片,每次启动 App 都要显示。该页面可以是无意义的,例如一张白色图片。为了提高用户体验,建议使用经过设计的图片。

2. App 引导页

App 引导页最初是面对新用户展示的页面,该页面可以是产品特色的展示或者关键功能的引导。目前很多 App 在项目更新时也会展示引导页,本项目要求对新用户展示即可。

　　了解了 App 引导页和启动页的区别,接下来为读者展示本任务要实现的功能效果。引导页分为三页,前两页标题下方的文字包含动画效果;第 3 页包含"立即体验"按钮,单击该按钮可以跳转到商城首页,页面效果如图 12-18～图 12-20 所示。

图 12-18　引导页-1

图 12-19　引导页-2

图 12-20　引导页-3

12.3.2　任务分析

　　了解了本任务需要实现的功能,接下来进行任务分析。

　　本项目的所有功能模块的 HTML 和 JavaScript 文件都存放在名称为 areas 的目录中,每个模块创建子目录,引导页的目录命名为 guidePage。

　　每个模块的目录下都大致包含 4 个文件。

- Controller 文件:控制业务逻辑。
- Route 文件:设置功能模块路由。
- Service 文件:用于数据请求访问。
- HTML 页面:展示功能界面。

　　引导页不涉及数据访问,因此这里不需要创建 Service 文件。

　　本项目的 CSS 文件也是按照模块名称分目录存放,例如引导页的 CSS 文件存放在 css\guidePage 目录下。

　　本任务的实现步骤如下。

　　(1) guidePage_controller.js

　　引导页的功能可以使用 ionic 的幻灯片组件实现,幻灯片每个页面的动画效果使用 CSS 来实现;在引导页的控制器中需要编写一些 JavaScript 代码,来控制幻灯片向各方向滑动的动画效果。另外,"立即体验"按钮需要绑定一个页面跳转的方法。

　　综上所述,guidePage_controller.js 主要实现两个方法。

① slideHasChanged()：幻灯片滑动的回调函数。

② func_goHome()：单击"立即体验"按钮后要触发的回调函数。

（2）guidePage_route.js

该文件用于定义引导页的路由。

（3）route.js

在全局路由文件中注册子路由,并且添加判断功能,即判断是否新用户。值得一提的是,用户第一次启动 App 时会默认该用户为新用户。

（4）guidePage.html

该文件用于引导页的功能界面展示。

（5）guidePage.css

该文件用于控制引导页的界面样式和动画效果。

（6）index.html

在该文件中引入引导页需要的 JavaScript 和 CSS 文件。

12.3.3　代码实现

① 新建 www\areas\guidePage\guidePage_controller.js 文件,在该文件中添加的代码如下。

guidePage_controller.js

```
1   /*
2   引导页面控制器,包含业务逻辑代码
3    */
4   angular.module('guidePage.controller',[])
5    .controller('GuidePageCtrl', function ($scope,$state) {
6       //当幻灯片滑动时触发的事件回调函数
7        $scope.slideHasChanged=function(index){
8       // 将 hidden 类改为 guide-show,显示动画效果
9        var item =$("#tips-"+index);
10       if(item.hasClass("hidden")){
11         item.removeClass("hidden");
12         item.addClass("guide-show");
13       }
14        //为了从后向前播放时也有动画效果,需要将播放过的页面设置为 hidden
15       if(index==0||index==2){
16         $("#tips-1").removeClass("guide-show");
17         $("#tips-1").addClass("hidden");
18       } else if(index==1){
19         $("#tips-0").removeClass("guide-show");
20         $("#tips-0").addClass("hidden");
21       }
22     }
23     // 跳转到主页的方法
24     $scope.func_goHome=function(){
25       localStorage["isFirst"]=true;
26       $state.go('tab.home');
```

```
27        }
28    })
```

在上述代码中，slideHasChanged()方法用到了 jQuery 代码，所以需要在引导页中引入 jQuery 第三方库文件。func_goHome()方法中 $state.go()方法的参数 tab.home 为商城首页路由的名称。第 25 行使用 HTML5 的 localStorage 存储了一个变量 isFirst，用于判断用户是不是第一次启动 App。

② 新建 www\areas\guidePage\guidePage_route.js 文件，在该文件中添加的代码如下。

guidePage_route.js

```
1    /* *
2     * 引导页功能子路由
3     */
4    angular.module('guidePage.route', ['guidePage.controller'])
5    .config(function($stateProvider) {
6        $stateProvider
7        .state('guidePage', {
8        url: '/guidePage',
9        templateUrl: 'areas/guidePage/guidePage.html',
10        controller: 'GuidePageCtrl'
11        })
12    });
```

在上述代码中，定义模块名称为 guidePage.route。在全局路由中注入该模块名称，用于注册子路由。

③ 修改 www\js\route.js，修改后的代码如下。

route.js

```
1    /* *
2     * 全局路由文件
3     */
4    angular.module('route', [
5    'guidePage.route'//引导页
6    ]).config(function($stateProvider, $urlRouterProvider) {
7        // 判断是否第一次访问，如果是，跳转到引导页，如果不是，跳转到主页
8        if(localStorage["isFirst"])
9        {
10        $urlRouterProvider.otherwise('/tab/home');
11        }
12        else {
13        $urlRouterProvider.otherwise('/guidePage');
14        }
15    });
```

在上述代码中，应用到了 localStorage 中存储的 isFirst，用来判断项目启动的默认 URL 地址；如果不是第一次启动，就跳转到商城首页。

④ 新建 www\areas\guidePage\guidePage. html 文件,在该文件中添加的代码如下。

guidePage. html

```
1   <ion-view id="guidePage" view-title="引导页" cache-view="false">
2     <ion-slide-box id="guideSlide"
      on-slide-changed="slideHasChanged($index)">
3       <ion-slide>
4         <div class="item-logo" style="background-color: #ed577f;">
5           <a href="#">
6             Mall
7           </a>
8           <div id="tips-0" class="animate guide-show">
9             <h2 class="animated bounceInDown">理想生活</h2>
10            <li class="animated bounceInLeft">潮流服装,手机数码。</li>
11            <li class="animated bounceInRight">日用百货,家居建材。</li>
12          </div>
13        </div>
14      </div>
15      </ion-slide>
16      <ion-slide>
17        <div class="item-logo" style="background-color:#c962ab;">
18          <a href="#">
19            Mall
20          </a>
21          <div id="tips-1" class="animate hidden">
22            <h2 class="animated bounceInDown">新人专享</h2>
23            <li class="animated bounceInLeft">388 元购物礼包。</li>
24            <li class="animated bounceInRight">邀请好友,好礼相送。</li>
25          </div>
26        </div>
27      </ion-slide>
28      <ion-slide>
29        <div class="item-logo" style="background-color: #eda057;">
30          <a href="#">
31            Mall
32          </a>
33          <div class="animate guide-show">
34            <button id='close' ng-click="func_goHome()">立即体验</button>
35          </div>
36        </div>
37      </div>
38      </div>
39      </ion-slide>
40    </ion-slide-box>
41  </ion-view>
```

在上述代码中,通过 ionic 的幻灯片组件实现了引导页面。第 2 行为 on-slide-changed
事件绑定了回调函数 slideHasChanged();第 34 行为"立即体验"按钮绑定了事件回调函数
func_goHome(),单击此按钮可以进入项目主页面。

⑤ 新建 www\css\guidePage\guidePage.css 文件，在该文件中添加的代码如下。

guidePage.css

```
1   /*
2    *引导页样式代码
3    */
4   #guidePage h2,#guidePage li{
5     color: #fff;
6   }
7   /*设置整个引导页的高度*/
8   #guidePage #guideSlide{
9     height: 100%;
10  }
11  /*【立即体验】按钮的样式*/
12  #guidePage #close {
13    position: absolute;
14    width: 160px;
15    left: 50%;
16    margin-left: -80px;
17    bottom: 15%;
18    padding: 10px;
19    color: #ed7518;
20    border-color: #fff;
21  }
22  /*引导页标题样式*/
23  #guidePage .item-logo {
24    width: 100%;
25    height: 100%;
26    position: absolute;
27  }
28  #guidePage .item-logo a {
29    width: 200px;
30    height: 200px;
31    display: block;
32    border: 1px solid #FFFFFF;
33    border-color: rgba(255, 255, 255, 0.5);
34    text-align: center;
35    line-height: 200px;
36    border-radius: 50%;
37    font-size: 40px;
38    color: #fff;
39    position: absolute;
40    top: 15%;
41    left: 50%;
42    margin-left: -100px;
43    text-decoration: none;
44  }
45  /*引导页标题下方动画位置*/
46  #guidePage .animate {
47    position: absolute;
```

```
48    left: 0;
49    bottom: 15% ;
50    width: 100% ;
51    color: #fff;
52    display: -moz-box;
53  }
54  #guidePage .animate h2 {
55    text-align: center;
56    margin-bottom: 20px;
57  }
58  #guidePage .animate li {
59    width: 50% ;
60    height: 30px;
61    line-height: 30px;
62    list-style: none;
63    font-size: 16px;
64    text-align: right;
65  }
66  #guidePage .animate li:nth-child(3) {
67    text-align: left;
68    float: right;
69  }
70  #guidePage .animated {
71    -webkit-animation-duration: 1s;
72    /*动画默认效果为暂停*/
73    -webkit-animation-play-state: paused;
74    -webkit-animation-fill-mode: both;
75  }
76  /*动画部分隐藏*/
77  #guidePage .hidden{
78    display: none!important;
79  }
80  /*设置动画的播放效果*/
81  #guidePage .guide-show .bounceInDown {
82    -webkit-animation-name: bounceInDown;
83    /*动画开始播放*/
84    -webkit-animation-play-state: running;
85    -webkit-animation-delay: 1s;
86    display: block;
87  }
88  #guidePage .guide-show .bounceInLeft {
89    -webkit-animation-name: bounceInLeft;
90    display: block;
91    /*动画开始播放*/
92    -webkit-animation-play-state: running;
93  }
94  #guidePage .guide-show .bounceInRight {
95    -webkit-animation-name: bounceInRight;
96    display: block;
97    /*动画开始播放*/
```

```
98      -webkit-animation-play-state: running;
99      -webkit-animation-delay: 0.5s;
100    }
101    @ -webkit-keyframes bounceInDown {
102      0% , 60% , 75% , 90% , 100% {
103        -webkit-animation-timing-function: cubic-bezier(0.215, 0.610, 0.355, 1.000);
104        animation-timing-function: cubic-bezier(0.215, 0.610, 0.355, 1.000);
105      }
106      0% {
107        opacity: 0;
108        -webkit-transform: translate3d(0, -3000px, 0);
109        transform: translate3d(0, -3000px, 0);
110      }
111      60% {
112        opacity: 1;
113        -webkit-transform: translate3d(0, 25px, 0);
114        transform: translate3d(0, 25px, 0);
115      }
116      75% {
117        -webkit-transform: translate3d(0, -5px, 0);
118        transform: translate3d(0, -5px, 0);
119      }
120      90% {
121        -webkit-transform: translate3d(0, 3px, 0);
122        transform: translate3d(0, 3px, 0);
123      }
124      100% {
125        -webkit-transform: none;
126        transform: none;
127      }
128    }
129    @ -webkit-keyframes bounceInLeft {
130      0% , 60% , 75% , 90% , 100% {
131        -webkit-animation-timing-function: cubic-bezier(0.215, 0.610, 0.355, 1.000);
132        animation-timing-function: cubic-bezier(0.215, 0.610, 0.355, 1.000);
133      }
134      0% {
135        opacity: 0;
136        -webkit-transform: translate3d(-3000px, 0, 0);
137        transform: translate3d(-3000px, 0, 0);
138      }
139      60% {
140        opacity: 1;
141        -webkit-transform: translate3d(25px, 0, 0);
142        transform: translate3d(25px, 0, 0);
143      }
144      75% {
145        -webkit-transform: translate3d(-10px, 0, 0);
146        transform: translate3d(-10px, 0, 0);
147      }
```

```
148    90% {
149      -webkit-transform: translate3d(5px, 0, 0);
150      transform: translate3d(5px, 0, 0);
151    }
152    100% {
153      -webkit-transform: none;
154      transform: none;
155    }
156  }
157  @ -webkit-keyframes bounceInRight {
158    0% , 60% , 75% , 90% , 100% {
159      -webkit-animation-timing-function: cubic-bezier(0.215, 0.610, 0.355, 1.000);
160      animation-timing-function: cubic-bezier(0.215, 0.610, 0.355, 1.000);
161    }
162    0% {
163      opacity: 0;
164      -webkit-transform: translate3d(3000px, 0, 0);
165      transform: translate3d(3000px, 0, 0);
166    }
167    60% {
168      opacity: 1;
169      -webkit-transform: translate3d(-25px, 0, 0);
170      transform: translate3d(-25px, 0, 0);
171    }
172    75% {
173      -webkit-transform: translate3d(10px, 0, 0);
174      transform: translate3d(10px, 0, 0);
175    }
176    90% {
177      -webkit-transform: translate3d(-5px, 0, 0);
178      transform: translate3d(-5px, 0, 0);
179    }
180    100% {
181      -webkit-transform: none;
182      transform: none;
183    }
184  }
```

在上述代码中，设置了引导页的标题、动画和按钮等样式。CSS 代码注释完整，因此本书不作详细讲解。

⑥ 最后需要在 index.html 文件中引入该任务需要的 CSS 文件和 JavaScript 文件，关键代码如下。

index.html

```
1    <link href="css/guidePage/guidePage.css" rel="stylesheet">
2    <script src="areas/guidePage/guidePage_controller.js"></script>
3    <script src="areas/guidePage/guidePage_route.js"></script>
4    <script src="lib/jquery/dist/jquery.js"></script>
```

到这里，本项目的引导页便完成了，测试方法请参考任务描述。

12.4　任务 3——导航标签

12.4.1　任务描述

本项目的第 3 个任务是完成导航标签页,在引导页中单击"立即体验"按钮,便会显示商城首页和导航标签。设备界面的最下方是导航标签,导航标签的页面效果如图 12-21 所示。

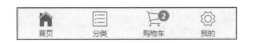

图 12-21　导航标签页

单击图 12-21 中的标签,跳转到相应的界面。需要注意的是,在购物车标签上需要显示购物车商品的数量,这个数量是从客户端 IndexedDB 数据库中获取的。这里使用的是静态数据,在商品详情页完成添加购物车的功能后,再添加获取商品数量的方法。

12.4.2　任务分析

了解了本任务需要实现的功能,接下来进行任务分析。导航标签模块的目录名称为 tab。导航标签没有独立的 CSS 样式文件,主要功能由 ionic 的标签页组件结合路由功能来实现。

该任务的实现步骤如下。

(1) tab_service.js

该文件中定义导航标签的服务,服务中定义一个空方法,用于客户端获取购物车商品数量的数据操作。

(2) tab_controller.js

定义一个数据对象,该对象用于绑定页面的购物车商品数量,本任务暂时使用静态数据即可。

(3) tab_route.js

该文件用于定义导航标签的路由。

(4) route.js

在全局路由文件中注册子路由。

(5) tab.html

该文件用于导航标签的功能界面展示。

(6) index.html

在该文件中引入导航标签需要的 JavaScript 文件。

12.4.3　代码实现

① 新建 www\areas\tab\tab_service.js 文件,在该文件中添加的代码如下。

tab_service.js

```
1    /**
2     * 导航标签服务
3     */
4    angular.module('tab.service', [])
5      .factory('tabFty', function($http, $q,$window) {
6        return {
7          getAllData: function () {
8        //这里添加获取数据的代码
9          }
10    });
```

在上述代码中,定义了一个空方法 getAllData()用于获取购物车中的商品数量。完成添加购物车功能后会在第 8 行的位置添加获取数据的代码。

② 新建 www\areas\tab\tab_controller.js 文件,在该文件中添加的代码如下。

tab_controller.js

```
1    /**
2     * tab 导航标签的控制器
3     */
4    angular.module('tab.controller', ['tab.service'])
5      .controller('TabCtrl', function($scope,tabFty) {
6        // 绑定数据对象的值
7        $scope.obj_cartCount={
8          count:"0"
9        }
10    });
```

在上述代码中,$scope.obj_cartCount 对象为绑定数据对象,count 属性表示购物车中的商品数量。

③ 新建 www\areas\tab\tab_route.js 文件,在该文件中添加的代码如下。

tab_route.js

```
1    /**
2     * tab 导航标签页子路由
3     */
4    angular.module('tab.route', ['tab.controller'])
5      .config(function($stateProvider) {
6        // $stateProvider:定义路由用的服务
7        $stateProvider
8          .state('tab', {
9            url: '/tab',
10           abstract:true,// 加上这个属性之后就变成了抽象路由
11           templateUrl: 'areas/tab/tab.html',
12           controller: 'TabCtrl'
13         })
14    });
```

在上述代码中,第 10 行使用 abstract:true 将 tab 变为抽象路由。抽象路由表示该页面为父页面,父页面可以理解成导航标签中 4 个标签页面的共同部分。切换标签页面时,如果该页面需要同时显示导航标签,那么该页面的子路由名称要以"tab."开头,例如商城首页的子路由名称为 tab. home。需要注意的是,购物车页面不需要显示导航标签,所以路由名称便不以"tab."开头。

④ 在 www\js\route. js 文件中注册子路由,关键代码如下。

route. js

```
1   angular.module('route', [
2       'guidePage.route',//引导页
3       'tab.route'//导航标签
4   ])
```

⑤ 新建 www\areas\tab\tab. html 文件,在该文件中添加的代码如下。

tab. html

```
1    <ion-tabs class="tabs-icon-top tabs-color-active-positive">
2      <ion-tab title="首页" icon-off="ion-ios-home-outline"
                  icon-on="ion-ios-home" href="#/tab/home">
3        <ion-nav-view name="tab-home"></ion-nav-view>
4      </ion-tab>
5      <ion-tab title="分类" icon-off="ion-ios-list-outline"
                  icon-on="ion-ios-list" href="#/tab/category">
6        <ion-nav-view name="tab-category"></ion-nav-view>
7      </ion-tab>
8      <ion-tab title="购物车" icon-off="ion-ios-cart-outline"
                  icon-on="ion-ios-cart" href="#/cart"
                  badge="obj_cartCount.count" badge-style="badge-assertive">
9        <ion-nav-view name="tab-cart"></ion-nav-view>
10     </ion-tab>
11     <ion-tab title="我的" icon-off="ion-ios-gear-outline"
                  icon-on="ion-ios-gear" href="#/tab/account">
12       <ion-nav-view name="tab-account"></ion-nav-view>
13     </ion-tab>
14   </ion-tabs>
```

在上述代码中,ion-tab 中的 title 属性用于设置每个标签显示的汉字,ion-nav-view 组件中的 name 属性与 ion-tab 中的 href 属性是对应关系。

⑥ 最后需要在 index. html 文件中引入该任务需要的 JavaScript 文件,关键代码如下。

index. html

```
1        <!--导航标签-->
2      <script src="areas/tab/tab_controller.js"></script>
3      <script src="areas/tab/tab_service.js"></script>
4      <script src="areas/tab/tab_route.js"></script>
```

到这里,本项目的任务 3——导航标签便完成了,测试方法请参考任务描述。

12.5　任务 4——商城首页

12.5.1　任务描述

本项目的第 4 个任务是完成商城首页,在引导页中单击"立即体验"按钮,便会显示商城首页,页面效果如图 12-22 和图 12-23 所示。

图 12-22　商城首页上半部分

图 12-23　商城首页下半部分

从图 12-22 和图 12-23 的页面效果可以看出,页面最上方的导航有变色的效果,页面内容包含轮播图、导航、商品区域和广告区域等;当页面滑动到接近底部时,会在页面的右下角显示回到顶部的按钮,单击该按钮可以回到页面顶部。

12.5.2　任务分析

了解了本任务需要实现的功能,接下来进行任务分析。商城首页模块的目录名称为 home。由于不涉及数据访问,这里不需要创建 Service 文件。

该任务的实现步骤如下。

(1) home. html

该文件用于商城首页的界面展示,商城首页的整体页面结构如图 12-24 所示。

从图 12-24 中可以看出,整个页面包含搜索区域、头部轮播图、功能导航等区域。

(2) home. css

该文件用于控制商城首页的界面样式。

图 12-24　商城首页的整体页面结构

（3）home_controller.js

该文件中要实现的方法如下。

① headerChangeColor()：随着页面滚动,改变搜索区域的颜色。

② goTop()：回到顶部按钮绑定的事件回调函数。

③ countdown()：秒杀计时器。

（4）home_route.js

该文件用于定义商城首页的路由。

（5）route.js

在全局路由文件中注册子路由。

（6）index.html

在该文件中引入商城首页需要的 JavaScript 和 CSS 文件。

12.5.3　代码实现

① 新建 www\areas\home\home.html 文件,在该文件中添加的代码如下。

home.html

```
1   <ion-view id="home" view-title="首页" cache-view="false">
2     <!--搜索区域-->
3     <div id="headerBar" class="headerBar">
4       <div id="headerBar-bg"></div>
5       <div class="headerBar-logo">
6         <i></i>
7       </div>
8       <a class="headerBar-search"  ng-href="#">
9         <span></span>
10        <div>
11          <input  maxlength="20" autocomplete="true" value="美妆 1 元起 独家放价"/>
12        </div>
13      </a>
14      <a class="headerBar-login" ng-href="#">
15        <span>
16            登录
17        </span>
18      </a>
19    </div>
20    <ion-content id="home-content" class="scroll-content" scroll="false">
21      <!--头部轮播图-->
22      <ion-slide-box class="headerSlider"  auto-play="3000" >
23        <ion-slide>
24          <img ng-src="img/home/home-headerSlide-1.jpg">
25        </ion-slide>
26        <ion-slide>
27          <img ng-src="img/home/home-headerSlide-2.jpg">
28        </ion-slide>
29        <ion-slide>
30          <img ng-src="img/home/home-headerSlide-3.jpg">
```

```
31        </ion-slide>
32        <ion-slide>
33          <img ng-src="img/home/home-headerSlide-4.jpg">
34        </ion-slide>
35        <ion-slide>
36          <img ng-src="img/home/home-headerSlide-5.jpg">
37        </ion-slide>
38      </ion-slide-box>
39      <!--功能导航 -->
40      <nav id="nav">
41        <span ui-sref="tab.category">
42          <img ng-src="img/home/nav0.png" alt="">
43          <h2>分类查询</h2>
44        </span>
45        <span>
46          <img ng-src="img/home/nav1.png" alt="">
47          <h2>物流查询</h2>
48        </span>
49        <span>
50          <img ng-src="img/home/nav2.png" alt="">
51          <h2>购物车</h2>
52        </span>
53        <span>
54          <img ng-src="img/home/nav3.png" alt="">
55          <h2>我的 Mall</h2>
56        </span>
57        <span>
58          <img ng-src="img/home/nav4.png" alt="">
59          <h2>充值</h2>
60        </span>
61        <span>
62          <img ng-src="img/home/nav5.png" alt="">
63          <h2>领券中心</h2>
64        </span>
65        <span>
66          <img ng-src="img/home/nav6.png" alt="">
67          <h2>生活团购</h2>
68        </span>
69        <span>
70          <img src="img/home/nav7.png" alt="">
71          <h2>我的关注</h2>
72        </span>
73      </nav>
74      <!--广告轮播图 1-->
75      <div class="ad">
76        <ion-slide-box show-pager="true" auto-play="true"
                          does-continue="true">
77          <ion-slide>
78            <img ng-src="img/home/home-ad-1.jpg">
79          </ion-slide>
```

```
80          <ion-slide>
81             <img ng-src="img/home/home-ad-2.jpg">
82          </ion-slide>
83          <ion-slide>
84             <img ng-src="img/home/home-ad-3.jpg">
85          </ion-slide>
86       </ion-slide-box>
87    </div>
88    <!--掌上秒杀 -->
89    <div id="centent">
90       <div class="centent-top">
91          <span></span>
92          <h2>掌上秒杀</h2>
93          <div class="centent-time">
94             <span class="time-text">0</span>
95             <span class="time-text">0</span>
96             <span>:</span>
97             <span class="time-text">0</span>
98             <span class="time-text">0</span>
99             <span>:</span>
100            <span class="time-text">0</span>
101            <span class="time-text">0</span>
102         </div>
103         <div class="centent-more">
104            更多>
105         </div>
106      </div>
107      <ul class="centent-bottom">
108         <li>
109            <a href="#/details/1">
110               <img ng-src="img/home/seckill_1.jpg" alt="">
111               <span class="seckill-now">￥169.00</span>
112               <span class="seckill-old">￥299.00</span>
113            </a>
114         </li>
115         <li>
116            <a href="#">
117               <img ng-src="img/home/seckill_2.jpg" alt="">
118               <span class="seckill-now">￥11.11</span>
119               <span class="seckill-old">￥39.00</span>
120            </a>
121         </li>
122         <li>
123            <a href="#">
124               <img ng-src="img/home/seckill_3.jpg" alt="">
125               <span class="seckill-now">￥99.00</span>
126               <span class="seckill-old">￥199.00</span>
127            </a>
128         </li>
129      </ul>
```

```
130        </div>
131        <!--主题街-->
132        <div class="floor">
133          <div class="floor-title">主题街</div>
134          <div class="floor-product">
135            <div class="floor-product-list floor-left">
136              <img ng-src="img/home/home-theme-3.jpg" alt="">
137            </div>
138            <div class="floor-product-list">
139              <img ng-src="img/home/home-theme-1.jpg" alt="">
140              <img ng-src="img/home/home-theme-2.jpg" alt="">
141            </div>
142          </div>
143        </div>
144        <!--广告轮播图 2-->
145        <div class="ad" style="clear: both">
146          <ion-slide-box show-pager="true" auto-play="true"
                          does-continue="true">
147            <ion-slide>
148              <img ng-src="img/home/home-ad-4.jpg">
149            </ion-slide>
150            <ion-slide>
151              <img ng-src="img/home/home-ad-5.jpg">
152            </ion-slide>
153            <ion-slide>
154              <img ng-src="img/home/home-ad-6.jpg">
155            </ion-slide>
156          </ion-slide-box>
157        </div>
158        <!--超值购 -->
159        <div id="floor-1" class="floor">
160          <div class="floor-title">超值购</div>
161          <div class="floor-product">
162            <div class="floor-product-list floor-left">
163              <img ng-src="img/home/cp1.jpg" alt="">
164            </div>
165            <div class="floor-product-list">
166              <img ng-src="img/home/cp2.jpg" alt="">
167              <img ng-src="img/home/cp3.jpg" alt="">
168            </div>
169          </div>
170        </div>
171        <!--回到顶部的区块-->
172        <div class="back_top" ></div>
173      </ion-content>
174    </ion-view>
```

在上述代码中,轮播图使用 ionic 幻灯片实现,其他部分使用 HTML5+CSS3 来实现页面布局。

② 新建 www\css\home\home.css 文件,在该文件中添加的代码如下。

home, css

```
1   /*
2    * 商城首页样式代码
3    */
4   #home ion-header-bar{
5     margin: 0;
6     padding: 0;
7     background-color: transparent;
8     border: 0;
9     background-image: none;
10  }
11  #home .has-header{
12    top: 0;
13  }
14  #home ion-content{
15    overflow:scroll;
16  }
17  /* 搜索区域 */
18  #home .headerBar {
19    background-color: transparent;
20    position: fixed;
21    top: 0;
22    z-index: 2;
23    display: inline-block;
24    width: 100% ;
25    height: 35px;
26  }
27  #home #headerBar-bg{
28    background-color: #c91523;
29    opacity: 0;
30    height: 35px;
31    position: absolute;
32    width: 100% ;
33  }
34  #home .headerBar-logo {
35    position: absolute;
36    margin: 0;
37    padding: 0;
38    width: 56px;
39    height: 35px;
40    display: inline-block;
41  }
42  #home .headerBar-logo i {
43    display: inline-block;
44    height:21px;
45    width: 56px;
46    background: url("../../img/common/sprites.png") no-repeat;
47    background-position: 0 -109px;
48    background-size: 200px 200px;
```

```
49    margin-left: 7px;
50    margin-top: 7px;
51  }
52  #home .headerBar-search {
53    position:absolute;
54    left: 66px;
55    right: 40px;
56    width: auto;
57    height: 25px;
58    margin-top: 5px;
59    color: #ffffff;
60    display: inline-block;
61    background-color: #ffffff;
62    border-radius: 15px;
63  }
64  #home .headerBar-search span{
65    display: inline-block;
66    height:20px;
67    width: 20px;
68    background: url("../../img/common/sprites.png") no-repeat;
69    background-position: -60px -109px;
70    background-size: 200px 200px;
71    margin-left: 5px;
72    margin-top: 3px;
73  }
74  #home .headerBar-search div{
75    display:inline-block;
76    height:100% ;
77    width: auto;
78  }
79  #home .headerBar-search div input{
80    border: 0;
81    display: inline-block;
82    background: 0;
83    font-size: 13px;
84    line-height: 1.2em;
85    height: 1.4em;
86    width: 100% ;
87    vertical-align: middle;
88    margin-top: -15px;
89    color: #989191;
90  }
91  #home .headerBar-login {
92    width: 30px;
93    height:inherit;
94    position: absolute;
95    right: 7px;
96    display: inline-block;
97  }
98  #home .headerBar-login span{
```

```
99      margin-top: 7px;
100     color:#ffffff;
101     font-size: 15px;
102     display: inline-block;
103   }
104   /*头部轮播图*/
105   #home .headerSlider {
106     height: 182px;
107     width: 100% ;
108   }
109   #home .headerSlider img {
110     height: 100% ;
111     width: 100% ;
112   }
113   /*功能导航*/
114   #home #nav{
115     height:160px;
116     width:100% ;
117     padding:0 3% ;
118     background-color:#fff;
119     overflow:hidden;
120     box-shadow:0 1px 1px #ebebeb;
121   }
122   #home #nav span{
123     display:block;
124     float:left;
125     width:25% ;
126     height:60px;
127     margin-top:16px;
128   }
129   #home #nav span img{
130     display:block;
131     width:40px;
132     height:40px;
133     margin:0px auto;
134   }
135   #home #nav span h2{
136     font-size:14px;
137     font-weight:300;
138     text-align:center;
139     margin-top: 10px;
140   }
141   /*掌上秒杀*/
142   #home a{
143     text-decoration : none;
144   }
145   #home #centent{
146     margin:10px 5px;
147     background-color:#fff;
148     box-shadow:0 1px 1px #dcdcdc;
```

```
149   }
150   #home .centent-top{
151     height:32px;
152     overflow:hidden;
153   }
154   #home .centent-top span{
155     display:block;
156     width:16px;
157     height:20px;
158     margin:4px 4px 0 4px;
159     background-image:url(../../img/home/seckill-icon.png);
160     background-size:16px 20px;
161     float:left;
162   }
163   #home .centent-top h2{
164     float:left;
165     font-size:15px;
166     color:#f00;
167     line-height:30px;
168     margin-right:10px;
169     margin-top: 0px;
170   }
171   #home .centent-time span{
172     background-image:none;
173     margin:5px 1px;
174     width:5px;
175     color:#5d5d5d;
176     font-size:14px;
177     font-weight:700;
178     text-align:center;
179   }
180   #home .centent-top .time-text{
181     color:#fff;
182     font-size:16px;
183     width:15px;
184     font-weight:300;
185     background-color:#5d5d5d;
186   }
187   #home .centent-more{
188     float:right;
189     line-height:30px;
190     margin-right:5px;
191     font-size:14px;
192   }
193   #home .centent-bottom{
194     padding-top:7px;
195     overflow:hidden;
196   }
197   #home .centent-bottom li{
198     width:33.3% ;
```

```
199    float:left;
200  }
201  #home .content-bottom li img{
202    display:block;
203    border-right:1px solid #e6e6e6;
204    margin: 0;
205    padding: 0;
206    height: 100px;
207    width: 100% ;
208  }
209  #home .content-bottom li span{
210    display:block;
211    text-align:center;
212    font-size:14px;
213  }
214  #home .seckill-now{
215    color:#f15353;
216  }
217  #home .seckill-old{
218    text-decoration:line-through;
219  }
220  /*广告轮播图*/
221  #home .ad ion-slide {
222    text-align: center;
223    margin-top: 5px;
224  }
225  #home .ad ion-slide img {
226    height: 15% ;
227    width: 100% ;
228  }
229  /*超值购*/
230  #home .floor{
231    margin:0 5px 5px;
232    background-color:#fff;
233    box-shadow:0 1px 1px #dcdcdc;
234    overflow:hidden;
235  }
236  #home .floor-title{
237    font-size:15px;
238    padding-top:8px;
239    padding-left:7px;
240    padding-bottom:5px;
241  }
242  #home .floor-title:before{
243    display:inline-block;
244    content:'';
245    width:3px;
246    height:12px;
247    background-color:#d8505c;
248    margin:1px 7px 0 0;
```

```
249  }
250  #home .floor-product{
251    width:100% ;
252  }
253  #home .floor-product-list{
254    width:50% ;
255    overflow:hidden;
256    float:left;
257  }
258  #home .floor-product-list img{
259    width:100% ;
260    display:block;
261    border-top:1px solid #eee;
262  }
263  #home .floor-left{
264    border-right:1px solid #eee;
265    margin-left:-1px;
266  }
267  /* 回到顶部 div */
268  #home .back_top{
269    width: 35px;
270    height: 35px;
271    position: fixed;
272    bottom: 55px;
273    right: 10px;
274    background: url("../../img/home/scroll-to-top-icon.png") no-repeat;
275    background-size: 35px 35px;
276    opacity: 0;
277    transition: all .3s ease 0s;
278    -webkit-transition: all .3s ease 0s;
279    z-index: 100;
280  }
```

上述代码使用注释标注了页面中各个部分的样式代码。界面样式的设置相对比较简单，因此这里不作过多讲解。

③ 新建 www\areas\home\home_controller.js 文件，在该文件中添加的代码如下。

home_controller.js

```
1   /* *
2    * 商城首页控制器
3    */
4   angular.module('home.controller',[])
5     .controller('HomeCtrl', function($scope,$window) {
6       goTop();
7       countdown();
8       headerChangeColor();
9       // 改变头部搜索区域的颜色
10      function headerChangeColor(){
```

```
11      var bg=window.document.getElementById('home-content');
12      var nowOpacity=0;
13      bg.onscroll=function(event){
14        if(this.scrollTop/250<.85){
15          nowOpacity=this.scrollTop/250;
16        }
17        document.getElementById("headerBar-bg").style.opacity=nowOpacity;
18      }
19    }
20    //回到顶部
21    function goTop(){
22      var bg=window.document.getElementById('home-content');
23      var goTop =document.querySelector(".back_top");
24      bg.addEventListener('scroll',function(){
25        var top =bg.scrollTop;
26        if(top>200){
27          goTop.style.opacity =1;
28        }else{
29          goTop.style.opacity =0;
30        }
31      },false);
32      goTop.onclick =function(){
33        bg.scrollTop =0;
34      }
35    };
36    // 秒杀计时器
37    function countdown(){
38      if($window.timer){
39        clearInterval($window.timer);
40      }
41      // 倒计时
42      var timeObj={
43        h:1,
44        m:37,
45        s:13
46      };
47      var
48      timeStr=toDouble(timeObj.h)+toDouble(timeObj.m)+toDouble(timeObj.s);
49      var timeList=document.getElementsByClassName('time-text');
50      for(var i=0;i<timeList.length;i++){
51        timeList[i].innerHTML=timeStr[i];
52      }
53      function toDouble(num){
54        if(num<10){
55          return '0'+num;
56        }else{
57          return ''+num;
58        }
59      }
60      $window.timer=setInterval(function(){
```

```
61        timeObj.s--;
62        if(timeObj.s==-1){
63          timeObj.m--;
64          timeObj.s=59;
65        }
66        if(timeObj.m==-1){
67          timeObj.h--;
68          timeObj.m=59;
69        }
70        if(timeObj.h==-1){
71          timeObj.h=0;
72          timeObj.m=0;
73          timeObj.s=0;
74          clearInterval($window.timer);
75        }
76    timeStr=toDouble(timeObj.h)+toDouble(timeObj.m)+toDouble(timeObj.s);
77        for(var i=0;i<timeList.length;i++){
78          timeList[i].innerHTML=timeStr[i];
79        }
80      },1000);
81    }
82  });
```

在上述代码中，定义了 headerChangeColor()、goTop()和 countdown()方法。这三个方法都是用来控制界面样式的，因此无须绑定作用域。

④ 新建 www\areas\home\home_route.js 文件，在该文件中添加的代码如下。

home_route.js

```
1  /**
2   * 商城首页功能子路由
3   */
4  angular.module('home.route', ['home.controller'])
5    .config(function($stateProvider) {
6      $stateProvider
7        .state('tab.home', {
8          url: '/home',
9          // 指定模板页面要渲染的位置
10         views: {
11           'tab-home': {
12             templateUrl: 'areas/home/home.html',
13             controller: 'HomeCtrl'
14           }
15         }
16       });
17    })
```

在上述代码中，定义商城首页路由的名称为 tab.home，这样首页便可以与导航标签同时显示。

⑤ 在 www\js\route.js 文件中注册子路由，关键代码如下。

route. js

```
1   angular.module('route', [
2       'guidePage.route',//引导页
3       'tab.route'//导航标签
4        'home.route'//商城首页
5   ]);
```

⑥ 最后需要在 index. html 文件中引入该任务需要的 CSS 和 JavaScript 文件,关键代码如下。

index. html

```
1   <link href="css/home/home.css" rel="stylesheet">
2   <script src="areas/home/home_controller.js"></script>
3   <script src="areas/home/home_route.js"></script>
```

到这里,本项目的任务 4——商城首页模块便完成了,测试方法可参考任务描述。

12.6   任务 5——商品分类

12.6.1   任务描述

本项目的第 5 个任务是完成商品分类页面,单击导航标签中的“分类”标签,便会跳转到商品分类页面。该页面的热卖分类列表会有一个延时加载的效果,如图 12-25 所示。

加载完成后,页面效果如图 12-26 所示。

在图 12-26 中,单击“品牌男装”标签,可以跳转到品牌男装的商品分类列表,如图 12-27 所示。

图 12-25   延时加载

图 12-26   加载完成

图 12-27   品牌男装

12.6.2　任务分析

了解了本任务需要实现的功能后,接下来进行任务分析。商品分类模块的目录名称为 category。本任务虽然不涉及访问数据库,但是商品分类页面的左侧边栏和分类列表都包含很多数据。为了合理地管理这些数据,本项目会创建一个 Service 文件。在 Sercive 文件中创建包含数据的对象,然后使用模拟从后台获取数据的方法返回数据对象。

另外,在移动端当页面需要加载的图片量较大时,为了提高用户体验,经常需要图片延迟加载的效果。本任务的图片加载通过 ionic-image-lazy-load 插件来完成,具体使用方法会在代码实现中讲解。

本任务的实现步骤如下。

(1) category_service.js

该文件中定义商品分类的服务,这个服务提供两个方法来模拟从后台获取数据。

① getCategoryData():获取左侧边栏的商品分类数据。

② getCategoryDetailData():获取左侧边栏对应的分类信息数据。

(2) category_controller.js

该文件中定义方法获取 category_service.js 的数据,并把这些数据绑定在作用域上。定义 categoryLeftClick()方法来控制单击左侧菜单后的样式变化。

(3) category_route.js

该文件用于定义商品分类的路由。

(4) route.js

在全局路由文件中注册子路由。

(5) 下载 ionic-image-lazy-load 插件

使用 bower install ion-image-lazy-load --save 命令下载 ionic-image-lazy-load 插件,用于支持图片延迟加载。

(6) app.js

在启动文件中注入 ionicLazyLoad 服务,用于支持图片延迟加载。

(7) category.html

该文件用于商品分类功能的界面展示。

(8) category.css

该文件用于控制商品分类功能样式。

(9) index.html

在该文件中引入商品分类需要的 JavaScript 文件。

12.6.3　代码实现

① 新建 www\areas\category\category_service.js 文件,在该文件中添加的代码如下。

category_service.js

```
1  /**
2   * 商品分类服务
```

```
3      */
4    angular.module('category.service', [])
5      .factory('categoryFty', function ($http, $q) {
6        return {
7          getCategoryData: function() {
8            var categoryData =[
9              {
10               name: "潮流女装",
11               typeNumber: '100'
12             },
13             {
14               name: "品牌男装",
15               typeNumber: '101'
16             },
17             {
18               name: "母婴频道",
19               typeNumber: '102'
20             },
21             {
22               name: "内衣配饰",
23               typeNumber: '103'
24             },
25             {
26               name: "美妆护肤",
27               typeNumber: '104'
28             },
29             {
30               name: "家用电器",
31               typeNumber: '105'
32             },
33             {
34               name: "电脑办公",
35               typeNumber: '106'
36             },
37             {
38               name: "手机数码",
39               typeNumber: '107'
40             },
41             {
42               name: "居家日用",
43               typeNumber: '108'
44             },
45             {
46               name: "家具建材",
47               typeNumber: '109'
48             },
49             {
50               name: "美食保健",
51               typeNumber: '110'
52             },
```

```
53              {
54                  name: "运动户外",
55                  typeNumber: '111'
56              }
57          ];
58          // 假设数据请求成功
59          var deferred =$q.defer();
60          deferred.resolve(categoryData);
61          return deferred.promise;
62      },
63      getCategoryDetailData:function(typeNumber){
64              var categoryDetailData=[];
65          if(typeNumber==100){
66            categoryDetailData=[
67              {
68                  name:"毛呢大衣",
69                  src:"img/category/nz1.jpg",
70                  typeNumber:'10001'
71              },
72              {
73                  name:"羽绒服",
74                  src:"img/category/nz2.jpg",
75                  typeNumber:'10002'
76              },
77              {
78                  name:"针织衫",
79                  src:"img/category/nz3.jpg",
80                  typeNumber:'10003'
81              },
82              {
83                  name:"连衣裙",
84                  src:"img/category/nz4.jpg",
85                  typeNumber:'10004'
86              },
87              {
88                  name:"棉服",
89                  src:"img/category/nz5.jpg",
90                  typeNumber:'10005'
91              },
92              {
93                  name:"长袖 T 恤",
94                  src:"img/category/nz6.jpg",
95                  typeNumber:'10006'
96              },
97              {
98                  name:"羊绒衫",
99                  src:"img/category/nz7.jpg",
100                  typeNumber:'10007'
101              },
102              {
```

```
103              name:"衬衫",
104              src:"img/category/nz8.jpg",
105              typeNumber:'10008'
106          },
107          {
108              name:"风衣",
109              src:"img/category/nz9.jpg",
110              typeNumber:'10009'
111          },
112          {
113              name:"皮衣",
114              src:"img/category/nz10.jpg",
115              typeNumber:'10010'
116          },
117          {
118              name:"休闲裤",
119              src:"img/category/nz11.jpg",
120              typeNumber:'10011'
121          },
122          {
123              name:"牛仔裤",
124              src:"img/category/nz12.jpg",
125              typeNumber:'10012'
126          }
127      ];
128  }else{
129      categoryDetailData =[
130          {
131              name:"夹克",
132              src:"img/category/nanz1.jpg",
133              typeNumber:'10013'
134          },
135          {
136              name:"衬衫",
137              src:"img/category/nanz2.jpg",
138              typeNumber:'10014'
139          },
140          {
141              name:"牛仔裤",
142              src:"img/category/nanz3.jpg",
143              typeNumber:'10015'
144          },
145          {
146              name:"羽绒服",
147              src:"img/category/nanz4.jpg",
148              typeNumber:'10016'
149          },
150          {
151              name:"T恤",
152              src:"img/category/nanz5.jpg",
```

```
153              typeNumber:'10017'
154            },
155            {
156              name:"休闲裤",
157              src:"img/category/nanz6.jpg",
158              typeNumber:'10018'
159            },
160            {
161              name:"卫衣",
162              src:"img/category/nanz7.jpg",
163              typeNumber:'10019'
164            },
165            {
166              name:"针织衫",
167              src:"img/category/nanz8.jpg",
168              typeNumber:'10020'
169            },
170            {
171              name:"棉服",
172              src:"img/category/nanz9.jpg",
173              typeNumber:'10021'
174            }
175          ];
176        }
177        // 假设数据请求成功
178        var deferred = $q.defer();
179        deferred.resolve(categoryDetailData);
180        return deferred.promise;
181      }
182    }
183  });
```

在上述代码中，getCategoryData()和 getCategoryDetailData()方法都使用 AngularJS 中 $q 服务的 defer()方法处理返回数据，处理后返回 promise 对象。

② 新建 www\areas\category\category_controller.js 文件，在该文件中添加的代码如下。

category_controller.js

```
1   /**
2    * 商品分类控制器
3    */
4   angular .module('category.controller', ['category.service'])
         .controller('CategoryCtrl', function($scope,categoryFty) {
5       //进入 view 时触发
6       $scope.$on('$ionicView.enter', function (e) {
7           getCategoryData();
8           $scope.getCategoryDetailData(100);
9       });
10        //获取侧边栏数据
```

```
11      function  getCategoryData(){
12          var promise =categoryFty.getCategoryData();
13          promise.then(
14              // 成功的回调函数
15              function (data) {
16                  if (data) {
17                      $scope.categoryData =data;
18                  }
19              });
20      }
21      //获取侧边菜单对应的分类信息数据
22      $scope.getCategoryDetailData=function(num) {
23          var promise =categoryFty.getCategoryDetailData(num);
24          promise.then(
25              // 成功的回调函数
26              function (data) {
27                  if (data) {
28                      $scope.categoryDetailData =data;
29                  }
30              });
31      }
32      // 左侧分类单击样式修改
33      $scope.categoryLeftClick=function(e){
34          e.target.className='nav-current';
35          $(e.target).siblings().removeClass().addClass('nav-blur');
36      };
37  });
```

在上述代码中,$ionicView.enter 事件在进入 view 时触发,在该事件的回调函数中调用 getCategoryData()和 getCategoryDetailData(100)方法;第 34~36 行用于控制单击左侧栏分类后的样式。

③ 新建 www\areas\category\category_route.js 文件,在该文件中添加的代码如下。

category_route.js

```
1   /* *
2    * 商品分类模块路由
3    */
4   angular.module('category.route', ['category.controller'])
5     .config(function ($stateProvider) {
6       $stateProvider
7         .state('tab.category', {
8           url: '/category',
9           views: {
10            'tab-category': {
11              templateUrl: 'areas/category/category.html',
12              controller: 'CategoryCtrl'
13            }
14          }
```

```
15        })
16    });
```

在上述代码中,定义路由名称为 tab.category,这样商品分类页面便可以与导航标签同时显示。

④ 在 www\js\route.js 文件中注册子路由,关键代码如下。

route. js

```
1    angular.module('route', [
2           'guidePage.route',//引导页
3           'tab.route'//导航标签
4            'home.route',//商城首页
5            'category.route'//商品分类
6    ]);
```

在上述代码中,将 category.route 模块注入全局路由中。

⑤ 下载 ionic-image-lazy-load 插件。

ionic-image-lazy-load 插件需要使用命令下载。在项目根目录下打开 CMD 命令行窗口,输入如下命令。

```
bower install ion-image-lazy-load -- save
```

安装成功后会在项目的 www\lib\ 目录下出现 ionic-image-lazy-load 目录,该目录下的 ionic-image-lazy-load.js 文件需要引入 index.html 文件中。

⑥ 在 www\js\app.js 文件中注入 ionicLazyLoad,关键代码如下。

app. js

```
angular.module('starter',['ionic','route','config','ionicLazyLoad']);
```

⑦ 新建 www\areas\category\category.html 文件,在该文件中添加的代码如下。

category. html

```
1    <ion-view id="category" view-title="商品分类" hide-back-button="true"
            cache-view="false">
2      <div class="scroll-content  has-header" scroll="false">
3       <header id="header">
4        <a class="header-center" ng-href="#">
5         <span></span>
6        </a>
7        <div class="header-right">
8         <span></span>
9        </div>
10      </header>
11      <nav id="nav">
12       <ul>
13        <li ng-class="$index==0?'nav-current':'nav-blur'"
             ng-repeat="item in categoryData"
             ng-click="categoryLeftClick($event);
```

```
                 getCategoryDetailData(item.typeNumber)">{{item.name}}</li>
14      </ul>
15    </nav>
16    <div id="pro">
17      <ion-content lazy-scroll>
18        <div class="pro-scroll">
19          <div class="pro-warp">
20            <div class="banner">
21              <img ng-src="img/category/banner_1.jpg" alt="">
22            </div>
23            <div class="content">
24              <div class="content-title">
25                <span>热卖分类</span>
26              </div>
27              <div class="content-body">
28                <li class="content-body-list"
                        ng-repeat="item in categoryDetailData"
                        ui-sref="goodsList({typeNumber:{{item.typeNumber}}})">
29                  <img image-lazy-src="{{item.src}}" alt="" image-lazy-loader="lines">
30                  <span>{{item.name}}</span>
31                </li>
32              </div>
33            </div>
34          </div>
35        </div>
36      </ion-content>
37    </div>
38  </div>
39 </ion-view>
```

在上述代码中，为了实现图片延迟加载，首先在 ion-content 组件上加上 lazy-scroll 指令，然后把滚动容器中所有 img 标签的 src 属性替换为 image-lazy-src。需要注意的是，lazy-scroll 指令只能作用于 ionic-content 组件上。

⑧ 新建 www\css\category\category.css 文件，在该文件中添加如下代码。

category.css

```
1  /*
2  * 商品分类页样式代码
3  */
4  #category{
5    background-image: none;
6    background-color: #fff;
7  }
8  #category .has-header{
9    top: 0;
10 }
11 #category div,ul,li,h1,h2,h3,img,a{
12   font-family:'微软雅黑';
13   font-size:16px;
```

```
14      padding:0;
15      margin:0;
16      border:0;
17      list-style:none;
18      color:#666;
19      font-weight:300;
20    }
21    #category a,span{
22      display:block;
23      text-decoration:none;
24    }
25    #category body{
26      overflow:hidden;
27    }
28    /*顶部导航*/
29    #category #header{
30      display:block;
31      background-color: #333;
32      background-image:url(../../img/common/header-bg.png);
33      background-size:100%  44px;
34      width:100% ;
35      height:44px;
36      overflow:hidden;
37    }
38
39    /*顶部搜索栏*/
40    #category .header-center{
41      height:44px;
42      position:absolute;
43      left:40px;
44      right:40px;
45    }
46    #category .header-center span{
47      width:96% ;
48      height:30px;
49      margin:6px 2% ;
50      background-color:#fff;
51      border:2px solid #dfdfdf;
52      border-radius: 5px;
53    }
54    /*顶部菜单按钮*/
55    #category .header-right{
56      width:40px;
57      height:44px;
58      position:absolute;
59      right:0;
60    }
61    #category .header-right span{
62      width:20px;
63      height:20px;
```

```
64      margin:12px 0 0 10px;
65      background-size:200px 200px;
66      background-position:-60px 0;
67      background-image:url(../../img/common/sprites.png);
68    }
69    /*左侧分类导航*/
70    #category #nav{
71      position:absolute;
72      top:45px;
73      bottom:0;
74      width:90px;
75      overflow:hidden;
76    }
77    #category #nav ul{
78      display:block;
79      width:100px;
80      height:100% ;
81      overflow-x:hidden;
82      overflow-y:scroll;
83    }
84    #category #nav ul li{
85      border-bottom:1px solid #e0e0e0;
86      text-align:center;
87      line-height:50px;
88      width:89px;
89      height:49px;
90      font-size:12px;
91    }
92    #category #nav .nav-blur{
93      color:#252525;
94      border-right:1px solid #e0e0e0;
95      background-color:#f3f4f6;
96    }
97    #category #nav .nav-current{
98      color:red;
99      border-right:1px solid #fff;
100     background-color:#fff;
101   }
102   /*右侧展示区块*/
103   #category #pro{
104     position:absolute;
105     left:90px;
106     top:45px;
107     right:0;
108     bottom:0;
109     overflow:hidden;
110   }
111   #category .pro-scroll{
112     width:200% ;
113     height:100% ;
```

```
114    overflow-y:scroll;
115  }
116  #category .pro-warp{
117    width:50% ;
118    background-color: #fff;
119  }
120  /* 右侧 banner */
121  #category #pro .banner{
122   margin:10px 12px;
123  }
124  #category #pro img{
125    width:100% ;
126  }
127  #category #pro .content{
128    overflow:hidden;
129  }
130  /* 商品分类展示 */
131  #category #pro .content-title{
132    margin-top:15px;
133    font-size:12px;
134    font-weight:700;
135    padding-left:10px;
136    font-family:'宋体';
137  }
138  #category #pro .content-body{
139    margin:0px 12px;
140    overflow:hidden;
141  }
142  #category #pro .content-body-list{
143    width:33% ;
144    margin-top:10px;
145    float:left;
146  }
147  #category #pro .content-body-list span{
148    font-size:14px;
149    text-align:center;
150    font-family:'宋体';
151  }
```

上述代码设置了商品分类页的样式。CSS 代码比较简单,可参考注释,因此这里不再赘述。

⑨ 最后需要在 index. html 文件中引入该任务需要的 CSS 和 JavaScript 文件,关键代码如下。

index. html

```
1  <link href="css/category/category.css" rel="stylesheet">
2  <script src="lib/ionic-image-lazy-load/ionic-image-lazy-load.js"></script>
3  <script src="areas/category/category_controller.js"></script>
4  <script src="areas/category/category_route.js"></script>
```

```
5  <script src="areas/category/category_service.js"></script>
```

到这里,本项目的任务 5——商品分类模块便完成了,测试方法请参考任务描述。

12.7 任务 6——商品列表

12.7.1 任务描述

本项目的第 6 个任务是完成商品列表页面。在商品分类页面右侧的分类信息中单击某个分类,便会跳转到商品列表页面,如图 12-28 所示。

在商品列表中向下拉动页面,该列表会有一个下拉刷新功能,如图 12-29 所示。

在商品列表中支持上拉加载数据的功能,向上滑动页面便可看到效果,如图 12-30 所示。

图 12-28 商品列表

图 12-29 下拉刷新

图 12-30 上拉加载

12.7.2 任务分析

了解了本任务需要实现的功能后,接下来进行任务分析。商品列表模块的目录名称为 goodsList。与商品分类页面类似,本项目会创建一个 Service 文件。在 Sercive 文件中创建包含数据的对象,然后使用模拟从后台获取数据的方法返回数据对象。

该任务的实现步骤如下。

(1)goodsList_service.js

该文件中定义商品列表的服务,这个服务提供两个方法来模拟从后台获取数据。

① refreshGoodsList():下拉刷新和初始化商品列表调用该方法。

② loadMoreGoodsList():上拉加载更多商品数据调用该方法。

（2）goodsList_controller.js

该文件中定义方法获取 goodsList_service.js 的数据，并把这些数据绑定在作用域上。
定义 func_goBack()方法来返回上一页按钮的回调函数。

（3）goodsList_route.js

该文件用于定义商品列表的路由。

（4）route.js

在全局路由文件中注册子路由。

（5）goodsList.html

该文件用于商品列表功能的界面展示。

（6）goodsList.css

该文件用于控制商品列表功能样式。

（7）index.html

在该文件中引入商品列表需要的 JavaScript 文件。

12.7.3 代码实现

① 新建 www\areas\goodsList\goodsList_service.js 文件，在该文件中添加的代码
如下。

goodsList_service.js

```
1    /* *
2     * 商品列表服务
3     */
4    angular.module('goodsList.service', [])
5      .factory('GoodsListFty', function ($http, $q) {
6        return {
7          // 1.刷新商品列表
8          refreshGoodsList: function (message) {
9            var obj_goodsListData =[
10             {
11           name: '轻舞飘絮 毛呢外套女秋冬款 2015 秋款女装韩版修身毛呢大衣女 6868 粉色 L',
12               price: '288',
13               haoping: '100',
14               buy: '733',
15               productId: "4",
16               src: 'img/goodsList/goods4.jpg'
17             },
18             {
19           name: '时竟 2015 秋装新款 OL 通勤 A 版格子中长款修身毛呢大衣 W8928 灰格 L',
20               price: '289',
21               haoping: '100',
22               buy: '773',
23               productId: "5",
24               src: 'img/goodsList/goods5.jpg'
25             },
26             {
```

```
27      name: '伊芙丽 2015 冬装新款直筒中长款羊毛呢子外套大衣 6580927051 大红 S',
28          price: '499',
29          haoping: '100',
30          buy: '6',
31          productId: "6",
32          src: 'img/goodsList/goods6.jpg'
33        },
34        {
35      name: '辉华恋 2015 秋装新款宽松型韩版简约中长款长袖立领毛呢大衣 WD001 玫紫色 M',
36          price: '229',
37          haoping: '99',
38          buy: '215',
39          productId: "7",
40          src: 'img/goodsList/goods7.jpg'
41        },
42        {
43      name: 'Ochirly 欧时力新女装廓形长款西装式毛呢外套大衣 1144341860 大红 120 S',
44          price: '1323',
45          haoping: '69',
46          buy: '19',
47          productId: "8",
48          src: 'img/goodsList/goods8.jpg'
49        },
50        {
51      name: '烟花烫 2015 秋季新款欧根纱拼色呢子外套裙摆毛呢大衣女 玫红色杂点 M现货',
52          price: '368',
53          haoping: '69',
54          buy: '28',
55          productId: "9",
56          src: 'img/goodsList/goods9.jpg'
57        }
58      ];
59      // 假设数据请求成功
60      var deferred = $q.defer();
61      deferred.resolve(obj_goodsListData);
62      return deferred.promise;
63
64    },
65    //2.下拉加载更多列表商品
66    loadMoreGoodsList: function (message) {
67      //第一页展示 6 条数据
68      var obj_goodsListData =[
69        {
70      name: '澳贝琳 2015 秋冬新款韩版修身显瘦中长款毛呢大衣女外套   8615   灰色 L',
71          price: '198',
72          haoping: '99',
73          buy: '81',
74          productId: "1",
75          src: 'img/goodsList/goods1.jpg'
76        },
```

```
 77          {
 78      name: '素念 毛呢大衣 女 2015秋装新款修身　连帽长袖毛呢外大衣女欧美 藏青兰 L',
 79          price: '288',
 80          haoping: '100',
 81          buy: '253',
 82          productId: "2",
 83          src: 'img/goodsList/goods2.jpg'
 84        },
 85        {
 86      name: '玫芭 2015秋冬新款韩版时尚中长款毛呢外套修身毛呢大衣女 BJ8008　土黄 L',
 87          price: '269',
 88          haoping: '99',
 89          buy: '155',
 90          productId: "3",
 91          src: 'img/goodsList/goods3.jpg'
 92        },
 93        {
 94      name: '轻舞飘絮 毛呢外套女秋冬款 2015秋款女装韩版修身毛呢大衣女 6868 粉色 L',
 95          price: '288',
 96          haoping: '100',
 97          buy: '733',
 98          src: 'img/goodsList/goods4.jpg'
 99        },
100        {
101       name: '时竟 2015秋装新款 OL通勤 A版格子中长款修身毛呢大衣 W8928 灰格 L',
102          price: '289',
103          haoping: '100',
104          buy: '773',
105          src: 'img/goodsList/goods5.jpg'
106        },
107        {
108       name: '伊芙丽 2015冬装新款直筒中长款羊毛呢子外套大衣 6580927051 大红 S',
109          price: '499',
110          haoping: '100',
111          buy: '6',
112          src: 'img/goodsList/goods6.jpg'
113        },
114        {
115    name: '辉华恋 2015秋装新款宽松型韩版简约中长款长袖立领毛呢大衣 WD001 玫紫色 M',
116          price: '229',
117          haoping: '99',
118          buy: '215',
119          src: 'img/goodsList/goods7.jpg'
120        },
121        {
122      name: 'Ochirly 欧时力新女装廓形长款西装式毛呢外套大衣 1144341860 大红 120 S',
123          price: '1323',
124          haoping: '69',
125          buy: '19',
126          src: 'img/goodsList/goods8.jpg'
```

```
127              },
128              {
129          name: '烟花烫 2015秋季新款欧根纱拼色呢子外套裙摆毛呢大衣女玫红色杂点 M 现货',
130              price: '368',
131              haoping: '69',
132              buy: '28',
133              src: 'img/goodsList/goods9.jpg'
134          }
135          ];
136          // 假设加载更多数据成功
137          var deferred = $q.defer();
138          deferred.resolve(obj_goodsListData);
139          return deferred.promise;
140        }
141      }
142    });
```

在上述代码中，refreshGoodsList()和 loadMoreGoodsList()方法都使用 AngularJS 中 $q 服务的 defer()方法处理返回数据，处理后返回 promise 对象。需要注意的是，由于是模拟返回数据，因此参数 message 用于演示参数传递方式，没有实际作用。

② 新建 www\areas\goodsList\goodsList_controller. js 文件，在该文件中添加的代码如下。

goodsList_controller. js

```
1   /* *
2    * 商品列表页面控制器
3    */
4   angular.module('goodsList.controller', ['goodsList.service'])
5     .controller('GoodsListCtrl', function ($scope, GoodsListFty,
                 $stateParams,$ionicLoading, $ionicHistory) {
6       // 和前台页面绑定的数据对象
7       $scope.obj_goodsListData =[];
8       // 判断有没有更多数据可以加载
9       $scope.pms_isMoreItemsAvailable=true;
10      // 分页查询对象
11      $scope.obj_pagingInfo ={
12        pageNum: 1,// 当前页码
13        pageSize: 6, // 每页显示的商品数量
14      typeNumber:""//用于存放商品分类传递过来的商品分类编号
15      };
16      // 下拉刷新数据的方法
17      $scope.func_refreshGoodsList=function(){
18      // 修改分页信息对象
19        $scope.obj_pagingInfo.pageNum=1;
20        //接收商品分类传递过来的参数 typeNumber,放到分页信息对象中传递给 Service
21        $scope.obj_pagingInfo.typeNumber=$stateParams.typeNumber;
22        var message=JSON.stringify($scope.obj_pagingInfo);
23        var promise =
             GoodsListFty.refreshGoodsList(message);
```

```
24    promise.then(
25        // 成功的回调函数
26        function (data) {
27          if(data){
28            $scope.pms_isMoreItemsAvailable=true;
29            $scope.obj_goodsListData=data;
30          }
31        },
32        // 失败的回调函数
33        function (reason) {
34          console.log(reason);
35        }
36      ).finally(function() {
37        // 停止广播 ion-refresher
38        $scope.$broadcast('scroll.refreshComplete');
39      });
40    }
41    // 上拉加载更多数据的方法
42    $scope.func_loadMoreGoodsList=function(){
43    //显示载入指示器
44    $ionicLoading.show({
45      template: '正在请求数据...'
46    });
47      // 修改分页信息对象,并把数据变为字符串传递到 service
48    $scope.obj_pagingInfo.typeNumber=$stateParams.typeNumber;
49    $scope.obj_pagingInfo.pageNum++;
50    var message=JSON.stringify($scope.obj_pagingInfo);
51    var promise =
          GoodsListFty.loadMoreGoodsList(message);
52  promise.then(
53        // 成功的回调函数
54        function (data) {
55        // 判断返回来是否有数据,代码健壮性判断
56        if(data){
57          //模拟加载 2 次上拉加载后就没有更多数据了
58          if($scope.obj_pagingInfo.pageNum==3){
59            $scope.pms_isMoreItemsAvailable=false;
60          }
61          $.each(data, function (i, item) {
62            $scope.obj_goodsListData.push(item);
63          });
64        }
65        },
66        // 失败的回调函数
67        function (reason) {
68          console.log(reason);
69        }
70      ).finally(function() {
71        // 停止广播
72        $scope.$broadcast('scroll.infiniteScrollComplete');
```

```
73        setTimeout(function(){
74           //关闭载入指示器
75           $ionicLoading.hide();
76        },2000);
77      });
78    }
79    // 返回前一个页面
80    $scope.func_goBack=function(){
81      $ionicHistory.goBack();
82    }
83  });
```

在上述代码中,模拟从后台获取数据,因此每次调用获取数据的方法都会有数据返回。为了演示没有更多数据的情况,当第 9 行的 $scope. pms_isMoreItemsAvailable 属性值为 false 时,代表没有更多数据;第 11～15 行定义了分页信息,每次调用 func_loadMoreGoodsList() 方法后,分页信息中的 pageNum 会加 1,当 pageNum 值为 3 时,页面显示没有更多数据。另外,使用载入指示器需要注入 $ionicLoading 服务;返回上一页面的 goBack()方法中使用了 $ionicHistory 服务中的 goBack()方法。

③ 新建 www\areas\goodsList\goodsList_route.js 文件,在该文件中添加的代码如下。

goodsList_route. js

```
1   /**
2    *  商品列表路由
3    */
4   angular.module('goodsList.route', ['goodsList.controller'])
5     .config(function ($stateProvider) {
6       $stateProvider
7         .state('goodsList', {
8           url: '/goodsList/:typeNumber',
9           templateUrl: 'areas/goodsList/goodsList.html',
10          controller: 'GoodsListCtrl'
11        })
12  });
```

在上述代码中,typeNumber 代表商品分类编号。在实际开发中,要根据商品分类来选择显示哪种类型商品的列表。

④ 在 www\js\route. js 文件中注册子路由,关键代码如下。

route. js

```
1   angular.module('route',[
2       ...
3           'goodsList.route',//商品列表
4   ]);
```

⑤ 新建 www\areas\goodsList\goodsList. html 文件,在该文件中添加的代码如下。

goodsList. html

```
1  <ion-view id="goodsList" view-title="商品列表页" hide-back-button="true"
   cache-view="false">
2    <!--头部搜索部分 -->
3    <header id="header">
4      <div class="header-left" ng-click="func_goBack()">
5        <span></span>
6      </div>
7      <div class="header-center">
8        <span></span>
9      </div>
10     <div class="header-right">
11       <span></span>
12     </div>
13   </header>
14   <!--筛选导航部分-->
15   <nav id="nav">
16     <div class="nav-all">综合</div>
17     <div class="nav-warp">
18       <ul>
19         <li>11.11</li>
20         <li>销量</li>
21         <li>价格</li>
22         <li>品牌</li>
23         <li>新品</li>
24         <li>服务</li>
25       </ul>
26     </div>
27   </nav>
28   <ion-content class="scroll-content">
29     <!--产品部分 -->
30     <ion-refresher
         pulling-text="获取最新数据..."
         refreshing-text="正在加载"
         on-refresh="func_refreshGoodsList()">
31     </ion-refresher>
32     <div class="pro" ng-repeat="item in obj_goodsListData">
33       <div class="pro-warp">
34         <div class="pro-body">
35           <div class="pro-body-des">
36             <a ng-href="#/details/{{item.productId}}">
37               <img ng-src="{{item.src}}" alt="">
38             </a>
39             <div class="pro-body-des-text">
40               <span>{{item.name}}</span>
41               <b>￥{{item.price}}</b>
42               <div class="pro-body-des-con">
43                 <span>{{item.haoping}}% 好评</span>
44                 <span>{{item.buy}}人</span>
```

```
45              </div>
46            </div>
47          </div>
48        </div>
49      </div>
50    </div>
51    <div ng-hide="pms_isMoreItemsAvailable" style="text-align: center">
52      <span>地主家也没有余粮喽!</span>
53    </div>
54    <ion-infinite-scroll ng-if="pms_isMoreItemsAvailable"
                          on-infinite="func_loadMoreGoodsList()" distance="1% ">
55    </ion-infinite-scroll>
56  </ion-content>
57 </ion-view>
```

在上述代码中,第 4 行的 div 绑定了单击事件,并在该事件上绑定返回上一页的方法
func_goBack();第 30 行用于定义下拉刷新页面时显示的文字和图标;第 51~53 行用于定
义没有多余数据时的提示信息;第 54~55 行使用了<ion-infinite-scroll>组件,当页面滚动
到页脚或页脚附近时触发 func_loadMoreGoodsList(),加载更多数据。

⑥ 新建 www\css\goodsList\goodsList.css 文件,在该文件中添加的代码如下。

goodsList.css

```
1   /*
2   * 商品列表样式代码
3   */
4   #goodsList div,ul,li,h1,h2,h3,img,a{
5     font-family:'pinghei';
6     font-size:16px;
7     padding:0;
8     margin:0;
9     border:0;
10    list-style:none;
11    color:#666;
12    font-weight:300;
13  }
14  #goodsList ion-content{
15    top: 85px;
16  }
17  #goodsList a,span{
18    display:block;
19    text-decoration:none;
20  }
21  #goodsList body{
22    overflow-x:hidden;
23  }
24  /* 顶部导航栏 */
25  #goodsList #header{
26    display:block;
27    background-color: #333;
```

```
28    background-image:url(../../img/common/header-bg.png);
29    background-size:100% 44px;
30    width:100% ;
31    height:44px;
32    overflow:hidden;
33  }
34  /* 顶部返回按钮 */
35  #goodsList .header-left{
36    width:40px;
37    height:44px;
38    position:absolute;
39  }
40  #goodsList .header-left span{
41    width:20px;
42    height:20px;
43    margin:12px 0 0 10px;
44    background-size:200px 200px;
45    background-position:-20px 0;
46    background-image:url(../../img/common/sprites.png);
47  }
48  /* 顶部搜索区域 */
49  #goodsList .header-center{
50    height:44px;
51    position:absolute;
52    left:40px;
53    right:40px;
54  }
55
56  #goodsList .header-center span{
57    width:96% ;
58    height:30px;
59    margin:6px 2% ;
60    background-color:#fff;
61    border:2px solid #dfdfdf;
62    border-radius: 5px;
63  }
64  /* 顶部菜单按钮 */
65  #goodsList .header-right{
66    width:40px;
67    height:44px;
68    position:absolute;
69    right:0;
70  }
71  #goodsList .header-right span{
72    width:20px;
73    height:20px;
74    margin:12px 0 0 10px;
75    background-size:200px 200px;
76    background-position:-60px 0;
77    background-image:url(../../img/common/sprites.png);
```

```
 78  }
 79  /*筛选导航区域*/
 80  #goodsList #nav{
 81    width:100%;
 82    height:42px;
 83    overflow:hidden;
 84    position:relative;
 85    background-color:#fff;
 86    z-index:10;
 87  }
 88  #goodsList .nav-all{
 89    width:90px;
 90    height:41px;
 91    border-bottom:1px solid #dfdfdf;
 92    border-right:1px solid #dfdfdf;
 93    position:absolute;
 94    text-align:center;
 95    line-height:41px;
 96    color:red;
 97  }
 98  #goodsList .nav-warp{
 99    height:50px;
100    overflow-x:scroll;
101    position:absolute;
102    left:90px;
103    right:0;
104  }
105  #goodsList .nav-warp ul{
106    width:560px;
107    height:41px;
108    border-bottom:1px solid #dfdfdf;
109  }
110  #goodsList .nav-warp li{
111    float:left;
112    width:79px;
113    height:41px;
114    text-align:center;
115    line-height:41px;
116    border-right:1px solid #dfdfdf;
117  }
118  /*列表展示区域*/
119  #goodsList .pro{
120    width:100%;
121    overflow:hidden;
122  }
123  #goodsList .pro-warp{
124    background-color:#f3f5f7;
125    width:100%;
126    height:105px;
127    border-top:1px solid #dfdfdf;
```

```
128    border-bottom:1px solid #dfdfdf;
129  }
130  #goodsList .pro-body{
131    width:100% ;
132    overflow:hidden;
133  }
134  #goodsList .pro-body-des{
135    display:inline-block;
136    position:absolute;
137    left:8px;
138    right:0;
139  }
140  #goodsList .pro-body-des img{
141    width:79px;
142    height:79px;
143    border:1px solid #dfdfdf;
144    margin:10px 0 0 10px;
145  }
146  #goodsList .pro-body-des-text{
147    font-size:12px;
148    position:absolute;
149    left:101px;
150    right:0;
151    top:10px;
152    bottom:10px;
153  }
154  #goodsList .pro-body-des-text span{
155    height:38px;
156    overflow: hidden;
157    width:85% ;
158  }
159  #goodsList .pro-body-des-text b{
160    font-weight:300;
161    margin-top:5px;
162    display:block;
163    color:red;
164  }
165  #goodsList .pro-body-des-con{
166    margin-top:5px;
167  }
168  #goodsList .pro-body-des-con span{
169    float:left;
170    font-size:13px;
171    margin-right:20px;
172    width:30% ;
173  }
```

在上述代码中,定义了商品列表页的界面样式。CSS 代码比较简单,可参考注释,因此这里不再赘述。

⑦ 最后需要在 index. html 文件中引入该任务需要的 CSS 和 JavaScript 文件,关键代

码如下。

index.html

```
1  <link href="css/goodsList/goodsList.css" rel="stylesheet">
2  <script src="areas/goodsList/goodsList_controller.js"></script>
3  <script src="areas/goodsList/goodsList_route.js"></script>
4  <script src="areas/goodsList/goodsList_service.js"></script>
```

到这里,本项目的任务 6——商城列表模块便完成了,测试方法可参考任务描述。

12.8　任务 7——商品详情

12.8.1　任务描述

本项目的第 7 个任务是完成商品详情页面。在商品列表中任意单击一个商品,便会跳转到商品详情页面,如图 12-31 所示。

商品详情页面支持将商品添加到购物车,添加后当前购物车中的商品数量也会更新,单击左上角的返回按钮可以返回到上一页面。

每次单击"加入购物车"按钮后,会弹出提示框,提示添加购物车成功,如图 12-32 所示。

图 12-31　商品详情

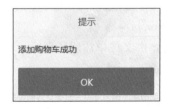

图 12-32　提示框

12.8.2　任务分析

了解了本任务需要实现的功能,接下来进行任务分析。商品详情模块的目录名称为 details。本任务需要支持添加购物车功能,该功能涉及客户端的数据存储,可以选择 IndexedDB 数据库。购物车模块也需要 IndexedDB 的支持,并且与商品详情操作的是同一个数据库,因此封装 IndexedDB 数据操作的代码需要放在一个公共的目录 areas\common 中。提示框功能可以使用 ionic 的弹出框。在一个项目中可能不止一处需要使用弹出框,因此弹出框功能也可以封装成一个公共的模块,放在 common 目录中。

该任务的实现步骤如下。

(1) indexdb.js

在该文件中,首先定义数据库名称为 appdb。添加购物车功能实际上是对购物车内容的操作;定义购物车的 Object Store 名称为 cart,keyPath 为 goodsId,然后封装针对 cart 的增删改查操作。

① update():更新数据的方法,该方法中使用 IndexedDB 的 put()方法添加或更新商品信息。

② get():获取单条数据的方法。如果购物车中有某个商品,需要首先获取该商品原有的数量,如果存在,则将原有数量与新添加的数量相加后再更新这条数据。

③ getAll():获取购物车中的全部数据,将每条记录的数量相加,用于显示购物车中的商品总数。

(2) common.js

该文件中定义通用功能,这里主要定义包含提示信息的弹出框。

(3) details_service.js

该文件用来定义商品详情的服务,包含 3 个操作购物车内数据的方法。

① updateData():更新购物车数据。

② get():获取单条数据。

③ getAllData():获取购物车中的全部数据。

上述 3 个方法分别调用 indexdb.js 中定义的对应方法来操作数据库。

(4) details_controller.js

该文件作为商品详情模块的控制器。由于商品详情数据不多,该文件中定义了一个数据对象,来模拟从后台获取的某个商品的详细信息。

调用 details_service.js 中定义的方法来操作数据库。

(5) details_route.js

该文件用于定义商品详情界面的路由。

(6) route.js

在全局路由文件中注册子路由。

(7) details.html

该文件用于商品详情功能的界面展示。

(8) details.css

该文件用于控制商品详情功能样式。

(9) index.html

在该文件中引入商品详情需要的 JavaScript 文件。

(10) tab_service.js

在导航标签功能中也需要展示购物车中的商品数量,所以需要在 tab_service.js 中添加获取全部数据的代码,完善该功能。

（11）tab_controller.js

在该文件中添加方法，为导航标签的购物车商品数量赋值。

12.8.3　代码实现

① 新建 www\areas\common\indexdb.js，在该文件中添加的代码如下。

indexdb.js

```
 1   /* *
 2    *  封装 IndexedDB 模块
 3    */
 4   angular.module('indexdb', [])
 5    .factory('IndexdbJs', ['$ionicPopup',function () {
 6      window.indexedDB =window.indexedDB || window.mozIndexedDB ||
 7      window.webkitIndexedDB || window.msIndexedDB;
 8      window.IDBTransaction =window.IDBTransaction ||
 9      window.webkitIDBTransaction || window.msIDBTransaction;
10      window.IDBKeyRange =window.IDBKeyRange || window.webkitIDBKeyRange ||
11      window.msIDBKeyRange;
12      window.IDBCursor=window.IDBCursor||window.webkitIDBCursor||
13      window.msIDBCursor;
14      var db={
15        dbName: 'appdb',
16        dbVersion: 2046, //用小数会四舍五入
17        dbInstance: {},
18        errorHandler: function (error) {
19          console.log('error: ' +error.target.error.message);
20        },
21        // 打开数据库连接
22        open: function (func,fail) {
23          var dbContent =window.indexedDB.open(db.dbName, db.dbVersion);
24          // 数据库打开请求的更新回调函数
25          dbContent.onupgradeneeded =db.upgrade;
26          // 数据库打开请求的失败回调函数
27          dbContent.onerror =db.errorHandler;
28          // 数据库打开请求的成功回调函数
29          dbContent.onsuccess =function (e) {
30            db.dbInstance =dbContent.result;
31            db.dbInstance.onerror =fail;
32            func();
33          };
34        },
35        // 数据库版本更新操作
36        upgrade: function (e) {
37          var _db =e.target.result,names =_db.objectStoreNames;
38          // 此处可以创建多个 Object Store
39          var name ="cart";
40          if (!names.contains(name)) {
41            // 创建 Object Store
42            _db.createObjectStore(
```

```
43          name,
44          {
45            keyPath: 'goodsId',
46            autoIncrement:false
47          });
48        }
49      },
50      // 获取 Object Store 对象
51      getObjectStore: function (objectStoreName,mode) {
52        var txn, store;mode =mode || 'readonly';
53        txn =db.dbInstance.transaction([objectStoreName], mode);
54        store =txn.objectStore(objectStoreName);
55        return store;
56      },
57      // 更新数据方法
58      update: function (objectStoreName,data,success,fail) {
59        db.open(function () {
60          var store, req, mode ='readwrite';
61          store =db.getObjectStore(objectStoreName,mode),
62            req =store.put(data);
63          req.onsuccess =success;
64          req.onerror=fail;
65        },fail);
66      },
67      // 获取全部数据方法
68      getAll: function (objectStoreName,success,fail) {
69        db.open(function () {
70          var
71            store =db.getObjectStore(objectStoreName),
72            cursor =store.openCursor(),
73            data =[];
74          cursor.onsuccess =function (e) {
75            var result =e.target.result;
76            if (result && result !==null) {
77              data.push(result.value);
78              result.continue();
79            } else {
80              success(data);
81            }
82          };
83          cursor.onerror=fail;
84        },fail);
85      },
86      // 获取单条数据方法
87      get: function (id,objectStoreName,success,fail) {
88        db.open(function () {
89          var
90            store =db.getObjectStore(objectStoreName),
91            req =store.get(id);
92          req.onsuccess =function (e){
```

```
93              success(e.target.result);
94            };
95            req.onerror=fail;
96          });
97        }
98      return db;
99  }]);
```

在上述代码中,首先定义数据库的基本信息,然后使用 open()方法打开数据库链接,使用 upgrade()方法更新数据库版本。如果当前 Object Store 的名称不存在就新建一个,获取 Object Store 对象后,便可以定义方法来操作数据库。

② 新建 www\areas\common\common.js,在该文件中添加的代码如下。

common.js

```
1   /*
2   * 通用功能
3   */
4   angular.module('commonJs',[])
5   .factory('CommonJs',['$ionicPopup',function ($ionicPopup) {
6     return {
7       // 弹出提示框
8       AlertPopup:function(message){
9        var alertPopup =$ionicPopup.alert({
10         title:'提示',
11         template: message
12        });
13      }
14    }
15  }]);
```

在上述代码中,使用$ionicPopup 服务组件定义了一个弹出提示框,根据 message 参数的值来显示提示信息。

③ 新建 www\areas\details\details_service.js,在该文件中添加的代码如下。

details_service.js

```
1   /* *
2   * 商品详情服务
3   */
4   angular.module('details.service',[])
5   .factory('DetailsFty', function($q,$window,IndexdbJs) {
6      return {
7       //更新购物车数据
8       updateData: function (data) {
9         var deferred =$q.defer();
10        IndexdbJs.update("cart",data,function(){
11          deferred.resolve();
12        },function(e){
13          deferred.reject(e);
```

```
14              })
15              return deferred.promise;
16          },
17          //获取购物车内的一条数据
18          get: function (id) {
19              var deferred = $q.defer();
20              IndexdbJs.get(id,"cart",function(data){
21                  deferred.resolve(data);
22              },function(e){
23                  deferred.reject(e);
24              })
25              return deferred.promise;
26          },
27          //获取全部数据
28          getAllData: function () {
29              var deferred = $q.defer();
30              IndexdbJs.getAll("cart",function(data){
31                  deferred.resolve(data);
32              },function(e){
33                  deferred.reject(e);
34              })
35              return deferred.promise;
36          }
37      }
38  });
```

在上述代码中，提供了 3 个操作数据库的方法，这 3 个方法会在 details_controller.js 中使用。

④ 新建 www\areas\details\details_controller.js，在该文件中添加的代码如下。

details_controller.js

```
1  /**
2   * 详细页面控制器
3   */
4  angular.module('details.controller', ['details.service'])
5      .controller('DetailsCtrl', function($scope,$stateParams,$ionicHistory,DetailsFty,
                    CommonJs) {
6      // 购物车徽章位置显示的数量
7      $scope.obj_cartCount ={
8          count: "0"
9      }
10     // 当详细页面激活之前获取购物车里面的商品数量,如果有就将它赋值
11     $scope.$on('$ionicView.beforeEnter', function (e) {
12         var promise =DetailsFty.getAllData();
13         promise.then(
14             function (data) {
15                 for(var i =0;i<data.length;i++){
16                     $scope.obj_cartCount.count=parseInt($scope.obj_cartCount.count)
                            parseInt(data[i].number);
17                 }
```

```
18            },
19            function (e) {
20              CommonJs.AlertPopup(e);
21            }
22          )
23      });
24      // 模拟通过后台获取到的商品详细信息数据
25      $scope.obj_goodsInfo ={
26          goodsId: "200067",
27          description: "若昕 韩版睡衣女冬法...通甜美睡衣秋冬套装 66651K 女 M",
28          prise: "169",
29          picture: [],
30          src: "",
31          isFork: false,
32      colorGroup: [{name: "红色", value: "red"}, {name: "蓝色", value: "blue"}],
33      sizeGroup: [{name: "s", value: "s"}, {name: "m", value: "m"}, {name: "l",
                    value: "l"}]
34      };
35      /* *
36       * 数据字典
37       * name:number
38       * 红色:1 蓝色:2 黄色:3
39       */
40      // 用户选择信息
41      $scope.obj_goodsDetailInfo ={
42        goodsId: $scope.obj_goodsInfo.goodsId,
43        isFork: $scope.obj_goodsInfo.isFork,
44        description: $scope.obj_goodsInfo.description,
45        src: $scope.obj_goodsInfo.src,
46        prise: $scope.obj_goodsInfo.prise,
47        color: "",
48        size: "",
49        number: 1
50      }
51      // 加入购物车的方法
52      $scope.func_addToCart=function(){
53        var obj_newData={};
54        // 深拷贝方法
55        angular.copy($scope.obj_goodsDetailInfo,obj_newData);
56        //重新改变编号
57        obj_newData.goodsId =obj_newData.goodsId +"-" +obj_newData.color +
                          "-" +obj_newData.size;
58        var promise =DetailsFty.get( obj_newData.goodsId );
59        promise.then(
60          function (data) {
61            if(data){
62              obj_newData.number=data.number+obj_newData.number;
63            }
64            func_updateData(obj_newData);
65          $scope.obj_cartCount.count=parseInt($scope.obj_cartCount.count)
                          +parseInt($scope.obj_goodsDetailInfo.number);
```

```
66          },
67          function (e) {
68            CommonJs.AlertPopup(e);
69          }
70      );
71    }
72    // 数量加 1
73    $scope.func_jia1 = function () {
74      $scope.obj_goodsDetailInfo.number++;
75    }
76    // 数量减 1
77    $scope.func_jian1 = function () {
78      if ($scope.obj_goodsDetailInfo.number !=1) {
79        $scope.obj_goodsDetailInfo.number--;
80      }
81    }
82    // 返回前一个页面
83    $scope.func_goBack=function(){
84      $ionicHistory.goBack();
85    }
86    // 保存数据
87    function func_updateData(data){
88      var promise =DetailsFty.updateData(data);
89      promise.then(function () {
90        CommonJs.AlertPopup("添加购物车成功");
91      },
92      function (e) {
93        CommonJs.AlertPopup(e);
94      }
95    );
96  }
97 });
```

在上述代码中，$ionicView.beforeEnter 用于定义在详情页面进入 view 之前获取购物车内的商品数量；func_addToCart()方法用于添加购物车，其中使用了 angular.copy()方法，该方法称为深拷贝，用于将第 1 个参数对象的信息拷贝到第 2 个参数对象中；func_updateData()方法用于保存数据，保存成功或失败都会弹出提示框。

⑤ 新建 www\areas\details\details_route.js 文件，在该文件中添加的代码如下。

details_route.js

```
1  /* *
2   * 商品详情模块路由
3   */
4  angular.module('details.route', ['details.controller'])
5    .config(function ($stateProvider) {
6      $stateProvider
7        .state('details', {
8          url: '/details/:productId',
9          templateUrl: 'areas/details/details.html',
```

```
10          controller: 'DetailsCtrl'
11      });
12  });
```

上述代码中定义了商品详情模块的路由,该路由的名称为 details. route。

⑥ 在 www\js\route. js 文件中注册子路由,关键代码如下。

route. js

```
1  angular.module('route', [
2          ...
3          'details.route'//商品详情
4  ]);
```

⑦ 新建 www\areas\details\details. html 文件,在该文件中添加的代码如下。

details. html

```
1  <ion-view id="details" view-title="商品详细页面" hide-back-button="true" cache-view=
   "false">
2    <ion-content class="scroll-content" scroll="false">
3    <!--头部 -->
4    <header id="header">
5      <div class="header-left">
6        <div ng-click="func_goBack()">
7          <span></span>
8        </div>
9      </div>
10     <div class="header-center">
11       <span>商品详情</span>
12     </div>
13     <div class="header-right">
14       <span></span>
15     </div>
16    </header>
17    <!--产品展示图 -->
18    <div id="view">
19      <div class="viewWarp">
20        <ul>
21          <li>
22            <img src="img/details/detail01.jpg" alt="">
23          </li>
24        </ul>
25        <div class="viewText"><span>1</span>/6</div>
26      </div>
27    </div>
28    <!--产品选项 -->
29    <div id="des">
30      <div class="desText">若昕 韩…瑚绒女人卡通甜美睡衣套装 66651K 女 M </div>
31      <div class="desNumber">?169.00</div>
32    </div>
```

```
33    <div id="list">
34      <div class="yixuan">
35        <span>已选</span>
36        66651k 女 m 1 件
37      </div>
38      <div class="yanse clearBoth">
39        <span class="floatLeft">颜色</span>
40      <div class="floatLeft" ng-repeat="item in obj_goodsInfo.colorGroup">
41          <input id="colorRadio{{$index}}" type="radio" name="color"
                value="{{item.value}}"  ng-checked="$index==0?true:false"
                ng-init="$index==0?obj_goodsDetailInfo.color=item.value:''"
                ng-model="obj_goodsDetailInfo.color">
42      <span ng-class="obj_goodsDetailInfo.color==item.value?'listCurrent':''"
              class="listBox">
43      <label for="colorRadio{{$index}}">{{item.name}}</label></span>
44        </div>
45      </div>
46      <div class="chicun clearBoth">
47        <span class="floatLeft">尺寸</span>
48      <div class="floatLeft" ng-repeat="item in obj_goodsInfo.sizeGroup">
49          <input id="sizeRadio{{$index}}" type="radio" name="size"
                value="{{item.value}}"  ng-checked="$index==0?true:false"
                ng-init="$index==0?obj_goodsDetailInfo.size=item.value:''"
                ng-model="obj_goodsDetailInfo.size">
50    <span ng-class="obj_goodsDetailInfo.size==item.value?'listCurrent':''"
            class="listBox">
51  <label for="sizeRadio{{$index}}">{{item.name}}</label></span>
52        </div>
53      </div>
54      <div class="shuliang clearBoth">
55        <span class="floatLeft">数量</span>
56        <div class="floatLeft">
57          <span class="listLeft floatLeft" ng-click="func_jian1()">-</span>
58          <input class="floatLeft" type="text" readonly
                  ng-model="obj_goodsDetailInfo.number">
59          <span class="listRight floatLeft" ng-click="func_jia1()">+</span>
60        </div>
61      </div>
62    </div>
63    <div id="otherInfo">
64      <div class="songzhi">
65        <span>送至</span>
66        <p>北京</p>
67      </div>
68      <div class="yunfei">
69        <span>运费</span>
70        <p>店铺单笔订单不满 89 元,货到付款运费 10 元,在线支付运费 10 元</p>
71      </div>
72      <div class="fuwu">
73        <span>服务</span>
```

```
74          <p>由澳贝琳官方旗舰店从广东广州市发货并提供售后服务</p>
75        </div>
76        <div class="tishi">
77          <span>提示</span>
78          <p>该商品支持七天无理由退货</p>
79        </div>
80      </div>
81    </ion-content>
82    <!--固定底边栏 -->
83    <div id="buy">
84      <div class="buyLeft">
85        <div class="guanzhu">
86          <span></span>
87          <strong>关注</strong>
88        </div>
89        <div class="gouwuche" ui-sref="cart">
90          <span></span>
91    <i id="badge" class="badge badge-assertive">{{obj_cartCount.count}}</i>
92          <strong>购物车</strong>
93        </div>
94      </div>
95      <div class="buyCenter" ng-click="func_addToCart()">加入购物车</div>
96      <div class="buyRight" ng-click="func_goHome()">立即购买</div>
97    </div>
98  </ion-view>
```

在上述代码中,商品的名称、颜色、尺寸等值需要从数据库中获取,并与作用域实现双向绑定,这样加入购物车的方法中便可以获取这些值。第 91 行定义徽章来展示购物车中的商品数量。

⑧ 新建 www\css\details\details.css 文件,在该文件中添加的代码如下。

details.css

```
1   /*
2    * 商品详情样式代码
3    */
4   #details input[type=radio]{
5     height: 0;
6     width: 0;
7   }
8   #details input[type=text]{
9     padding: 0;
10    margin-left: 10px;
11    width: 60px;
12    height: 30px;
13    text-align: center;
14  }
15  #details .clearBoth{
16    clear: both;
17  }
```

```
18   #details .floatLeft{
19     float: left;
20   }
21   #details .chicun div span{
22     width: 30px;
23     text-align: center;
24   }
25   #details .shuliang div{
26     margin-left: 7px;
27   }
28   #details ion-content{
29     overflow: scroll;
30     background-color: #efeff4;
31     padding-bottom: 60px;
32   }
33   #details   i.badge {
34     position: absolute;
35     top: 5px;
36   }
37   #details div,ul,li,h1,h2,h3,img,a{
38     font-family:'PingHei';
39     font-size:16px;
40     padding:0;
41     margin:0;
42     border:0;
43     list-style:none;
44     color:#666;
45     font-weight:300;
46   }
47   #details a,span{
48     display:block;
49     text-decoration:none;
50   }
51   #details body{
52     background-color:#f5f5f5;
53   }
54   /* 商品详情头部 */
55   #details #header{
56     display:block;
57     background-color: #333;
58     background-image:url(../../img/common/header-bg.png);
59     background-size:100%  44px;
60     width:100% ;
61     height:44px;
62     overflow:hidden;
63   }
64   #details .header-left{
65     width:40px;
66     height:44px;
67     position:absolute;
```

```
68  }
69  #details .header-left span{
70    width:20px;
71    height:20px;
72    margin:12px 0 0 10px;
73    background-size:200px 200px;
74    background-position:-20px 0;
75    background-image:url(../../img/common/sprites.png);
76  }
77  #details .header-center{
78    height:44px;
79    position:absolute;
80    left:40px;
81    right:40px;
82  }
83  #details .header-center span{
84    width:96% ;
85    height:30px;
86    color:#252525;
87    text-align:center;
88    line-height:44px;
89    font-size:15px;
90    font-family:'PingHei';
91  }
92  #details .header-right{
93    width:40px;
94    height:44px;
95    position:absolute;
96    right:0;
97  }
98  #details .header-right span{
99    width:20px;
100    height:20px;
101    margin:12px 0 0 10px;
102    background-size:200px 200px;
103    background-position:-60px 0;
104    background-image:url(../../img/common/sprites.png);
105  }
106  /*产品展示图*/
107  #details #view{
108    width:100% ;
109    height:320px;
110    border-bottom:1px solid #dfdfdf;
111
112  }
113  #details .viewWarp{
114    width:320px;
115    height:320px;
116    margin:0 auto;
117    overflow:hidden;
```

```
118    position:relative;
119   }
120   #details .viewWarp img{
121     width:320px;
122     height:320px;
123   }
124   #details .viewText{
125     position:absolute;
126     bottom:5px;
127     right:5px;
128     background-color:rgba(0,0,0,.3);
129     width:50px;
130     height:50px;
131     text-align:center;
132     color:#fff;
133     line-height:50px;
134     border-radius:25px;
135     font-weight:500;
136   }
137   #details .viewText span{
138     display:inline-block;
139     font-size:20px;
140   }
141   /*产品描述信息*/
142   #details #des{
143     margin:15px 10px;
144   }
145   #details #des .desText{
146     color:#000;
147   }
148   #details #des .desNumber{
149     margin-top:10px;
150     color:#F15353;
151     font-weight:700;
152     font-size:22px;
153     font-family:'微软雅黑';
154   }
155   /*产品选项*/
156   #details #list{
157     width:100% ;
158     height:150px;
159     border-top:1px solid #dfdfdf;
160     padding:10px 0 0 0;
161   }
162   #details #list span{
163     display:inline-block;
164     color:#777;
165     margin-bottom:10px;
166   }
```

```
167  #details #list div{
168    color:#000;
169  }
170  #details .listBox{
171    padding:3px 5px;
172    border:1px solid #696969;
173    color:#696969;
174    border-radius:3px;
175  }
176  #details .listCurrent.listBox{
177    border:1px solid #f15353;
178    color:#f15353;
179  }
180  #details .shuliang span{
181    display:block;
182    float:left;
183  }
184  #details .listLeft{
185    margin-left:15px;
186    padding:3px 10px;
187    border:1px solid #696969;
188    color:#696969;
189    border-radius:3px 0 0 3px;
190  }
191  #details .listNum{
192    padding:3px 20px;
193    border:1px solid #696969;
194    color:#696969;
195  }
196  #details .listRight{
197    padding:3px 10px;
198    border:1px solid #696969;
199    color:#696969;
200    border-radius:0px 3px 3px 0px;
201  }
202  /*固定底边栏*/
203  #details #buy{
204    width:100% ;
205    height:50px;
206    position:fixed;
207    bottom:0;
208  }
209  /*关注和购物车*/
210  #details .buyLeft{
211    float:left;
212    width:40% ;
213    height:50px;
214    background-color:rgba(0,0,0,.5);
215  }
216  /*加入购物车*/
```

```
217   #details .buyCenter{
218     float:left;
219     width:30% ;
220     height:50px;
221     background-color:#ffb03f;
222     color:#fff;
223     text-align:center;
224     line-height:50px;
225     font-weight:500;
226     font-family:'微软雅黑';
227   }
228   /*其他产品信息*/
229   #details #otherInfo{
230     display: inline-block;
231     font-family: 'microsoft yahei',Verdana,Arial,Helvetica,sans-serif;
232   }
233   #details #otherInfo span,p{
234     display: inline-block;
235   }
236   #details #otherInfo span{
237     font-size: 14px;
238     color: #848689;
239     float: left;
240     margin-left: 8px;
241     width: 10% ;
242   }
243   #details #otherInfo p{
244     font-size: 14px;
245     color: #000;
246     padding-right: 5px;
247     width: 80% ;
248   }
249   /*立即购买*/
250   #details .buyRight{
251     float:left;
252     width:30% ;
253     height:50px;
254     background-color:#f15353;
255     color:#fff;
256     text-align:center;
257     line-height:50px;
258     font-weight:500;
259     font-family:'微软雅黑';
260   }
261   #details .buyLeft strong{
262     font-size:14px;
263     color:#fff;
264     font-weight:300;
265   }
266   #details .guanzhu{
```

```
267    width:50% ;
268    height:50px;
269    text-align:center;
270    float:left;
271  }
272  #details .gouwuche{
273    width:50% ;
274    height:50px;
275    text-align:center;
276    float:left;
277  }
278  #details .guanzhu span{
279    width:20px;
280    height:20px;
281    background-image:url(../../img/common/focus-icon.png);
282    background-size:100px 100px;
283    margin:10px auto 0;
284  }
285  #details .gouwuche span{
286    width:27px;
287    height:20px;
288    background-image:url(../../img/common/sprits_btm_new.png);
289    background-position:0 -23px;
290    background-size:50px 50px;
291    margin:10px auto 0;
292  }
293  #details #list span{
294    font-size: 14px;
295    color: #848689;
296    margin-left: 8px;
297    font-family: 'microsoft yahei',Verdana,Arial,Helvetica,sans-serif;
298  }
```

在上述代码中,定义了商品详情页的样式代码。CSS 样式相对基础,可以参考代码注释,因此这里不作过多讲解。

⑨ 在 index. html 文件中引入该任务需要的 CSS 和 JavaScript 文件,关键代码如下。

index. html

```
1  <link href="css/details/details.css" rel="stylesheet">
2  <script src="areas/common/indexdb.js"></script>
3  <script src="areas/common/common.js"></script>
4  <script src="areas/details/details_controller.js"></script>
5  <script src="areas/details/details_service.js"></script>
6  <script src="areas/details/details_route.js"></script>
```

到这里,本项目的任务 7——商品详情模块便完成了,测试方法请参考任务描述。

⑩ 接下来,开始完善导航标签上显示的购物车商品数量。修改 www\areas\tab\tab_service. js 文件,在该文件中添加如下代码。

tab_service. js

```
1    getAllData: function () {
2            var deferred =$q.defer();
3            IndexdbJs.getAll("cart",function(data){
4              deferred.resolve(data);
5            },function(e){
6              deferred.reject(e);
7            })
8            return deferred.promise;
9        }
10       }
```

在上述代码中,需要注入 $q 和 IndexdbJs 服务。

⑪ 修改 www\areas\tab\tab_controller. js,在该文件中添加如下代码。

tab_controller. js

```
1    $scope.$on('$ionicView.beforeEnter', function (e) {
2       var promise =tabFty.getAllData();
3         promise.then(
4       function (data) {
5               $scope.obj_cartCount.count="0";
6               for(var i =0;i<data.length;i++){
7    $scope.obj_cartCount.count=parseInt($scope.obj_cartCount.count)
     +parseInt(data[i].number);
8               }
9       });
10      });
```

上述方法用于统计购物车中的商品总数。到这里,导航标签中也可以显示购物车的商品数量,访问商品首页便可看到效果。

12.9　任务 8——购物车

12.9.1　任务描述

本项目的第 8 个任务是完成购物车功能。在导航标签上单击购物车,便会跳转到购物车页面,如图 12-33 所示。

在图 12-33 中,可以单击加、减按钮来添加或减少某个商品的数量,并可以单击删除按钮来删除商品。添加或者减少商品数量时,页面底部会显示总金额。单击商品列表中的商品图片可以跳转到商品详情页面,单击"去结算"按钮会跳转到商城首页。

图 12-33　购物车

12.9.2　任务分析

了解了本任务需要实现的功能后,接下来进行任务分析。购物车模块的目录名称为
cart。indexdb.js 文件中已经实现添加或减少商品以及金额的计算等功能,该文件中还需要
添加删除商品的方法。

该任务的实现步骤如下。

(1) indexdb.js

在该文件中添加删除商品的方法。

(2) cart_service.js

该文件用来定义商品详情的服务,包含 4 个操作购物车内数据的方法。

① updateData():更新购物车数据。

② get():获取单条数据。

③ getAllData():获取购物车中的全部数据。

④ delete():删除某一条商品数据。

上述 4 个方法分别调用 indexdb.js 中定义的对应方法来操作数据库。

(3) cart_controller.js

该文件与商品详情控制器的实现方式比较类似,不同的是这里的加、减按钮是支持操作
数据库的。

(4) cart_route.js

该文件用于定义购物车模块的路由。

(5) route.js

在全局路由文件中注册子路由。

(6) cart.html

该文件用于购物车功能的界面展示。

(7) cart.css

该文件用于控制购物车功能样式。

(8) index.html

在该文件中引入购物车模块需要的 JavaScript 文件。

12.9.3　代码实现

① 修改 www\areas\common\indexdb.js 文件,在该文件中添加的代码如下。

indexdb.js

```
1    // 删除【表】数据方法,delete 是关键字
2    'delete': function (id,objectStoreName,success,fail) {
3      db.open(function () {
4        var
5          mode ='readwrite',
6          store, req;
7        store =db.getObjectStore(objectStoreName,mode);
8        req =store.delete(id);
9        req.onsuccess =success;
```

```
10          req.onerror=fail;
11        });
12      }
```

在上述代码中,delete 是 JavaScript 的关键字,因此 delete 方法名上添加了单引号,该方法是根据购物车的商品编号(id)来删除数据的。

② 新建 www\areas\cart\cart_service.js 文件,在该文件中添加的代码如下。

cart_service.js

```
1  /* *
2   * 购物车页面服务
3   */
4  angular.module('cart.service', [])
5    .factory('CartFty', ['$q','$window','IndexdbJs', function
                          ($q,$window,IndexdbJs) {
6      return {
7        //获取全部数据
8        getAllData: function () {
9          var deferred = $q.defer();
10         IndexdbJs.getAll("cart",function(data){
11           deferred.resolve(data);
12         },function(e){
13           deferred.reject(e);
14         })
15         return deferred.promise;
16       },
17       //获取某一条商品数据
18       get: function (id) {
19         var deferred = $q.defer();
20         IndexdbJs.get(id,"cart",function(data){
21           deferred.resolve(data);
22         },function(e){
23           deferred.reject(e);
24         })
25         return deferred.promise;
26       },
27       //更新数据
28       updateData: function (data) {
29         var deferred = $q.defer();
30         IndexdbJs.update("cart",data,function(){
31           deferred.resolve();
32         },function(e){
33           deferred.reject(e);
34         })
35         return deferred.promise;
36       },
37       //删除某一条商品数据
38       delete: function (id) {
39         var deferred = $q.defer();
```

```
40          IndexdbJs.delete(id,"cart",function(data){
41            deferred.resolve(data);
42          },function(e){
43            deferred.reject(e);
44          })
45          return deferred.promise;
46        }
47      }
48   }]);
```

在上述代码中，提供了 4 个操作数据库的方法，这 4 个方法会在 cart_controller.js 中使用。

③ 新建 www\areas\cart\cart_controller.js 文件，在该文件中添加的代码如下。

cart_controller.js

```
1   /**
2    * 购物车页面控制器
3    */
4   angular.module('cart.controller', ['cart.service'])
5     .controller('CartCtrl', ['$scope',
                  '$state','$ionicHistory','CommonJs','CartFty', function
                  ($scope, $state,$ionicHistory,CommonJs,CartFty) {
6      // 获取所有数据
7      $scope.$on('$ionicView.beforeEnter', function (e) {
8        func_getAllData();
9      });
10     // 购物车相关数据对象
11     $scope.obj_cartDbData={
12       data:"",
13       total:0
14     }
15     // 获取全部数据
16     function func_getAllData(){
17       var promise =CartFty.getAllData();
18       promise.then(
19         function (data) {
20           var total=0;
21           // 绑定要循环生成的列表数据对象
22           $scope.obj_cartDbData.data=data;
23           // 计算总金额
24           for(var i=0;i<data.length;i++){
25             total=total+parseFloat(data[i].prise) * data[i].number * 1.0;
26           }
27           $scope.obj_cartDbData.total=total.toFixed(2);
28         },
29         function (e) {
30           CommonJs.AlertPopup(e);
31         }
32       );
```

```
33        }
34        // 数量加 1
35        $scope.func_jia1=function(id){
36          var promise =CartFty.get(id);
37          promise.then(
38            function (data) {
39              data.number++;
40              func_updateData(data);
41            },
42            function (e) {
43              CommonJs.AlertPopup(e);
44            }
45          ).finally(function () {
46          });
47        }
48        // 数量减 1
49        $scope.func_jian1=function(id){
50          var promise =CartFty.get(id);
51          promise.then(
52            function (data) {
53              if(data.number!=1){
54                data.number--;
55                func_updateData(data);
56              }
57            },
58            function (e) {
59              CommonJs.AlertPopup(e);
60            }
61          );
62        }
63        // 保存数据
64        function func_updateData(data){
65          var promise =CartFty.updateData(data);
66          promise.then(
67            function () {
68              func_getAllData();
69            },
70            function (e) {
71              CommonJs.AlertPopup(e);
72            }
73          ).finally(function () {
74          });
75        }
76          //删除购物车商品
77          $scope.func_delete=function(id){
78            var promise =CartFty.delete(id);
79            promise.then(
80              function () {
81                func_getAllData();
82              },
```

```
83              function (e) {
84                  CommonJs.AlertPopup(e);
85              }
86          );
87      }
88      // 返回按钮方法
89      $scope.func_goBack = function () {
90        $ionicHistory.goBack();
91      };
92      //去结算跳转到商城首页
93      $scope.func_goHome=function () {
94        $state.go('tab.home');
95      }
96    }]);
```

在上述代码中，第 11～14 行定义了购物车相关的数据对象，其中 data 属性用于循环生成列表，total 用于显示总金额；func_jia1() 和 func_jian1() 方法中分别调用了保存数据的方法 func_updateData()，这样在单击两个按钮后便可直接操作数据库；func_delete() 方法用于删除商品，每次操作数据库后需要调用 func_getAllData() 方法获取全部数据，这样当数据改变时，总金额便可以随之改变。

④ 新建 www\areas\cart\cart_route.js 文件，在该文件中添加的代码如下。

cart_route.js

```
1    /**
2     * 购物车模块路由
3     */
4    angular.module('cart.route', ['cart.controller'])
5      .config(function ($stateProvider) {
6        $stateProvider
7          .state('cart', {
8            url: '/cart',
9            templateUrl: 'areas/cart/cart.html',
10            controller: 'CartCtrl'
11          });
12      });
```

在上述代码中，定义了购物车模块的路由，该路由名称为 cart.route。

⑤ 在 www\js\route.js 文件中注册子路由，关键代码如下。

route.js

```
1    angular.module('route', [
2           ...
3           'cart.route'//购物车
4      ]);
```

⑥ 新建 www\areas\cart\cart.html 文件，在该文件中添加的代码如下。

cart. html

```
1   <ion-view id="cart" view-title="购物车" hide-back-button="true"
               cache-view="false">
2     <ion-content class="scroll-content" scroll="false">
3       <!--头部 -->
4       <header id="header">
5         <div class="header-left">
6           <div ng-click="func_goBack()">
7             <span></span>
8           </div >
9         </div>
10        <div class="header-center">
11          <span>购物车</span>
12        </div>
13        <div class="header-right">
14          <span></span>
15        </div>
16      </header>
17      <!--安全 -->
18      <div id="anquan">
19        <div class="anquan-warp">
20          <em></em>
21          <span>您正在安全购物环境中,请放心购物</span>
22        </div>
23      </div>
24      <!--产品列表 -->
25      <div id="pro">
26        <div class="pro-warp" ng-repeat="item in obj_cartDbData.data">
27          <!--列表容器内部 -->
28          <div class="pro-title">
29            <div class="pro-title-check"></div>
30            <div class="pro-title-name">
31              <img src="img/cart/buy-logo.png" alt="">
32              <span>all 自营</span>
33            </div>
34          </div>
35          <div class="pro-body">
36            <div class="pro-body-check"></div>
37            <div class="pro-body-des">
38              <a ng-href="#/details/{{item.productId}}">
39                <img src="img/details/detail01.jpg" alt="">
40              </a>
41              <div class="pro-body-des-text">
42                <span>{{item.goodsId}}</span>
43                <p>￥{{item.prise}}</p>
44                <div class="pro-body-des-con">
45                  <div class="floatLeft clearBoth">
46                    <span class="anniu floatLeft"
                          ng-click="func_jian1(item.goodsId)">-</span>
```

```
47                      <input class="floatLeft" type="text" readonly
                              ng-value="item.number">
48                      <span class="anniu floatLeft"
                            ng-click="func_jia1(item.goodsId)">+</span>
49                  </div>
50                </div>
51              </div>
52            </div>
53          </div>
54          <div id="delete" >
55            <i class="ion-trash-a" ng-click="func_delete(item.goodsId)"></i>
56          </div>
57        </div>
58      </div>
59    </ion-content>
60    <!--固定底边栏 -->
61    <footer id="foot">
62      <div class="footLeft">
63        <div class="checkall"></div>
64        <div class="checktext">全选</div>
65        <div class="foot-info">
66          <strong>合计：￥{{obj_cartDbData.total}}</strong>
67          <span>总额：￥{{obj_cartDbData.total}} 返现：￥0.00</span>
68        </div>
69      </div>
70      <div class="footRight" ng-click="func_goHome()">
71        去结算(0)
72      </div>
73    </footer>
74  </ion-view>
```

在上述代码中，第 25～58 行用于生成产品列表；第 38 行使用 ng-href 指定了跳转到商品详情页面的链接；第 46 行和第 48 行为加、减按钮绑定了事件；第 55 行为删除按钮绑定了事件；第 66～67 行用于显示总金额。

⑦ 新建 www\css\cart\cart.css 文件，在该文件中添加的代码如下。

cart. css

```
1   /*
2    *购物车页面样式代码
3    */
4   #cart #delete i{
5     height: 50px;
6     width: 50px;
7     margin-right: 20px;
8   }
9   #cart #delete {
10    position: absolute;
11    left: 300px;
12  }
```

```
13  #cart .anniu{
14    width: 20px;
15    height: 25px;
16    background-color: #dcdcdc;
17    border: 1px solid grey;
18    text-align: center;
19    padding-left: 5px;
20  }
21  #cart ion-content{
22    padding-bottom: 58px;
23  }
24  #cart input[type=text]{
25    padding: 0;
26    margin-left: 10px;
27    margin-right: 10px;
28    width: 60px;
29    height: 25px;
30    text-align: center;
31  }
32  #cart .clearBoth{
33    clear: both;
34  }
35  #cart .floatLeft{
36    float: left;
37  }
38  #cart ion-content{
39    overflow: scroll;
40  }
41  #cart div,ul,li,h1,h2,h3,img,a{
42    font-family:'PingHei';
43    font-size:16px;
44    padding:0;
45    margin:0;
46    border:0;
47    list-style:none;
48    color:#666;
49    font-weight:300;
50  }
51  #cart a,span{
52    display:block;
53    text-decoration:none;
54  }
55  #cart body{
56    background-color:#f5f5f5;
57  }
58  /* 购物车头部 */
59  #cart #header{
60    display:block;
61    background-color: #333;
62    background-image:url(../../img/common/header-bg.png);
```

```
63      background-size:100%  44px;
64      width:100% ;
65      height:44px;
66      overflow:hidden;
67    }
68    #cart .header-left{
69      width:40px;
70      height:44px;
71      position:absolute;
72    }
73    #cart .header-left span{
74      width:20px;
75      height:20px;
76      margin:12px 0 0 10px;
77      background-size:200px 200px;
78      background-position:-20px 0;
79      background-image:url(../../img/common/sprites.png);
80    }
81    #cart .header-center{
82      height:44px;
83      position:absolute;
84      left:40px;
85      right:40px;
86    }
87    #cart .header-center span{
88      width:96% ;
89      height:30px;
90      color:#000;
91      text-align:center;
92      line-height:44px;
93      font-size:15px;
94      font-family:'PingHei';
95    }
96    #cart .header-right{
97      width:40px;
98      height:44px;
99      position:absolute;
100     right:0;
101   }
102   #cart .header-right span{
103     width:20px;
104     height:20px;
105     margin:12px 0 0 10px;
106     background-size:200px 200px;
107     background-position:-60px 0;
108     background-image:url(../../img/common/sprites.png);
109   }
110   /* 安全提示 */
111   #cart #anquan{
112     width:100% ;
```

```
113    height:34px;
114    background-color:#fff;
115    margin-top:1px;
116    border-bottom:1px solid #dfdfdf;
117    overflow:hidden;
118    margin-bottom:10px;
119  }
120  #cart .anquan-warp{
121    text-align:center;
122  }
123  #cart .anquan-warp em{
124    vertical-align: middle;
125    display:inline-block;
126    width:18px;
127    height:18px;
128    background-image:url(../../img/common/safe_icon.png);
129    background-size:18px 18px;
130  }
131  #cart .anquan-warp span{
132    vertical-align: middle;
133    display:inline-block;
134    font-size: 13px;
135    color:#000;
136    line-height:34px;
137  }
138  /*产品列表*/
139  #cart #pro{
140    width:100% ;
141    overflow:hidden;
142  }
143  #cart .pro-warp{
144    background-color:#fff;
145    width:100% ;
146    height:141px;
147    border-top:1px solid #dfdfdf;
148    border-bottom:1px solid #dfdfdf;
149    margin-bottom:15px;
150  }
151  /*列表容器内部*/
152  #cart .pro-title{
153    width:100% ;
154    height:35px;
155    border-bottom:1px solid #dfdfdf;
156  }
157  #cart .pro-title div{
158    float:left;
159  }
160  #cart .pro-title-check{
161    width:20px;
162    height:20px;
```

```
163    background-image:url(../../img/common/shop-icon.png);
164    background-size:50px 100px;
165    background-position:-25px 0;
166    margin:8px 0 0 10px;
167  }
168  #cart .pro-title-name{
169    font-size:13px;
170    color:#000;
171    line-height:30px;
172  }
173  #cart .pro-title-name img{
174    width:15px;
175    margin-left:10px;
176    vertical-align:middle;
177    display:inline-block;
178  }
179  #cart .pro-title-name span{
180    display:inline-block;
181    vertical-align:middle;
182  }
183  #cart .pro-body{
184    width:100% ;
185    overflow:hidden;
186  }
187  #cart .pro-body-check{
188    width:20px;
189    height:20px;
190    background-image:url(../../img/common/shop-icon.png);
191    background-size:50px 100px;
192    background-position:-25px 0;
193    float:left;
194    margin-top:30px;
195    margin-left:10px;
196  }
197  #cart .pro-body-des{
198    display:inline-block;
199    position:absolute;
200    left:30px;
201    right:0;
202  }
203  #cart .pro-body-des img{
204    width:79px;
205    height:79px;
206    border:1px solid #dfdfdf;
207    margin:10px 0 0 10px;
208  }
209  #cart .pro-body-des-text{
210    font-size:12px;
211    position:absolute;
212    left:101px;
```

```
213    right:0;
214    top:10px;
215    bottom:10px;
216  }
217  #cart .pro-body-des-text span{
218    overflow: hidden;
219    display:-webkit-box;
220    text-overflow: ellipsis;
221  }
222  #cart .pro-body-des-text b{
223    font-weight:300;
224    margin-top:5px;
225    display:block;
226  }
227  #cart .pro-body-des-con{
228    margin-top:5px;
229  }
230  #cart .pro-body-des-con span{
231    float:left;
232  }
233  #cart #jian1{
234    width:30px;
235    height:20px;
236    background-color:#efefef;
237    border-radius:5px 0 0 5px;
238    border-left:1px solid #ccc;
239    border-top:1px solid #ccc;
240    border-bottom:1px solid #ccc;
241  }
242  #cart #jian2{
243    width:30px;
244    height:20px;
245    background-color:#fff;
246    border-radius:5px 0 0 5px;
247    border-left:1px solid #ccc;
248    border-top:1px solid #ccc;
249    border-bottom:1px solid #ccc;
250  }
251  #cart #shu{
252    display:block;
253    width:30px;
254    height:20px;
255    background-color:#fff;
256    border:1px solid #ccc;
257    text-align:center;
258  }
259  #cart #jia{
260    width:30px;
261    height:20px;
262    background-color:#fff;
```

```
263      border-radius:0 5px 5px 0;
264      border-left:1px solid #ccc;
265      border-top:1px solid #ccc;
266      border-bottom:1px solid #ccc;
267  }
268  #cart #jian1 a{
269      width:20px;
270      height:20px;
271      background-image:url(../../img/common/shop-icon.png);
272      background-size:50px 100px;
273      background-position:0px 50px;
274      margin:2px 0 0 6px;
275  }
276  #cart #jian2 a{
277      width:20px;
278      height:20px;
279      background-image:url(../../img/common/shop-icon.png);
280      background-size:50px 100px;
281      background-position:0px 50px;
282      margin:2px 0 0 6px;
283  }
284  #cart #jia a{
285      width:20px;
286      height:20px;
287      background-image:url(../../img/common/shop-icon.png);
288      background-size:50px 100px;
289      background-position:-25px 50px;
290      margin:2px 0 0 6px;
291  }
292  /*固定底边栏*/
293  #cart #foot{
294      width:100% ;
295      height:57px;
296      position:fixed;
297      bottom:0;
298      z-index:100;
299  }
300  #cart .footLeft{
301      position:absolute;
302      width:100% ;
303      height:57px;
304      background-color:rgba(0,0,0,0.8);
305  }
306  /*全选*/
307  #cart .checkall{
308      width:20px;
309      height:20px;
310      background-image:url(../../img/common/shop-icon.png);
311      background-size:50px 100px;
312      background-position:-25px 0;
```

```
313    float:left;
314    margin:15px 0 0 10px;
315  }
316  /*金额信息*/
317  #cart .foot-info{
318    float:left;
319    margin:8px 0 0 10px;
320  }
321  #cart .foot-info strong{
322    color:#fff;
323  }
324  #cart .foot-info span{
325    color:#fff;
326    font-size:12px;
327  }
328  #cart .checktext{
329    color:#fff;
330    margin:15px 0 0 5px;
331    font-size:14px;
332    float:left;
333  }
334  /*去结算*/
335  #cart .footRight{
336    width:100px;
337    height:57px;
338    padding:0 8px;
339    background-color:#f15353;
340    position:absolute;
341    right:0;
342    color:#fff;
343    font-size:18px;
344    text-align:center;
345    line-height:57px;
346    z-index:50;
347  }
```

上述代码中定义了购物车页面的样式。CSS 样式相对基础,因此这里不作讲解,读者可参考注释。

⑧ 最后需要在 index. html 文件中引入该任务需要的 CSS 和 JavaScript 文件,关键代码如下。

index. html

```
1  <link href="css/category/category.css" rel="stylesheet">
2  <script src="areas/cart/cart_controller.js"></script>
3  <script src="areas/cart/cart_service.js"></script>
4  <script src="areas/cart/cart_route.js"></script>
```

到这里,本项目的任务 8——购物车模块便完成了,测试方法可参考任务描述。

12.10　任务 9——个人中心

12.10.1　任务描述

本项目的第 9 个任务是完成个人中心模块。在导航标签上单击"我的",便会跳转到个人中心页面,如图 12-34 所示。

在图 12-34 中,单击头像后会显示一个上拉菜单,如图 12-35 所示。

图 12-34　个人中心

图 12-35　上拉菜单

在图 12-35 中,单击"照相机"会调用移动设备的拍照功能,拍好后可以上传作为新头像;单击"图库"会调用移动设备的相册,可以选择相册中的图片作为新头像。

在图 12-34 中,单击"联系我们"后面的电话号码链接,会调用移动设备的电话功能。

12.10.2　任务分析

了解了本任务需要实现的功能,接下来进行任务分析。个人中心模块的目录名称为 account。该模块不涉及数据访问,因此不需要创建 Service 文件。

个人中心更换头像和打电话功能会调用移动设备硬件,ionic 项目中的硬件调用通常使用 ngCordova 插件。ngCordova 是基于 Cordova 和 AngularJS 封装的用于调用本地设备接口的模块,可以调用 56 个设备接口,包括使用 iOS、Android、Windows Phone 等系统的设备。关于详细的使用方式会在代码实现过程中进行介绍,读者可以访问 http://ngcordova .com/docs/ 这个网址,了解 ngCordova 的更多内容。

该任务的实现步骤如下。

(1) 安装 ngCordova

首先在项目根目录下安装 ngCordova 插件。安装成功后,在启动文件 lib/ngCordova/

dist 目录下出现 ng-cordova.js 文件，该文件需要在入口文件 index.html 中引用。

调用手机摄像头需要安装 ngCordova 提供的 Camera 插件，该插件需要使用 cordova plugin add cordova-plugin-camera 命令安装。这样安装成功后，该插件的文件夹便会出现在 mall\plugins 目录下。

（2）account_controller.js

该文件作为个人中心模块的控制器，设置了上拉菜单的显示内容。另外该文件还实现了调用摄像头、相册和电话等功能，其中头像的数据使用 localStorage 存储。

（3）account_route.js

该文件用于定义个人中心模块的路由。

（4）route.js

在全局路由文件中注册子路由。

（5）account.html

该文件用于个人中心的界面展示。

（6）account.css

该文件用于控制个人中心页面样式。

（7）index.html

在该文件中引入个人中心模块需要的 JavaScript 文件。

（8）app.js

在启动文件 app.js 中注入 ngCordova 模块，并且添加 Android 设备的返回按钮的单击事件，单击第 2 次时退出应用。

12.10.3　代码实现

① 在项目根目录 mall 下打开命令窗口，输入如下命令安装 ngCordova。

```
bower install ngCordova -save
```

安装成功后，检查 lib/ngCordova/dist 目录。如果该目录中有 ng-cordova.js 文件，则表示安装成功。

在项目根目录 mall 下打开命令窗口，输入如下命令安装 cordova-plugin-camera。

```
cordova plugin add cordova-plugin-camera
```

安装成功后，检查 mall\plugins。如果该目录中有 cordova-plugin-camera 文件夹，则表示安装成功。

② 新建 www\areas\account\account_controller.js 文件，在该文件中添加的代码如下。

account_controller.js

```
1   /**
2    * 个人中心模块控制器
3    */
4   angular.module('account.controller', [])
```

```
5     .controller ('AccountCtrl', function ($scope, $window, $cordovaCamera, $ionic Popup,
   $ionicActionSheet) {
6       if(localStorage["touxiang"]){
7        var image =document.getElementById('touxiang');
8        image.src ="data:image/jpeg;base64," +localStorage["touxiang"];
9       }
10      // 显示上拉菜单
11      $scope.func_showAction=function(){
12        $ionicActionSheet.show({
13         buttons: [
14          { text: '照相机' },
15          { text: '图库' },
16         ],
17         titleText: '请选择文件源',
18         cancelText: '取消',
19         buttonClicked: function(index) {
20          switch(index){
21            case 0:func_getPicFromCamera();
22             break;
23            case 1:func_getPicFromPicture();
24             break;
25          }
26          return true;
27         }
28        });
29      }
30      // 从摄像头获取图片
31      var func_getPicFromCamera=function(){
32       var options ={
33         quality: 100,
34         destinationType: Camera.DestinationType.DATA_URL,
35         sourceType: Camera.PictureSourceType.CAMERA,
36         allowEdit: true,
37         encodingType: Camera.EncodingType.JPEG,
38         targetWidth: 100,
39         targetHeight: 100,
40         popoverOptions: CameraPopoverOptions,
41         saveToPhotoAlbum: false,
42         correctOrientation:true
43       };
44       $cordovaCamera.getPicture(options).then(function(imageData) {
45         // 获取页面中的 img 对象
46         var image =document.getElementById('touxiang');
47         image.src ="data:image/jpeg;base64," +imageData;
48         // 保存我们获取的头像数据,下次登录时就可以显示了
49         localStorage["touxiang"]=imageData;
50       });
51      }
52      // 从相册获取图片
53      var func_getPicFromPicture=function(){
```

```
54        var options ={
55          quality: 100,
56          destinationType: Camera.DestinationType.DATA_URL,
57          sourceType: Camera.PictureSourceType.PHOTOLIBRARY,
58          allowEdit: true,
59          encodingType: Camera.EncodingType.JPEG,
60          targetWidth: 100,
61          targetHeight: 100,
62          popoverOptions: CameraPopoverOptions,
63          saveToPhotoAlbum: false,
64          correctOrientation:true
65        };
66        //更换新的头像
67        $cordovaCamera.getPicture(options).then(function(imageData) {
68          var image =document.getElementById('touxiang');
69          image.src ="data:image/jpeg;base64," +imageData;
70          localStorage["touxiang"]=imageData;
71        });
72      }
73    });
```

在上述代码中,第 6～9 行首先获取页面上已有的头像图片路径,并按照 ngCordvoa 支持的路径格式存储到 localStorage 中;func_showAction()方法用于显示上拉菜单,调用移动设备的摄像头功能;func_getPicFromCamera()方法用于从摄像头获取图片;func_getPicFromPicture()方法用于从相册获取图片;最后使用$cordovaCamera. getPicture (options)方法更换头像。

③ 新建 www\areas\account\account_route. js 文件,在该文件中添加如下代码。

account_route. js

```
1  / * *
2   * 个人中心页面路由
3   * /
4  angular.module('account.route', ['account.controller'])
5    .config(function($stateProvider) {
6      $stateProvider
7        .state('tab.account', {
8          url: '/account',
9          views: {
10           'tab-account': {
11             templateUrl: 'areas/account/account.html',
12             controller: 'AccountCtrl'
13           }
14         }
15       });
16    });
```

在上述代码中,定义个人中心路由模块的名称为 account. route,路由名称为 tab . account。在个人中心页面会同时显示导航标签。

④ 在 www\js\route.js 文件中注册子路由，关键代码如下。

route.js

```
1  angular.module('route', [
2          …
3          'account.route'//个人中心
4  ]);
```

⑤ 新建 www\areas\account\account.html 文件，在该文件中添加如下代码。

account_html.js

```
1  <ion-view id="account" view-title="我的" hide-back-button="true"
   cache-view="false">
2    <ion-header-bar class="bar-positive">
3     <h1 class="title">个人中心</h1>
4    </ion-header-bar>
5    <ion-content scroll="false">
6      <div class=".light-bg padding-top padding-bottom">
7        <label id="info" class=" item item-icon-right"
                ng-click="func_showAction()">
8          <img  id="touxiang" src="img/details/detail01.jpg" >
9          <span>admin</span>
10          <i class="icon ion-ios-arrow-right"></i>
11        </label>
12      </div>
13      <div class="list">
14        <div class="item .light-bg padding-top item-icon-right">
15          <label>账号与安全
16            <i class="icon ion-ios-arrow-right"></i>
17          </label>
18        </div>
19        <div class="item .light-bg padding-top item-icon-right">
20          <label>通用
21            <i class="icon ion-ios-arrow-right"></i>
22          </label>
23        </div>
24        <div class="item .light-bg padding-top item-icon-right">
25          <label>关于传智
26            <i class="icon ion-ios-arrow-right"></i>
27          </label>
28        </div>
29        <div class="item .light-bg padding-top item-icon-right">
30          <label>联系我们</label>
31          <a class="telephone" href="tel:88889999">88889999</a>
32        </div>
33        <div class="item .light-bg padding-top item-icon-right">
34          <label>版本信息</label>
35          <span class="version">V1.0</span>
36        </div>
37      </div>
```

```
38        <div class="padding-top">
39         <button class="button button-block button-assertive ">退出登录</button>
40        </div>
41     </ion-content>
42  </ion-view>
```

在上述代码中,第 7 行使用 ng-click 事件绑定显示上拉菜单的函数;第 31 行将 a 元素的 href 属性设置为"tel:*",单击该链接后,会调用设备的电话功能,*代表要拨出的电话号码。

⑥ 新建 www\css\account\account.css 文件,在该文件中添加如下代码。

account. css

```
1   /*
2    * 个人中心页面样式
3    */
4   #account .light-bg{
5     background-color: #FFFFFF;
6   }
7   #account ion-content{
8     background-color: #E4E1E1;
9   }
10  #account .item{
11    background-color: #EFEFEF;
12  }
13  /* 头像 */
14  #account img{
15    height: 100px;
16    width: 100px;
17    display: inline-block;
18    z-index: 100;
19  }
20  /* 登录名 */
21  #account #info span{
22    display: inline-block;
23    vertical-align:top;
24    font-size: 30px;
25    margin: 0;
26    padding: 0;
27    padding-left: 5px;
28  }
29  /* 联系我们 */
30  #account .telephone{
31    position: absolute;
32    right: 40px;
33    height: 20px;
34    width: 50px;
35  }
36  /* 版本信息 */
37  #account .version{
```

```
38      float: right;
39      right: 5px;
40   }
41   /*
42    * 安卓设备上拉菜单的样式
43    */
44   .platform-android .action-sheet-backdrop {
45      -webkit-transition: background-color 150ms ease-in-out;
46      transition: background-color 150ms ease-in-out;
47      position: fixed;
48      top: 0;
49      left: 0;
50      z-index: 11;
51      width: 100% ;
52      height: 100% ;
53      background-color: rgba(0, 0, 0, 0);
54   }
55   .platform-android .action-sheet-backdrop.active {
56      background-color: rgba(0, 0, 0, 0.4);
57   }
58   .platform-android .action-sheet-wrapper {
59      -webkit-transform: translate3d(0, 100% , 0);
60      transform: translate3d(0, 100% , 0);
61      -webkit-transition: all cubic-bezier(0.36, 0.66, 0.04, 1) 500ms;
62      transition: all cubic-bezier(0.36, 0.66, 0.04, 1) 500ms;
63      position: absolute;
64      bottom: 0;
65      left: 0;
66      right: 0;
67      width: 100% ;
68      max-width: 500px;
69      margin: auto;
70   }
71   .platform-android .action-sheet-up {
72      -webkit-transform: translate3d(0, 0, 0);
73      transform: translate3d(0, 0, 0);
74   }
75   .platform-android .action-sheet {
76      margin-left: 8px;
77      margin-right: 8px;
78      width: auto;
79      z-index: 11;
80      overflow: hidden;
81   }
82   .platform-android .action-sheet .button {
83      display: block;
84      padding: 1px;
85      width: 100% ;
86      border-radius: 0;
87      border-color: #d1d3d6;
```

```
 88    background-color: transparent;
 89    color: #007aff;
 90    font-size: 21px;
 91  }
 92  .platform-android .action-sheet .button:hover {
 93    color: #007aff;
 94  }
 95  .platform-android .action-sheet .button.destructive {
 96    color: #ff3b30;
 97  }
 98  .platform-android .action-sheet .button.destructive:hover {
 99     color: #ff3b30;
100  }
101  .platform-android .action-sheet .button.active, .platform-android .action-sheet
     .button.activated {
102    box-shadow: none;
103    border-color: #d1d3d6;
104    color: #007aff;
105    background: #e4e5e7;
106  }
107  .platform-android .action-sheet-has-icons .icon {
108    position: absolute;
109    left: 16px;
110  }
111  .platform-android .action-sheet-title {
112    padding: 16px;
113    color: #8f8f8f;
114    text-align: center;
115    font-size: 13px;
116  }
117  .platform-android .action-sheet-group {
118    margin-bottom: 8px;
119    border-radius: 4px;
120    background-color: #fff;
121    overflow: hidden;
122  }
123  .platform-android .action-sheet-group .button {
124    border-width: 1px 0px 0px 0px;
125  }
126  .platform-android .action-sheet-group .button:first-child:last-child {
127    border-width: 0;
128  }
129  .platform-android .action-sheet-options {
130    background: #f1f2f3;
131  }
132  .platform-android .action-sheet-cancel .button {
133    font-weight: 500;
134  }
135  .platform-android .action-sheet-open {
136    pointer-events: none;
```

```
137  }
138  .platform-android .action-sheet-open.modal-open .modal {
139    pointer-events: none;
140  }
141  .platform-android .action-sheet-open .action-sheet-backdrop {
142    pointer-events: auto;
143  }
144  .platform-android .action-sheet .action-sheet-title, .platform-android .action-
     sheet .button {
145    text-align: center;
146  }
147  .platform-android .action-sheet-cancel {
148    display: block;
149  }
```

在上述代码中，第 44 行及之后的代码用于设置中安卓设备中上拉菜单的样式，直接复制源码即可。

⑦ 在 index.html 文件中引入该任务需要的 CSS 和 JavaScript 文件，关键代码如下。

index.html

```
1  <link href="css/account/account.css" rel="stylesheet">
2  <script src="areas/account/account_controller.js"></script>
3  <script src="areas/account/account_route.js"></script>
4  <script src="lib/ngCordova/dist/ng-cordova.js"></script>
```

在上述代码中，需要注意的是 ng-cordova.js 文件的引入位置必须在 cordova.js 文件之后。cordova.js 文件在项目打包之后才会产生，所以在 PC 端调试时如产生该文件的 404 错误则可以忽略。

到这里，本项目的任务 9——个人中心模块便完成了，测试方法可参考任务描述。

⑧ 接下来，在 www\js\app.js 中添加代码，完善 Android 设备的返回按钮功能，关键代码如下。

app.js

```
1  //为 Android 设备的返回按钮添加单击事件
2    $ionicPlatform.registerBackButtonAction(function(e){
3      if($nceToExit){
4        ionic.Platform.exitApp();
5      }
6      else {
7  if($location.path()=="/tab/home"||$location.path()=="/tab/category"||
8    $location.path()=="/tab/account"){
9          $rootScope.backButtonPressedOnceToExit=true;
10         $cordovaToast.showShortBottom('再点一次退出!');
11         setTimeout(function(){
12           $rootScope.backButtonPressedOnceToExit=false;
13         },2000)
14       }
```

```
15        }
16        e.preventDefault();
17        return false
18      },110);
19    });
```

在上述代码中，$ionicPlatform.registerBackButtonAction()方法的第 1 个参数是注册的事件，第 2 个参数是已注册事件的优先级。至此项目的全部代码编写完毕，在项目根目录中可以使用 ionic build android 打包项目，并在移动设备或模拟器上做测试。如果项目能够在 PC 端访问，但是在打包过程中出现错误，那么可以检查 mall\config.xml 配置文件。

12.11   本章小结

本章介绍了一个使用 ionic 框架开发的实战项目——Mall App。本项目接近实际产品开发的效果，涉及知识范围较大，建议读者按照书中编写的顺序进行模块开发，避免发生不必要的错误。

编写项目的过程中重点练习 ionic 框架的使用；对于 CSS 样式代码可以参考源码，了解其作用即可；IndexedDB 和 ngCordova 等插件作为扩展内容，不要求读者掌握。